普通高等院校数学类课程教材

高等数学及其应用（上）
第二版

主　编　张文钢
副主编　张秋颖　李春桃

华中科技大学出版社
中国·武汉

内 容 提 要

本书是为了适应培养应用型的大学本科经济管理类人才的要求而编写的基础课教材,全书系统地介绍了有关微积分的知识,选编了相当数量的典型例题,特别介绍了一定数量的经济应用例题,以提高读者运用数学知识处理实际经济问题的能力.本书内容包括函数、极限与连续、导数与微分、中值定理与导数的应用、不定积分、定积分及其应用.

图书在版编目(CIP)数据

高等数学及其应用.上/张文钢主编.—2版.—武汉:华中科技大学出版社,2020.8(2022.8 重印)
ISBN 978-7-5680-6293-0

Ⅰ.①高… Ⅱ.①张… Ⅲ.①高等数学-高等学校-教材 Ⅳ.①O13

中国版本图书馆 CIP 数据核字(2020)第 124857 号

高等数学及其应用(上)·第二版
Gaodeng Shuxue jiqi Yingyong(Shang)

张文钢 主编

策划编辑:谢燕群
责任编辑:谢燕群 李 昊
封面设计:原色设计
责任监印:徐 露
出版发行:华中科技大学出版社(中国·武汉) 电话:(027)81321913
武汉市东湖新技术开发区华工科技园 邮编:430223
录 排:武汉市洪山区佳年华文印部
印 刷:武汉科源印刷设计有限公司
开 本:710mm×1000mm 1/16
印 张:16.25
字 数:334 千字
版 次:2022 年 8 月第 2 版第 2 次印刷
定 价:39.80 元

前　　言

随着社会的进步,我国的高等教育也有了突飞猛进的发展,无论是为了提高学生的素质还是相关专业对高等数学知识的需要,都对基础课教材,尤其是数学教材提出了更新、更严格的要求。"高等数学"课程是经济管理类、理工科各专业的重要基础课程,除了要求学生掌握高等数学的基本知识以外,还强调培养学生的抽象思维能力、逻辑思维能力和定量思维能力,以及运用数学的理论和方法解决实际问题的能力。

本书主要根据经济管理类各专业的本科数学基础课程的教学要求,参照研究生入学统一考试数学三的考试大纲,以及作者多年经济管理类本科专业"高等数学"课程的教学经验编写而成。本书具有以下特色:

(1)突出高等数学的基本思想和基本方法。目的在于方便学生理解和掌握高等数学的基本概念、基本理论和基本方法,提高教学效果。在教学理念上不过分强调严密论证、研究过程,更多的是让学生体会高等数学的本质和内涵。

(2)贴近实际应用。本书在对基本概念的叙述中,力求从身边实际问题出发,提出一些在自然科学、经济管理领域和日常生活中经常面临的现实问题,以例题或问题的形式让学生来阅读或解答,以此来提高学生学习高等数学的兴趣和利用高等数学知识解决实际问题的能力。

(3)充分考虑到部分学生考研的需求及教学基本要求,重新构建学生易于接受的微积分的内容体系,本书适当地编写了一些不被基本要求包含的内容,供学生选修之用。还编入了 Matlab 软件的部分应用,希望借此提高学生利用计算机软件解决部分数学问题的能力。

(4)按照分层次教学要求,对有关内容和习题进行了设计和安排。每章都加了一节关于 Matlab 软件的简单应用,每节附有习题,每章附有总复习题,对于超过教学基本要求及为某些相关专业选用的基本内容,均在书中以 * 号标出。

全书分上、下两册,上册包括一元函数的极限与连续、一元函数微积分学及其应用等内容,下册包含微分方程与差分方程、空间解析几何、多元函数微分学、二重积分、级数等内容。附录有常见的初等数学公式、几种常见的曲线、积分表、Matlab 软件简介等。本书主要面向高等院校经济类本科专业,也可作为普通高等专科院校各专业的高等数学教材。

本书由张文钢任主编,龙松、张秋颖、李春桃任副主编,同时,参与习题编写的还有朱祥和、徐彬、沈小芳、张丹丹等,在此,对他们的工作表示感谢!

在本书编写过程中,得到了武昌首义学院基础科学部主任齐欢教授、数学教研室主任叶牡才教授及数学教研室其他各位老师的大力支持,他们对本书的编写提出了许多宝贵的意见和建议,在此表示衷心的感谢!

最后,本书作者再次向所有支持和帮助过本书编写与出版的单位和个人表示由衷的感谢!

由于作者水平所限,书中不妥和错误之处在所难免,敬请专家、同行和广大读者批评指正!

编者

2020 年 4 月

目　　录

第1章 函　　数

　　微积分是高等数学的主要内容,而函数是微积分的研究对象,并且是在自然科学、工程技术以及人文社会科学中有着广泛应用的数学概念.高等数学是以极限方法为基本研究手段的数学学科.本章首先对中学已学过的函数相关内容进行复习,继而介绍极限的概念、性质、运算等知识,最后通过函数的极限引入函数的连续性概念,这些内容是"高等数学"课程极其重要的基础知识.

1.1　集合与函数

1.1.1　集合

　　集合是近代数学最基本的概念之一.一般地,具有某种特定性质且彼此可以区别的事物或对象的总体称为**集合**,简称**集**.集合中的每一个事物或对象称为该集合的**元素**.

　　习惯上用大写字母 A、B、C 等表示集合,用小写字母 a、b、c 等表示集合的元素.如果 a 是集合 A 的元素,就说"a 属于 A",记为 $a \in A$;如果 a 不是集合 A 的元素,就说"a 不属于 A",记为 $a \notin A$.

　　含有有限个元素的集合称为**有限集**;含有无限个元素的集合称为**无限集**;不含任何元素的集合称为**空集**,记作 $\varnothing$.

　　集合的表示方法一般有两种:一种是列举法,即把集合的元素一一列举出来,并用"{}"括起来表示集合.例如,由 $1,2,3,4,5$ 组成的集合 A,可表示为

$$A = \{1,2,3,4,5\}$$

另一种是描述法,即设集合 M 所有元素 x 的共同特征为 P,则集合 M 可表示为

$$M = \{x \mid x \text{ 具有性质 } P\}$$

　　例如,集合 A 是不等式 $x^2 - x - 2 < 0$ 的解集,就可以表示为

$$A = \{x \mid x^2 - x - 2 < 0\}$$

由实数组成的集合,称为**数集**,初等数学中常见的数集有:

　　(1) 全体非负整数即自然数组成的集合称为**非负整数集**(或**自然数集**),记作 **N**,即

$$\mathbf{N} = \{0,1,2,3,\cdots,n,\cdots\}$$

(2) 全体正整数的集合称为**正整数集**,记作 $\mathbf{N}^+$,即
$$\mathbf{N}^+ = \{1, 2, 3, \cdots, n, \cdots\}$$

(3) 全体整数的集合称为**整数集**,记作 $\mathbf{Z}$,即
$$\mathbf{Z} = \{\cdots, -n, \cdots, -3, -2, -1, 0, 1, 2, 3, \cdots, n, \cdots\}$$

(4) 全体有理数的集合称为**有理数集**,记作 $\mathbf{Q}$,即
$$\mathbf{Q} = \left\{ \frac{p}{q} \,\middle|\, p \in \mathbf{Z}, q \in \mathbf{N}^+, \text{且 } p \text{ 与 } q \text{ 互质} \right\}$$

(5) 全体实数的集合称为实数集,记作 $\mathbf{R}$.

1.1.2　区间与邻域

微积分中常用的一类实数集是区间,设 a, b 是两个实数,且 $a < b$,介于 a, b 之间的一切实数所构成的集合称为**区间**,a 与 b 称为**区间端点**,按照是否包含区间端点,可分为

开区间 $\qquad\qquad (a, b) = \{x \mid a < x < b\}$

闭区间 $\qquad\qquad [a, b] = \{x \mid a \leqslant x \leqslant b\}$

半开半闭区间 $\qquad (a, b] = \{a < x \leqslant b\}$

$\qquad\qquad\qquad\quad [a, b) = \{a \leqslant x < b\}$

以上这些区间都称为**有限区间**. 数 $b - a$ 称为这些区间的长度. 这些区间可用数轴上的有限线段来表示. 此外还有所谓的**无限区间**
$$(a, +\infty) = \{x \mid x > a\}, \quad [a, +\infty) = \{x \mid x \geqslant a\}$$
$$(-\infty, b) = \{x \mid x < b\}, \quad (-\infty, b] = \{x \mid x \leqslant b\}$$

全体实数的集合 $\mathbf{R}$ 可记作 $(-\infty, +\infty)$,它是一个无限区间. 这里 $+\infty$(读作正无穷大),$-\infty$(读作负无穷大)只是一个记号,不是一个数.

以后在不区分区间类型时,就简单称为"区间",并常用 I 表示.

上述区间在数轴上的表示如图 1.1.1 所示.

在微积分的概念中,很多时候需要考虑点 x_0 附近区域内的所有点所构成的集合,为此引入**邻域**的概念.

定义 1.1.1　设 x_0 和 δ 是两个实数,且 $\delta > 0$,称开区间 $(x_0 - \delta, x_0 + \delta)$ 为点 x_0 的 δ 邻域,简称为点 x_0 的邻域,记作 $U(x_0, \delta)$,即
$$U(x_0, \delta) = \{x_0 \mid x_0 - \delta < x < x_0 + \delta\} = \{x \mid |x - x_0| < \delta\}$$
这里,点 x_0 称为邻域的中心,δ 称为邻域的半径,图形表示如图 1.1.2 所示.

另外,点 x_0 的邻域去掉中心点 x_0 后,称为点 x_0 的**去心邻域**,记作 $\overset{\circ}{U}(x_0, \delta)$,即
$$\overset{\circ}{U}(x_0, \delta) = \{x \mid 0 < |x - x_0| < \delta\}$$
图形表示如图 1.1.3 所示.

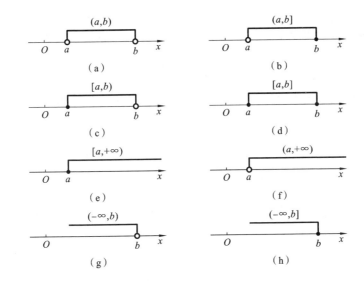

图 1.1.1

图 1.1.2　　　　　　　　　图 1.1.3

其中$(x_0-\delta,x_0)$称为点 x_0 的**左邻域**,$(x_0,x_0+\delta)$称为点 x_0 的**右邻域**.

1.1.3　函数的定义

定义 1.1.2　设 x 和 y 是两个变量,D_f 是一个非空数集. 如果对每个 $x\in D_f$,变量 y 按照某一对应法则 f,有唯一确定的数值与之对应,则称 y 是 x 的函数,记为 $y=f(x)$. 称 x 为**自变量**,y 为**因变量**,x 的变化范围 D_f 称为函数 $y=f(x)$的**定义域**. 函数值 $f(x)$的全体成为函数 f 的值域,记作 R_f,即

$$R_f=\{y\,|\,y=f(x),x\in D_f\}$$

函数记号 $y=f(x)$中的字母"f"反映自变量与因变量的对应规则,即函数关系. 对应规则也常常用"φ""g""h""F"等表示,而函数关系也可以记为 $y=\varphi(x)$,$y=g(x)$,$y=h(x)$等. 有时也可以简记作 $y=y(x)$,此时等号左边的 y 表示函数值,右边的 y 表示对应规则.

如果对每个 $x\in D_f$,变量 y 只有一个确定的值与之对应,这种函数称为**单值函数**;如果每个 $x\in D_f$ 对应两个或两个以上的 y 值,通常这种函数称为**多值函数**. 对多值函数,可以将其拆成若干个单值函数进行讨论. 以后如无特别说明,我们所研究的函数都是单值函数.

在数学中,若不考虑函数关系的实际意义,只是抽象地研究用数学表达式表达的函数,这时若无特别强调,函数的定义域就是使这个函数的数学表达式有意义的自变量取值的集合.

如果 x_0 是定义域内的点,则说函数 $y=f(x)$ 在 x_0 有定义.

函数的两要素:函数的定义域和对应关系为确定函数的两要素.

例 1.1.1 求函数 $f(x)=\arcsin\dfrac{x-1}{5}+\sqrt{25-x^2}$ 的定义域.

解 要使算式有意义,必须

$$\left|\frac{x-1}{5}\right|\leqslant 1 \quad 且 \quad 25-x^2\geqslant 0$$

即 $|x-1|\leqslant 5$ 且 $|x|\leqslant 5$,从而 $-4\leqslant x\leqslant 6$ 且 $-5\leqslant x\leqslant 5$.所以,所求函数的定义域为 $[-4,5]$.

例 1.1.2 判断下列各组函数是否相同.

(1) $f(x)=x,g(x)=\dfrac{x^2}{x}$;

(2) $f(x)=\sqrt{x^2},g(x)=|x|$;

(3) $f(x)=x,g(x)=(\sqrt{x})^2$.

解 (1) $f(x)=x$ 的定义域为 $\{x\,|\,x\in\mathbf{R}\}$,$g(x)=\dfrac{x^2}{x}$ 的定义域为 $\{x\,|\,x\neq 0\}$.两个函数定义域不同,所以 $f(x)$ 和 $g(x)$ 不相同.

(2) $f(x)$ 和 $g(x)$ 的定义域均为一切实数.$f(x)=\sqrt{x^2}=|x|=g(x)$,所以 $f(x)$ 和 $g(x)$ 是相同函数.

(3) $f(x)=x$ 的定义域为 $\{x\,|\,x\in\mathbf{R}\}$,$g(x)=(\sqrt{x})^2$ 的定义域为 $\{x\,|\,x\geqslant 0\}$.两个函数定义域不同,所以 $f(x)$ 和 $g(x)$ 不相同.

表示一个函数的方法通常有列表法、图像法、解析法(公式法)三种.常用的方法是图像法和公式法两种.在此不再多做说明.

例 1.1.3 函数 $y=\sqrt{x^2}=|x|=\begin{cases}x, & x\geqslant 0 \\ -x, & x<0\end{cases}$ 称为绝对值函数.其定义域为 $D=(-\infty,+\infty)$,值域为 $R_f=[0,+\infty)$,如图 1.1.4 所示.

例 1.1.4 函数 $D(x)=\begin{cases}1, & x\text{ 是有理数} \\ 0, & x\text{ 是无理数}\end{cases}$,函数为狄利克雷(Dirichlet)函数,定义域为 $\mathbf{R}$,值域为 $\{0,1\}$.由于任意两个有理数之间都有无理数,并且任意两个无理数之间也都有有理数,所以它的图形无法描绘.

例 1.1.5 函数 $y=\operatorname{sgn}x=\begin{cases}-1, & x<0 \\ 0, & x=0 \\ 1, & x>0\end{cases}$ 为符号函数,定义域为 $\mathbf{R}$,值域为

$\{-1,0,1\}$，如图 1.1.5 所示.

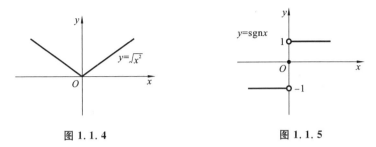

图 1.1.4　　　　　　　　　图 1.1.5

例 1.1.6　函数 $y=[x]$，此函数为取整函数，定义域为 **R**，设 x 为任意实数，y 为不超过 x 的最大整数，值域为 **Z**，如图 1.1.6 所示.

例 1.1.7　求函数 $y=\begin{cases} \sqrt{1-x^2}, & |x|<1 \\ x^2-1, & 1<|x|\leqslant 2 \end{cases}$ 的定义域，并求 $f(0)$，$f\left(\dfrac{3}{2}\right)$，作出函数图像.

解　函数的定义域为 $\{x \mid |x|<1\} \bigcup \{x \mid 1<|x|\leqslant 2\}$，即 $[-2,-1) \bigcup (-1, 1) \bigcup (1,2]$.

$f(0)=\sqrt{1-0^2}=1$，$f\left(\dfrac{3}{2}\right)=\left(\dfrac{3}{2}\right)^2-1=\dfrac{5}{4}$，如图 1.1.7 所示.

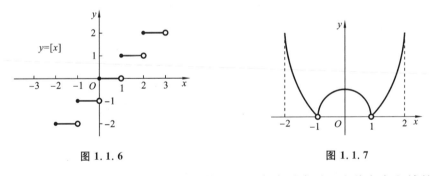

图 1.1.6　　　　　　　　　图 1.1.7

从上述例子可以看到，有时一个函数要用几个式子表示，这种在定义域的不同区间内，对应法则用不同式子表示的函数称为**分段函数**. 应特别注意，分段函数是用几个式子合起来表示的一个函数，而不是表示几个函数. 其定义域是每个式子自变量取值范围的并集.

1.1.4　函数的性质

1. 函数的有界性

定义 1.1.3　设函数 $y=f(x)$，定义域为 D，$I \subset D$，若存在常数 $M>0$，使得对任意的 $x \in I$，都有 $|f(x)| \leqslant M$，则称函数 $f(x)$ 在 I 上有界.

若对任意的 $M>0$,总存在 $x_0 \in I$,使 $|f(x_0)|>M$,则称函数 $f(x)$ 在 I 上无界,如图 1.1.8 所示.

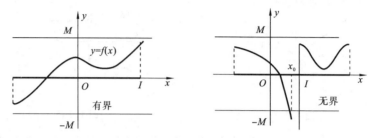

图 1.1.8

例如,函数 $f(x)=\cos x$ 在 $(-\infty,+\infty)$ 上是有界的: $|\cos x| \leqslant 1$;函数 $f(x)=\dfrac{1}{x}$ 在 $(0,1)$ 内无界,在 $(1,2)$ 内有界.

2. 函数的单调性

设函数 $y=f(x)$ 在区间 (a,b) 内有定义,如果对于 (a,b) 内的任意两点 x_1 和 x_2,当 $x_1<x_2$ 时,有 $f(x_1)<f(x_2)$,则称函数 $y=f(x)$ 在区间 (a,b) 内是**单调增加**的,区间 (a,b) 称为函数 $f(x)$ 的**单调增加区间**;如果对于 (a,b) 内的任意两点 x_1 和 x_2,当 $x_1<x_2$ 时,有 $f(x_1)>f(x_2)$,则称函数 $y=f(x)$ 在区间 (a,b) 内是**单调减少**的,区间 (a,b) 称为函数 $f(x)$ 的**单调减少区间**.

单调增加和单调减少的函数统称为**单调函数**(见图 1.1.9).

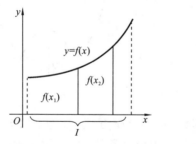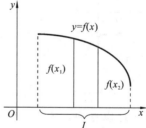

图 1.1.9

3. 函数的奇偶性

设函数 $y=f(x)$ 的定义域 D 关于原点对称.若在 D 上满足 $f(-x)=f(x)$,则称 $f(x)$ 为**偶函数**;若在 D 上满足 $f(-x)=-f(x)$,则称 $f(x)$ 为**奇函数**.

例如,函数 $f(x)=x^2$,由于 $f(-x)=(-x)^2=x^2=f(x)$,所以 $f(x)=x^2$ 是偶函数;又如函数 $f(x)=x^3$,由于 $f(-x)=(-x)^3=-x^3=-f(x)$,所以 $f(x)=x^3$ 是奇函数,如图 1.1.10 所示.

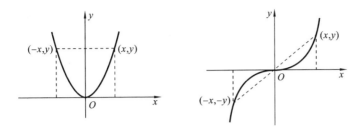

图 1.1.10

从函数图形上看,偶函数的图形关于 y 轴对称,奇函数的图形关于原点对称.

4. 函数的周期性

设函数 $y=f(x)$ 的定义域为 D. 若存在一个不为零的数 T,使得对于任一 $x\in D$ 时有 $(x\pm T)\in D$,且 $f(x\pm T)=f(x)$,则称 $f(x)$ 为**周期函数**,称 T 为 $f(x)$ 的周期. 如果在函数 $f(x)$ 的所有正周期中存在一个最小的正数,我们就称这个正数为 $f(x)$ 的**最小正周期**,也称为**基本周期**,如无特别说明,以后我们所说的周期是指最小正周期.

例如,函数 $y=\sin x$ 和 $y=\cos x$ 的周期为 2π,函数 $y=\tan x$ 和 $y=\cot x$ 的周期为 π.

另外,需要指出的是,某些周期函数不一定存在最小正周期. 例如,常量函数 $f(x)=C$,对任意实数 T,都有 $f(x+T)=f(x)$,故任意实数都是其周期,显然它没有最小正周期.

再比如,任意有理数都是狄利克雷函数

$$D(x)=\begin{cases} 1, & x \text{ 是有理数} \\ 0, & x \text{ 是无理数} \end{cases}$$

的周期,由于不存在最小的正有理数,故它没有最小正周期.

有很多自然现象,像季节、气候等都是年复一年的呈周期变化的;还有很多经济活动,小到商品销售,大到经济宏观运行,其变化具有周期规律性.

1.1.5 反函数

定义 1.1.4 设函数 $y=f(x)$,其定义域为 D_f,值域为 R_f. 如果对于每一个 $y\in R_f$,有唯一的一个 $x\in D_f$ 与之对应,并使 $y=f(x)$ 成立,则得到一个以 y 为自变量,x 为因变量的函数,称此函数为 $y=f(x)$ 的反函数,记作

$$x=f^{-1}(y)$$

显然,$x=f^{-1}(y)$ 的定义域为 R_f,值域为 D_f. 由于习惯上自变量用 x 表示,因变量用 y 表示,所以 $y=f(x)$ 的反函数也可表示为

$$y=f^{-1}(x)$$

例如,指数函数 $y=\mathrm{e}^x,x\in(-\infty,+\infty)$ 的反函数为

$$x = \ln y, \quad y \in (0, +\infty) \quad \text{或} \quad y = \ln x, \quad x \in (0, +\infty)$$

图形如图 1.1.11 所示.

反函数的性质:

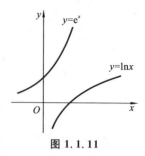

(1) 函数 $y = f(x)$ 单调递增(减),其反函数 $x = f^{-1}(y)$ 或 $y = f^{-1}(x)$ 存在,且也单调递增(减).

(2) 函数 $y = f(x)$ 与其反函数 $y = f^{-1}(x)$ 的图形关于直线 $y = x$ 对称.

(3) 函数 $y = f(x)$ 与其反函数 $x = f^{-1}(y)$ 的图形重合.

图 1.1.11

按照我们的习惯,一般将 $y = f(x)$ 的反函数记为 $y = f^{-1}(x)$ 的形式.

下面介绍几个常见的三角函数的反函数.

正弦函数 $y = \sin x$ 的反函数是 $y = \arcsin x$,正切函数 $y = \tan x$ 的反函数是 $y = \arctan x$.反正弦函数 $y = \arcsin x$ 的定义域是 $[-1, 1]$,值域是 $\left[-\dfrac{\pi}{2}, \dfrac{\pi}{2}\right]$;反正切函数 $y = \arctan x$ 的定义域是 $(-\infty, +\infty)$,值域是 $\left(-\dfrac{\pi}{2}, \dfrac{\pi}{2}\right)$,如图 1.1.12 所示.

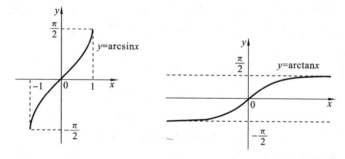

图 1.1.12

1.1.6 复合函数

在现实生活中经常遇到这样的经济问题:

某种商品的月销售收入 R 是销量 Q 的函数,即 $R = R(Q)$,而 Q 又是价格 P 的函数,即 $Q = Q(P)$;这样经过中间变量 Q,就使得 R 成为 P 的函数 $R = R[Q(P)]$.

像这样的函数就是复合函数.

定义 1.1.5 设函数 $y = f(u)$,$u \in D_f$,函数 $u = g(x)$,$x \in D_g$,值域 $R_g \subset D_f$,则

$$y = f[g(x)], \quad x \in D_g$$

称为由 $y = f(u)$,$u = g(x)$ 复合而成的复合函数,其中 u 为中间变量.称 $u = g(x)$ 为内层函数,称 $y = f(u)$ 为外层函数.

注:(1) 并不是任何两个函数都可以复合的,如 $y=\arcsin u$ 与 $u=2+x^2$ 就不能复合. 因为 $u=2+x^2$ 的值域为 $[2,+\infty)$,而 $y=\arcsin u$ 的定义域为 $[-1,1]$,所以对于任意的 x 所对应的 u,都使 $y=\arcsin u$ 无意义;

(2) 复合函数还可推广到由三个及三个以上函数的有限次复合.

在后面的微积分的学习中,要特别注意掌握复合函数的分解,复合函数的分解原则:从外向里,层层分解,直至最内层函数是基本初等函数或基本初等函数的四则运算.

例 1.1.8　指出下列函数的复合过程.

(1) $y=\sqrt[3]{2x+1}$;　　　　(2) $y=\ln\tan\dfrac{x}{2}$.

解　(1) $y=\sqrt[3]{2x+1}$ 是由 $y=\sqrt[3]{u}$ 与 $u=2x+1$ 复合而成的.

(2) $y=\ln\tan\dfrac{x}{2}$ 是由 $y=\ln u,u=\tan v,v=\dfrac{x}{2}$ 复合而成的.

例 1.1.9　已知 $f(x)$ 的定义域为 $[-1,1]$,求 $f(\ln x)$ 的定义域.

解　由 $-1\leqslant\ln x\leqslant 1$ 得 $\dfrac{1}{e}\leqslant x\leqslant e$,所以 $f(\ln x)$ 的定义域为 $\left[\dfrac{1}{e},e\right]$.

1.1.7　初等函数

在初等数学中给出了各类基本初等函数.

常数函数:$y=c(c$ 为常数);

幂函数:$y=x^\alpha(\alpha\neq 0)$;

指数函数:$y=a^x(a>0$ 且 $a\neq 1)$;

对数函数:$y=\log_a x(a>0$ 且 $a\neq 1)$;

三角函数:$y=\sin x,y=\cos x,y=\tan x,y=\cot x,y=\sec x,y=\csc x$;

反三角函数:$y=\arcsin x,y=\arccos x,y=\arctan x,y=\text{arccot}x$.

这六种函数统称为基本初等函数,其图形及性质如表 1.1 所示.

表 1.1　基本初等函数的图形及其性质

函数名称	表达式	定义域	图　形	主　要　性　质
常数函数	$y=c$ (c 为常数)	$(-\infty,+\infty)$		图形过点 $(0,c)$,为平行于 x 轴的一条直线

函数名称	表达式	定义域	图　形	主　要　性　质
幂函数	$y=x^a$ $(a\neq0)$	随 a 的不同而不同,但在 $(0,+\infty)$ 内总有定义		1. 图形过点 $(1,1)$ 2. 若 $a>0$,函数在 $(0,+\infty)$ 内单调增加;若 $a<0$,函数在 $(0,+\infty)$ 内单调减少
指数函数	$y=a^x$ $(a>0,a\neq1)$	$(-\infty,+\infty)$		1. 当 $a>1$ 时,函数单调增加;当 $0<a<1$ 时,函数单调减少 2. 图形在 x 轴上方,且都过点 $(0,1)$
对数函数	$y=\log_a x$ $(a>0,a\neq1)$	$(0,+\infty)$		1. 当 $a>1$ 时,函数单调增加;当 $0<a<1$ 时,函数单调减少 2. 图形在 y 轴右侧,且都过点 $(1,0)$
三角函数	$y=\sin x$	$(-\infty,+\infty)$		1. 是奇函数,周期为 2π,是有界函数 2. 在 $\left(2k\pi-\dfrac{\pi}{2},2k\pi+\dfrac{\pi}{2}\right)$ 内单调增加;在 $\left(2k\pi+\dfrac{\pi}{2},2k\pi+\dfrac{3\pi}{2}\right)$ 内单调减少 $(k\in\mathbf{Z})$
	$y=\cos x$	$(-\infty,+\infty)$		1. 是偶函数,周期为 2π,是有界函数 2. 在 $((2k-1)\pi,2k\pi)$ 内单调增加;在 $(2k\pi,(2k+1)\pi)$ 内单调减少 $(k\in\mathbf{Z})$

续表

函数名称	表达式	定义域	图　形	主 要 性 质
三角函数	$y = \tan x$	$x \neq k\pi + \dfrac{\pi}{2}$ $(k \in \mathbf{Z})$		1. 是奇函数,周期为 π,是无界函数 2. 在 $\left(k\pi - \dfrac{\pi}{2}, k\pi + \dfrac{\pi}{2}\right)$ 内单调增加$(k \in \mathbf{Z})$
	$y = \cot x$	$x \neq k\pi$ $(k \in \mathbf{Z})$		1. 是奇函数,周期为 π,是无界函数 2. 在$(k\pi, k\pi + \pi)$内单调减少$(k \in \mathbf{Z})$
反三角函数	$y = \arcsin x$	$[-1, 1]$		1. 奇函数,单调增加函数,有界 2. $\arcsin(-x) = -\arcsin x$
	$y = \arccos x$	$[-1, 1]$		1. 非奇非偶函数,单调减少函数,有界 2. $\arccos(-x) = \pi - \arccos x$
	$y = \arctan x$	$(-\infty, +\infty)$		1. 奇函数,单调增加函数,有界 2. $\arctan(-x) = -\arctan x$

续表

函数名称	表达式	定义域	图　形	主　要　性　质
反三角函数	$y=\text{arccot}x$	$(-\infty,+\infty)$		1. 非奇非偶函数,单调减少函数,有界 2. $\text{arccot}(-x)=\pi-\text{arccot}x$

定义 1.1.6 由基本初等函数经过有限次的四则运算和有限次的复合运算所构成的并用一个式子表示的函数,称为**初等函数**.

例如,$y=e^{\sin x}$,$y=\sin(2x+1)$,$y=\sqrt{\cot\dfrac{x}{2}}$ 等都是初等函数.

需要指出的是,在高等数学中遇到的函数一般都是初等函数,但是分段函数不是初等函数,因为分段函数一般都由几个解析式来表示.但是有的分段函数通过形式的转化,可以用一个式子表示,这时就是初等函数.例如,函数

$$y=\begin{cases} -x, & x<0 \\ x, & x\geqslant 0 \end{cases}$$

可表示为 $y=\sqrt{x^2}$.

*工程技术上常用的一类函数:双曲函数与反双曲函数.

双曲正弦:$y=\text{sh}x=\dfrac{e^x-e^{-x}}{2}$,定义域为 **R**,值域为 **R**,单增,奇函数.

双曲余弦:$y=\text{ch}x=\dfrac{e^x+e^{-x}}{2}$,定义域为 **R**,值域为 $[1,+\infty)$,在 $(-\infty,0]$ 上单减,在 $[0,+\infty)$ 上单增,偶函数.

双曲正切:$y=\text{th}x=\dfrac{\text{sh}x}{\text{ch}x}=\dfrac{e^x-e^{-x}}{e^x+e^{-x}}$,定义域为 **R**,值域为 $(-1,1)$,单增,奇函数.

双曲余切:$y=\text{cth}x=\dfrac{\text{ch}x}{\text{sh}x}=\dfrac{e^x+e^{-x}}{e^x-e^{-x}}$,定义域为 **R***,值域为 $(-\infty,-1)\cup(1,+\infty)$,在 $(-\infty,0)$ 上单减,在 $(0,+\infty)$ 上单减,奇函数.

反双曲正弦:$y=\text{arsh}x=\ln(x+\sqrt{x^2+1})$,为双曲正弦的反函数,定义域为 **R**,值域为 **R**,单增,奇函数.

反双曲余弦:$y=\text{arch}x=\ln(x+\sqrt{x^2-1})$,定义域为 $[1,+\infty)$,值域为 $[0,+\infty)$,单增.

反双曲正切：$y=\text{arth}x=\dfrac{1}{2}\ln\dfrac{1+x}{1-x}$，定义域为 $(-1,1)$，值域为 $\mathbf{R}$，单增，奇函数．

1.1.8 建立函数关系举例

运用函数解决实际问题，通常先要找到这个实际问题中的变量与变量之间的依赖关系，然后把变量间的这种依赖关系用数学解析式表达出来（即建立函数关系），最后进行分析、计算．

例 1.1.10 如图 1.1.13 所示，从边长为 a 的正三角形铁皮上剪一个矩形，矩形的一条边长为 x，周长为 P，面积为 A，试分别将 P 和 A 表示为 x 的函数．

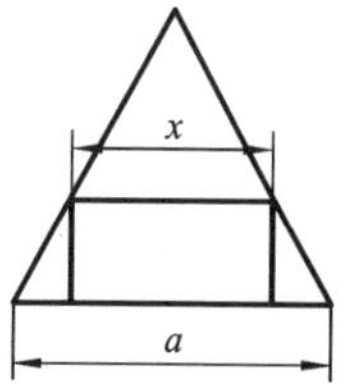

解 设矩形的另一条边长为

$$\frac{a-x}{2}\cdot\tan60°=\frac{\sqrt{3}(a-x)}{2}$$

图 1.1.13

该矩形周长为

$$P=\sqrt{3}(a-x)+2x=(2-\sqrt{3})x+\sqrt{3}a,\quad x\in(0,a)$$

矩形面积为

$$A=\frac{\sqrt{3}(a-x)}{2}\cdot x=\frac{\sqrt{3}}{2}ax-\frac{\sqrt{3}}{2}x^2,\quad x\in(0,a)$$

例 1.1.11 电力部门规定，居民每月用电不超过 30 度时，每度电按 0.5 元收费，当用电超过 30 度但不超过 60 度时，超过的部分每度按 0.6 元收费，当用电超过 60 度时，超过部分按每度 0.8 元收费，试建立居民月用电费 G 与月用电量 w 之间的函数关系．

解 当 $0\leqslant w\leqslant30$ 时，

$$G=0.5w$$

当 $30<w\leqslant60$ 时，

$$G=0.5\times30+0.6\times(w-30)=0.6w-3$$

当 $w>60$ 时，

$$G=0.5\times30+0.6\times30+0.8\times(w-60)=0.8w-15$$

所以

$$G=f(w)=\begin{cases}0.5w, & 0\leqslant w\leqslant30\\ 0.6w-3, & 30<w\leqslant60\\ 0.8w-15, & w>60\end{cases}$$

习 题 1.1

1. 求下列函数的定义域．

(1) $y=\sqrt{1-x^2}$;   (2) $y=\dfrac{1}{1+x}+\sqrt{4-x^2}$;   (3) $y=\ln\dfrac{x-x^2}{2}$;

(4) $y=\arcsin\dfrac{x-3}{4}$;   (5) $y=-\dfrac{5}{x^2+4}$;   (6) $y=\dfrac{\ln(3-x)}{\sqrt{|x|-2}}$.

2. 下列各题中,函数 $f(x)$ 和 $g(x)$ 是否相同,为什么?

(1) $f(x)=\lg x^2,g(x)=2\lg x$;   (2) $f(x)=\sqrt[3]{x^4-x^3},g(x)=x\sqrt[3]{x-1}$;

(3) $f(x)=x,g(x)=\mathrm{e}^{\ln x}$;   (4) $f(x)=x,g(x)=\sin(\arcsin x)$.

3. 已知 $f(x)$ 的定义域为 $[0,1]$,求下列函数的定义域.

(1) $f(x^2)$;   (2) $f(\tan x)$;   (3) $f(x+a)+f(x-a)\left(a\in\left(0,\dfrac{1}{2}\right)\right)$.

4. 设 $f(x+1)=x^2+3x+5$,求 $f(x),f(x-1)$.

5. 判断下列函数的奇偶性.

(1) $y=\sin x\cdot\tan x$;   (2) $y=\lg\left(x+\sqrt{x^2+1}\right)$;

(3) $y=\dfrac{\mathrm{e}^x+\mathrm{e}^{-x}}{2}$;   (4) $y=x(x^3+1)$;

(5) $y=\begin{cases}1-x, & x\leqslant 0 \\ 1+x, & x>0\end{cases}$.

6. 设下列考虑的函数都是定义在区间 $(-l,l)(l>0)$ 上的,证明:

(1) 两个偶函数的和是偶函数,两个奇函数的和是奇函数;

(2) 两个偶函数的乘积是偶函数,两个奇函数的乘积是偶函数,偶函数和奇函数的乘积是奇函数.

7. 下列函数中哪些是周期函数? 如果是,确定其周期.

(1) $y=\sin(x+1)$;   (2) $y=\cos 2x$;

(3) $y=1+\sin\pi x$;   (4) $y=\cos^2 x$.

8. 求下列函数的反函数.

(1) $y=\sqrt[3]{x-1}$;   (2) $y=1+\ln(x+2)$;

(3) $y=\dfrac{\mathrm{e}^x}{1+\mathrm{e}^x}$;   (4) $y=2\sin\dfrac{x}{2}\quad x\in(-\pi,\pi)$;

(5) $y=\begin{cases}x, & x<1 \\ x^2, & 1\leqslant x\leqslant 4. \\ 2^x, & x>4\end{cases}$

9. 下列函数是由哪些函数复合而成的?

(1) $y=\sin(3x+1)$;   (2) $y=\cos^3(1+2x)$;

(3) $y=\ln(\arcsin(x+1))$;   (4) $y=\mathrm{e}^{\sin x^2}$.

10. 设 $f(x)=x^2,\varphi(x)=\ln x$,求 $f(\varphi(x)),f(f(x)),\varphi(f(x))$.

1.2　经济学中的常用函数

经济学是研究如何利用有限的资源合理安排生产,并把生产出来的产品在消费者中合理分配,以达到人类现在和将来最大满足的科学.为了实现经济学的目标,需要对经济变量进行定量分析,本节介绍经济学中的几个常用概念和常用经济学函数.

1.2.1　需求函数

需求被理解为购买者在一定时期内的意愿,并且以一个可能的价格购买某种商品的数量.需求与购买的意愿和能力有关,如果不考虑购买者的收入、偏好等因素,则在一定时期内商品的需求量 Q 主要取决于商品的价格 p.因此,商品的需求是价格的函数,称为需求函数,记作 $Q=f(p)$.

一般地,当商品的价格增加时,商品的需求量将会减少,因此,需求函数 $Q=f(p)$ 是价格 p 的单调减少函数.

在企业管理和经济中常见的需求函数有以下几种.

线性需求函数:$Q=a-bp$,其中 $b\geqslant0,a\geqslant0$,均为常数;

二次需求函数:$Q=a-bp-cp^2$,其中 $a\geqslant0,b\geqslant0,c\geqslant0$,均为常数;

指数需求函数:$Q=Ae^{-bp}$,其中 $A\geqslant0,b\geqslant0$,均为常数;

幂函数需求函数:$Q=AP^{-a}$,其中 $A\geqslant0,a>0$,均为常数.

1.2.2　供给函数

"供给量"是在一定价格水平下,生产者愿意出售并且可以出售的商品量,如果不考虑价格以外的其他因素,则商品的供给量 S 是价格 p 的函数,记作 $S=S(p)$.

一般地,供给量随价格的上升而增大,因此,供给函数 $S=S(p)$ 是价格 p 的单调增加函数.

常见的供给函数有线性函数、二次函数、幂函数、指数函数等.

如果市场上某种商品的需求量与供求量相等,则该商品市场处于平衡状态,这时的商品价格 $\overline{P}$ 就是供、需平衡的价格,称为**均衡价格**.$\overline{Q}$ 就是**均衡数量**.

例 1.2.1　已知某商品的供给函数是 $S=\dfrac{2}{3}p-4$,需求函数是 $Q=50-\dfrac{4}{3}p$,试求该商品处于市场平衡状态下的均衡价格和均衡数量.

解　令 $S=Q$,解方程组 $\begin{cases} Q=\dfrac{2}{3}p-4 \\ Q=50-\dfrac{4}{3}p \end{cases}$ 得均衡价格 $\overline{P}=27$,均衡数量 $\overline{Q}=14$.

说明 供给函数 $S = \frac{2}{3}p - 4$ 与需求函数 $Q = 50 - \frac{4}{3}p$ 的图形交点的横坐标就是市场均衡价格.高于这个价格,表明供大于求;低于这个价格,表明求大于供.

1.2.3 总成本函数

总成本是工厂生产一种产品所需费用的总和,它通常分为固定成本和变动成本两部分.固定成本指不受产量影响的成本,如厂房、机器设备的费用等,常用 C_1 表示.可变成本指随产量变化而发生变化的成本,如原材料费、工人工资、包装费等,常用 C_2 表示,它是产量 q 的函数,即 $C_2 = C_2(q)$.

生产 q 个单位某种产品时的可变成本 C_2 与固定成本 C_1 之和,称为总成本函数,记作 C,即 $C = C(q) = C_1 + C_2(q)$.

总成本函数 $C(q)$ 是产量 q 的单调增加函数.

常见的成本函数有线性函数、二次函数、三次函数等.

要评价企业的生产状况,还需要计算产品的平均成本,即生产 q 个单位产品时,单位产品的成本,记作 $\overline{C}(q)$,即 $\overline{C}(q) = \frac{C(q)}{q} = \frac{C_1}{q} + \frac{C_2(q)}{q}$,其中 $\frac{C_2(q)}{q}$ 称为平均可变成本.

例 1.2.2 生产某种商品的总成本(单位:元)是 $C(q) = 500 + 4q$,求生产 50 件这种商品的总成本和平均成本.

解 生产 50 件这种商品的总成本为

$$C(50) = (500 + 4 \times 50) \text{ 元} = 700 \text{ 元}$$

平均成本为

$$A(50) = \frac{C(q)}{q}\bigg|_{q=50} = \frac{700}{50} \text{ 元/件} = 14 \text{ 元/件}$$

1.2.4 收益(收入)函数

收益是指销售某种商品所获得的收益,又可分为总收益和平均收益.

总收益是指销售者售出一定数量商品所得的全部收益,常用 R 表示.

平均收益是指售出一定数量的商品时,售出单位商品的平均收益,也就是销售一定数量时的单位商品的销售价格.常用 $\overline{R}$ 表示.

总收益和平均收益都是售出商品数量的函数.

设 P 为商品价格,q 为商品的销售量,则有

$$R = R(q) = qP(q) , \quad \overline{R} = \frac{R(q)}{q} = P(q)$$

其中,$P(q)$ 是商品的价格函数.

例 1.2.3　设某商品的价格函数是 $P=50-\dfrac{1}{5}q$,试求该商品的收入函数,并求出销售 10 件商品时的总收入和平均收入.

解　收入函数为

$$R=Pq=50q-\frac{1}{5}q^2$$

平均收入为

$$\bar{R}=\frac{R}{q}=P=50-\frac{1}{5}q$$

销售 10 件商品时的总收入和平均收入分别为

$$R(10)=50\times10-\frac{1}{5}\times10^2=480$$

$$\bar{R}(10)=50-\frac{1}{5}\times10=48$$

1.2.5　利润函数

总利润是指生产一定数量的产品的总收入与总成本之差,记作 L,即 $L=L(q)=R(q)-C(q)$,其中 q 是产品数量.

平均利润记作 $\bar{L}=\bar{L}(q)=\dfrac{L(q)}{q}$.

例 1.2.4　已知生产某种商品 q 件时的总成本(单位:万元)为 $C(q)=10+6q+0.1q^2$.如果该商品的销售单价为 9 万元,试求:

(1) 该商品的利润函数;

(2) 生产 10 件该商品时的总利润和平均利润;

(3) 生产 30 件该商品时的总利润.

解　(1) 该商品的收入函数为 $R(q)=9q$,得到利润函数为
$$L(q)=R(q)-C(q)=3q-10-0.1q^2$$

(2) 生产 10 件该商品时的总利润为
$$L(10)=(3\times10-10-0.1\times10^2)\text{ 万元}=10\text{ 万元}$$
此时的平均利润为

$$\bar{L}=\frac{L(10)}{10}=\frac{10}{10}\text{ 万元/件}=1\text{ 万元/件}$$

(3) 生产 30 件该商品时的总利润为
$$L(30)=(3\times30-10-0.1\times30^2)\text{ 万元}=-10\text{ 万元}$$

注:一般地,收入随着销售量的增加而增加,但利润并不总是随销售量的增加而增加.它可出现三种情况:

① 如果 $L(q)=R(q)-C(q)>0$,则表明生产处于盈利状态;

② 如果 $L(q)=R(q)-C(q)<0$,则表明生产处于亏损状态;

③ 如果 $L(q)=R(q)-C(q)=0$,则表明生产处于保本状态,此时的产量 q_0 称为无盈亏点.

习　题　1.2

1. 某种商品的供给函数和需求函数分别为

$$Q_d=25P-10, \quad Q_s=200-5P$$

求该商品的市场均衡价格和市场均衡数量.

2. 某批发商每次以 160 元/台的价格将 500 台电扇批发给零售商,在这个基础上零售商每次多进 100 台电扇,则批发价相应降低 2 元,批发商最大批发量为每次 1000 台,试将电扇批发价格用批发量的函数表示,并求零售商每次进 800 台电扇时的批发价格.

3. 某电器厂生产一种新产品,在定价时不单是根据生产成本而定,还要请各销售单位来出价,即他们愿意以什么价格来购买. 根据调查得出需求函数为 $x=-900P+45000$. 该厂生产该产品的固定成本是 270000 元,而单位产品的变动成本为 10 元. 为获得最大利润,出厂价格应为多少?

4. 某工厂生产某种产品,固定成本为 200 元,每多生产 1 件产品,成本增加 10 元,该产品的需求函数为 $q=50-2p$,试计算生产该产品的成本、平均成本、收益和利润.

5. 已知某产品的价格为 P,需求函数为 $Q=50-5P$,成本函数为 $C=20+4Q$,求利润 L 与产量 Q 之间的函数关系;产量 Q 为多少时利润 L 最大及最大利润是多少?

*1.3　Matlab 软件简单应用

在高等数学中,经常利用函数图形研究函数的性质,在此,我们应用 Matlab 命令(Matlab 软件具体使用方法可参考附录 A)来实现这一操作.应用 Matlab 命令描绘函数图形时常用命令是 ezplot,其使用方法为:

对于一元函数 $y=f(x)$ 在指定区间 $[a,b]$ 上作函数图形的命令:ezplot(f,[a,b]);

对于平面方程 $f(x,y)=0$ 在指定区间 $[a,b]\times[c,d]$ 上作函数图形的命令:ezplot(f,[a,b,c,d]);

对于参数方程 $\begin{cases} x=f(t) \\ y=g(t) \end{cases}$ 在指定区间 $[\alpha,\beta]$ 上作函数图形的命令:ezplot(f,g,[α,β]).

例 1.3.1　作出 $y=\sin x$ 在 $[-\pi,\pi]$ 上的图形.

解 输入命令：

```
ezplot(sin(x),[- pi,pi]);
```

输出结果如图 1.3.1 所示.

例 1.3.2 作出 $y=\arcsin x$ 在 $[-1,1]$ 上的图形.

解 输入命令：

```
ezplot(asin(x),[- 1,1]);
```

输出结果如图 1.3.2 所示.

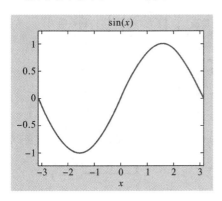

图 1.3.1

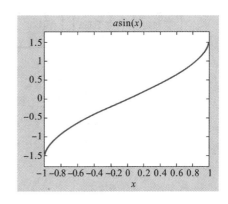

图 1.3.2

例 1.3.3 作出 $\begin{cases} x=t-\sin t \\ y=1-\cos t \end{cases}$ 在 $[0,2\pi]$ 上的图形.

解 输入命令：

```
ezplot(t-sin(t),1-cos(t),[0,2*pi]);
```

输出结果如图 1.3.3 所示.

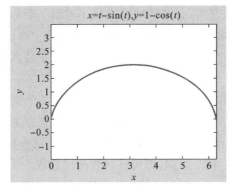

图 1.3.3

本 章 小 结

一、内容纲要

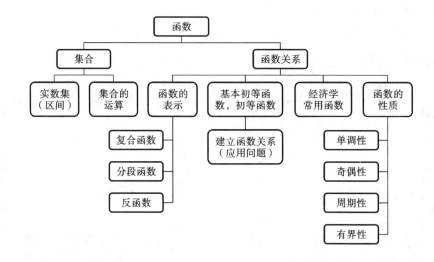

二、部分重难点内容分析

函数的定义及函数的简单性态,复合函数的概念和复合函数定义域的求法.

(1) 函数概念的核心是函数的两要素,只有当其定义域和对应法则完全相同时,两个函数才表示同一个函数.根据实际问题建立的函数,其定义域是使自变量具有实际意义的实数集合;由解析式表示的函数,其定义域是使运算有意义的实数集合.

(2) 在讨论函数奇偶性时一定要注意它们对函数定义域的要求.函数的奇偶性是相对于对称区间而言的,若函数的定义域不对称,则该函数一定不是奇函数或偶函数,通常称为非奇非偶函数.判断函数的奇偶性主要是根据奇、偶函数的定义,有时也利用奇偶性的相关性质. $f(x)+f(-x)=0$ 是判断 $f(x)$ 为奇函数的有效方法.

(3) 函数 $y=f(x)$ 和其反函数 $y=f^{-1}(x)$ 的图形关于直线 $y=x$ 是对称的, $y=f(x)$ 的定义域是其反函数 $y=f^{-1}(x)$ 的值域.另外需要注意,只有自变量与因变量一一对应的函数才有反函数.求反函数的步骤是:首先从方程 $y=f(x)$ 中解出 x,得到 $x=f^{-1}(y)$,然后将 x 和 y 对调,即得该函数的反函数 $y=f^{-1}(x)$.

(4) 在讨论复合函数时,要注意进行复合和分解时函数的定义域.将两个或两个以上函数进行复合的方法主要有:① 代入法,将一个函数中的自变量用另一个函数表达式替代,适用于初等函数的复合;② 分析法,根据最外层函数定义域的各区间段,结合中间变量的表达式和定义域进行分析,从而得出复合函数,适用于初等函数与分段函数或分段函数之间的复合.

复习题 1

1. 选择题.

(1) 函数 $y=\arcsin(\ln x)$ 的定义域为(   ).

(A)$[1,e]$ (B) $[e^{-1},e]$ (C) $[-1,1]$ (D) $[1,+\infty]$

(2) 设 $f(x)$ 是定义在 $(-\infty,+\infty)$ 的偶函数,$g(x)$ 是定义在 $(-\infty,+\infty)$ 的奇函数,则下列函数中(   )是奇函数.

(A) $f(g(x))$ (B) $g(f(x))$ (C) $f(f(x))$ (D) $g(g(x))$

(3) 设函数 $y=\sqrt{g(x)}+\sqrt{16-x^2}$ 的定义域是 $[-4,-\pi]\bigcup[0,\pi]$,则 $g(x)=$ (   ).

(A) $\sin x$ (B) $\cos x$ (C) $\tan x$ (D) $\cot x$

(4) 设 $f(x)=\dfrac{1}{1+x}$,$g(x)=\sqrt{e^x-1}$,则 $f[g^{-1}(x)]=$ (   ).

(A) $1+\ln(x^2+1)$ (B) $1+\sqrt{e^x-1}$

(C) $\dfrac{1}{1+\ln(x^2+1)}$ (D) $\dfrac{1}{1+\ln(x^2-1)}$

(5) $f(x)=|x\sin x|e^{\cos x}$,$r\in(-\infty,+\infty)$ 是(   ).

(A) 有界函数   (B) 单调函数   (C) 周期函数   (D) 偶函数

(6) 若函数 $f(x)=\dfrac{x-4}{mx^2+4mx+3}$ 的定义域为 **R**,则实数 m 的取值范围是(   ).

(A) $(-\infty,+\infty)$ (B) $\left(0,\dfrac{3}{4}\right]$ (C) $\left(\dfrac{3}{4},+\infty\right)$ (D) $\left[0,\dfrac{3}{4}\right)$

(7) 若函数 $f(x)=\sqrt{mx^2+mx+1}$ 的定义域为 **R**,则实数 m 的取值范围是(   ).

(A) $0<m<4$ (B) $0\leqslant m\leqslant 4$ (C) $m\geqslant 4$ (D) $0<m\leqslant 4$

(8) 对于 $-1\leqslant a\leqslant 1$,不等式 $x^2+(a-2)x+1-a>0$ 恒成立的 x 的取值范围是(   ).

(A) $0<x<2$ (B) $x<0$ 或 $x>2$ (C) $x<1$ 或 $x>3$ (D) $-1<x<1$

(9) 函数 $f(x)=\sqrt{4-x^2}-\sqrt{x^2-4}$ 的定义域是(   ).

(A) $[-2,2]$ (B) $(-2,2)$

(C) $(-\infty,-2)\bigcup(2,+\infty)$ (D) $\{-2,2\}$

(10) 函数 $f(x)=x+\dfrac{1}{x}(x\neq0)$是(　　).

(A) 奇函数,且在$(0,1)$上是增函数　　(B) 奇函数,且在$(0,1)$上是减函数

(C) 偶函数,且在$(0,1)$上是增函数　　(D) 偶函数,且在$(0,1)$上是减函数

2. 填空题.

(1) 设函数 $f(x)$的定义域为$[0,1]$,则函数 $f(x^2)$的定义域为_____;函数 $f(\sqrt{x}-2)$的定义域为_____.

(2) 若函数 $f(x+1)$的定义域为$[-2,3]$,则函数 $f(2x-1)$的定义域是_____;函数 $f\left(\dfrac{1}{x}+2\right)$的定义域为_____.

(3) 已知函数 $f(x)$满足 $2f(x)+f(-x)=3x+4$,则 $f(x)=$_____.

(4) 设 $f(x)$是 **R** 上的奇函数,且当 $x\in[0,+\infty)$时,$f(x)=x(1+\sqrt[3]{x})$,则当 $x\in(-\infty,0)$时 $f(x)=$_____. $f(x)$在 **R** 上的解析式为_____.

(5) 函数 $f(x)=\begin{cases} x+2, & x\leqslant-1 \\ x^2, & -1<x<2,若 f(x)=3,则 x=_____. \\ 2x, & x\geqslant2 \end{cases}$

(6) 已知函数 $f(x)$的定义域是$(0,1]$,则 $g(x)=f(x+a)\cdot f(x-a)(-\dfrac{1}{2}<a\leqslant 0)$的定义域为_____.

(7) 把函数 $y=\dfrac{1}{x+1}$的图形沿 x 轴向左平移一个单位后,得到图形 C,则 C 关于原点对称的图形的解析式为_____.

3. 判断下列各组中的两个函数是否为同一函数.

(1) $y_1=\dfrac{(x+3)(x-5)}{x+3}$,$y_2=x-5$;

(2) $y_1=\sqrt{x+1}\sqrt{x-1}$,$y_2=\sqrt{(x+1)(x-1)}$;

(3) $f(x)=x$,$g(x)=\sqrt{x^2}$;

(4) $f(x)=x$,$g(x)=\sqrt[3]{x^3}$;

(5) $f_1(x)=(\sqrt{2x-5})^2$,$f_2(x)=2x-5$.

4. 计算题.

(1) 已知函数 $f(x-1)=x^2-4x$,求函数 $f(x)$,$f(2x+1)$的解析式.

(2) 已知 $f(x)$是二次函数,且 $f(x+1)+f(x-1)=2x^2-4x$,求 $f(x)$的解析式.

(3) 设 $f\left(x+\dfrac{1}{x}\right)=x^2+\dfrac{1}{x^2}$,求 $f(x)$,$f\left(x-\dfrac{1}{x}\right)$.

(4) 设 $f(x)$ 与 $g(x)$ 的定义域是 $\{x \mid x \in \mathbf{R}, 且\ x \neq \pm 1\}$，$f(x)$ 是偶函数，$g(x)$ 是奇函数，且 $f(x) + g(x) = \dfrac{1}{x-1}$，求 $f(x)$ 与 $g(x)$ 的解析表达式.

(5) 求下列函数的定义域.

① $y = \sqrt{x^2(x-2)} + \arcsin \dfrac{x-1}{3}$;   ② $y = \sqrt{\log_2 x}$;

③ $y = \ln(5x+1)$;   ④ $y = \sqrt{\sin x} - \sqrt{36 - x^2}$;

⑤ $y = f(x-1) + f(x+1)$，已知 $f(t)$ 的定义域为 $(0,3)$;

⑥ $y = \begin{cases} 2x, & -1 \leqslant x < 0 \\ 1 - 3x, & x > 0 \end{cases}$.

(6) 求下列函数的反函数.

① $y = 2^{3x-1}$;   ② $y = \sin 2x$;

③ $y = \dfrac{1-2x}{1+2x}$;   ④ $y = \ln\left(x + \sqrt{x^2 + 1}\right)$.

第2章 极限与连续

极限是研究函数变化性态的一个最基本的概念,当然也是微积分中最基本的概念.极限的思想方法是人们从有限中认识无限,从近似中认识精确,从量变中认识质变的一种数学方法,这也是微积分的基本思想方法,整个微积分就是建立在极限理论的基础之上的.微积分学中其他一些重要概念,如导数、积分、级数等,都是用极限来定义,极限是贯穿高等数学各知识环节的主线.本章将介绍数列极限与函数极限的概念、性质以及极限的求法,还将介绍连续函数的概念与性质.

2.1 数列的极限

2.1.1 数列的概念

定义 2.1.1 如果按照某一法则,使得对任意的一个正整数 n 都有一个确定的数 a_n,把这些 a_n 按下标 n 从小到大的次序排列如下:

$$a_1, a_2, \cdots, a_n \cdots$$

这一列有次序的数就称为**数列**,记为 $\{a_n\}$,其中第 n 项 a_n 称为数列的**一般项或通项**.例如,

$$\frac{1}{2}, \frac{2}{3}, \frac{3}{4}, \cdots, \frac{n}{n+1}, \cdots$$

$$2, \frac{1}{2}, \frac{4}{3}, \frac{3}{4}, \cdots, \frac{n+(-1)^{n-1}}{n}, \cdots$$

$$2, 4, 8, \cdots, 2^n, \cdots$$

$$1, -1, 1, \cdots, (-1)^{n+1}, \cdots$$

都是数列,它们的一般项依次为

$$\frac{n}{n+1}, \frac{n+(-1)^{n-1}}{n}, 2^n, (-1)^{n+1}$$

可以看出,对于数列 $\{a_n\}$,每一个正整数 n 都有唯一确定的 a_n 与之对应,因此可以把数列 $\{a_n\}$ 看作是自变量为正整数 n 的函数,即

$$a_n = f(n), \quad n \in \mathbf{N}^+$$

另外,从几何的角度看,数列 $\{a_n\}$ 可看作数轴上一个动点依次取 $a_1, a_2, \cdots, a_n, \cdots$,在数轴上的表示如图 2.1.1 所示.

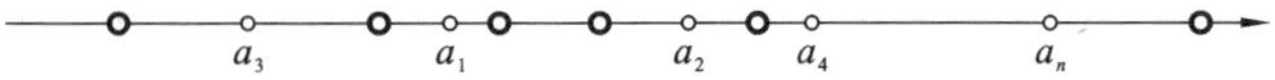

图 2.1.1

2.1.2 数列极限的定义

关于数列,人们主要关心的问题是:当 n 无限增大时,$\{a_n\}$ 的变化趋势如何? 尤其是 n 无限增大时,a_n 是否无限接近于某个确定的值? 在我国古代,关于极限的思想早有阐述,哲学著作《庄子》中著名的"一尺之锤,日取其半,万世不竭",魏晋时期数学家刘徽在《九章算术注》中首创"割圆术"(公元 3 世纪),用圆内接多边形的面积去逼近圆的面积,都是极限思想的萌芽.

设有一圆,首先作圆内接正六边形,把它的面积记为 A_1,若用 A_1 来近似圆的面积,显然误差较大;再作圆的内接正十二边形,其面积记为 A_2,若用 A_2 来近似圆的面积,虽然还是有误差,但显然误差在缩小;再作圆的内接正二十四边形,其面积记为 A_3,若用 A_3 来近似圆的面积,我们发现误差在继续缩小,依次进行下去,一般把内接正 $6 \times 2^{n-1}$ 边形的面积记为 A_n,可得一系列内接正多边形的面积:

$$A_1, A_2, A_3, \cdots, A_n, \cdots$$

它们就构成一列有序数列. 可以发现,当内接正多边形的边数无限增加(即 n 无限增大)时,用 A_n 来近似圆的面积已经几乎没有误差,即 A_n 会无限接近某个确定的数值,这个确定的数值在数学上称为数列 $\{A_n\}$ 当 $n \to \infty$ 时的极限.

对于上面给出的数列 $\left\{\dfrac{1}{2^n}\right\}$(见图 2.1.2),当 $n \to \infty$ 时,$\dfrac{1}{2^n}$ 无限接近于常数 0,则 0 就是数列 $\left\{\dfrac{1}{2^n}\right\}$ 当 $n \to \infty$ 时的极限.

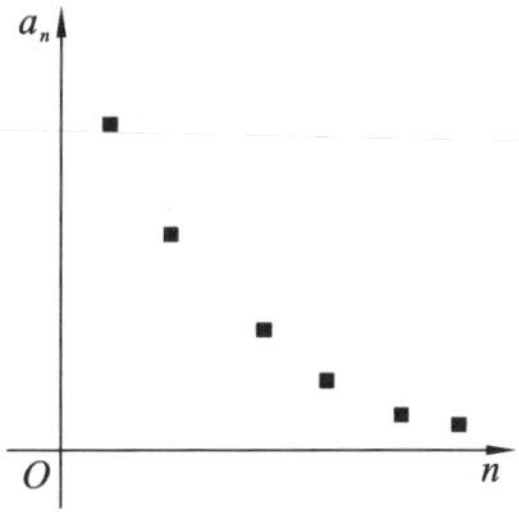

再如数列 $\left\{\dfrac{n+(-1)^{n-1}}{n}\right\}$,当 $n \to \infty$ 时,$\dfrac{n+(-1)^{n-1}}{n}$ 无限接近于常数 1,则 1 就是数列 $\left\{\dfrac{n+(-1)^{n-1}}{n}\right\}$ 在 $n \to \infty$

图 2.1.2

时的极限;而数列 $\{2^n\}$,当 $n \to \infty$ 时,2^n 越来越大,无法趋近于一个确定的常数,故数列 $\{2^n\}$ 在 $n \to \infty$ 时无极限.

定义 2.1.2 对于数列 $\{a_n\}$,当 n 无限增大时,数列的一般项 a_n 无限地接近于某一确定的数值 a,则称常数 a 是数列 $\{a_n\}$ 在 $n \to \infty$ 时的极限,或称数列 $\{a_n\}$ **收敛**于 a,记为

$$\lim_{n \to \infty} a_n = a \quad \text{或} \quad a_n \to a \, (n \to \infty)$$

如果数列没有极限,就称数列是**发散**的.

如数列 $\left\{\dfrac{1}{2^n}\right\}$，当 $n\to\infty$ 时，$\dfrac{1}{2^n}\to 0$，即 $\lim\limits_{n\to\infty}\dfrac{1}{n}=0$，因此称数列 $\left\{\dfrac{1}{2^n}\right\}$ 是收敛的.

数列 $\{2^n\}$，当 $n\to\infty$ 时，$2^n\to +\infty$，即 $\lim\limits_{n\to\infty}2^n$ 不存在，因此称数列 $\{2^n\}$ 是发散的.

上述定义是直观的描述性定义，在数学上不好应用.上述定义中的"无限接近"到底如何描述呢？

观察数列 $2,\dfrac{1}{2},\dfrac{4}{3},\cdots,\dfrac{n+(-1)^{n-1}}{n},\cdots$，记 $\left\{\dfrac{n+(-1)^{n-1}}{n}\right\}=\{a_n\}$，可见当 n 无限增大时，a_n 无限接近 1.即当 n 无限增大时，a_n 与 1 的距离 $|a_n-1|=\dfrac{1}{n}$ 无限接近 0.也就是说，当 n 无限增大时，a_n 与 1 的距离可以任意小.换句话说，无论事先给定一个怎样小的正数 ε，总可以在 n 无限增大的过程中找到一个确定的 N，在 N（即 $n>N$）项之后，有 $|a_n-1|=\dfrac{1}{n}<\varepsilon$.比如，当给定的正数 $\varepsilon=10^{-1}$ 时，$N>10$ 即可；当给定的正数 $\varepsilon=10^{-2}$ 时，$N>100$ 即可；当给定的正数 $\varepsilon=10^{-4}$ 时，$N>10000$ 即可.一般地，不论给定的正数 ε 多么小，总存在一个正整数 N，使得当 $n>N$ 时，不等式

$$|a_n-1|<\varepsilon$$

都成立.这就是数列 $a_n=\dfrac{n+(-1)^{n-1}}{n}$ 当 $n\to\infty$ 时极限为 1 的实质.由此我们给出如下数列极限的精确定义.

定义 2.1.3 设 $\{a_n\}$ 是一数列，a 是一常数.若对任意给定的正数 ε，总存在正整数 N，使得对一切的 $n>N$，都有不等式

$$|a_n-a|<\varepsilon$$

成立，则称 a 为数列 $\{a_n\}$ 的**极限**，或称数列 $\{a_n\}$ 收敛于 a，记作 $\lim\limits_{n\to\infty}a_n=a$.

注：(1)定义中的 ε 是预先给定的任意小的正数，不等式 $|a_n-a|<\varepsilon$ 表示了 a_n 与 a 的接近程度是无限接近.

(2) N 与 ε 有关，随着 ε 的给定而选定，一般 ε 越小 N 越大.$n>N$ 表示从 $N+1$ 项开始满足不等式 $|a_n-a|<\varepsilon$.

对数列 $\{a_n\}$ 的极限为 a 也可以用逻辑符号表示为：$\lim\limits_{n\to\infty}a_n=a \Leftrightarrow \forall\varepsilon>0,\exists N>0$.当 $n>N$ 时，$|x_n-a|<\varepsilon$.

关于数列 $\{a_n\}$ 的极限为 a 的**几何解释**：对于任意给定的正数 ε，总存在相应的正整数 N，使得对满足 $n>N$ 的一切点 a_n 全部落在开区间 $(a-\varepsilon,a+\varepsilon)$ 内，而只有有限个（至多只有 N 个）落在此区间以外（见图 2.1.3）.

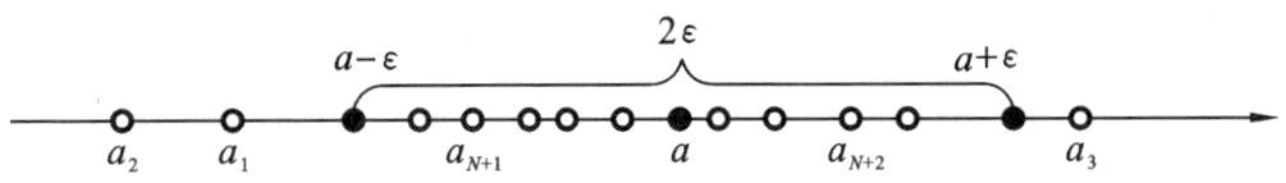

图 2.1.3

例 2.1.1　证明:数列极限 $\lim\limits_{n\to\infty}\dfrac{1}{n}=0$.

证　由于

$$|a_n-a|=\left|\frac{1}{n}-0\right|=\frac{1}{n}$$

对 $\forall\varepsilon>0$,要使

$$\left|\frac{1}{n}-0\right|<\varepsilon$$

即 $\dfrac{1}{n}<\varepsilon,n>\dfrac{1}{\varepsilon}$. 取 $N=\left[\dfrac{1}{\varepsilon}\right]$,当 $n>N$ 时,$\left|\dfrac{1}{n}-0\right|<\varepsilon$. 由极限的定义知 $\lim\limits_{n\to\infty}\dfrac{1}{n}=0$.

例 2.1.2　证明:数列极限 $\lim\limits_{n\to\infty}\dfrac{2n-1}{5n+2}=\dfrac{2}{5}$.

证　由于

$$\left|a_n-\frac{2}{5}\right|=\left|\frac{2n-1}{5n+2}-\frac{2}{5}\right|=\frac{9}{5(5n+2)}<\frac{9}{5n+2}<\frac{2}{n}$$

对 $\forall\varepsilon>0$,要使 $\left|a_n-\dfrac{2}{5}\right|<\varepsilon$,只要 $\dfrac{2}{n}<\varepsilon$ 即 $n>\dfrac{2}{\varepsilon}$ 即可.

故可以取 $N=\left[\dfrac{2}{\varepsilon}\right]$,当 $n>N$ 时有 $\left|a_n-\dfrac{2}{5}\right|<\varepsilon$. 由极限的定义可知:

$$\lim_{n\to\infty}\frac{2n-1}{5n+2}=\frac{2}{5}$$

注:在利用数列极限的定义来证明数列的极限时,重要的是要指出对于任意给定的正数 ε,正整数 N 确实存在,没有必要非去寻找最小的 N.

2.1.3　数列极限的性质

定理 2.1.1(极限的唯一性)　若数列 $\{a_n\}$ 收敛,则它的极限必唯一.

证　(反证法)假设同时有 $\lim\limits_{n\to\infty}a_n=a$ 及 $\lim\limits_{n\to\infty}a_n=b$,且 $a\neq b$,不妨设 $a<b$.

由极限的定义,取 $\varepsilon=\dfrac{b-a}{2}>0$,由于 $\lim\limits_{n\to\infty}a_n=a$,则存在正整数 N_1,使得当 $n>N_1$ 时,有

$$|a_n-a|<\varepsilon=\frac{b-a}{2}$$

得

$$a_n<\frac{b+a}{2}$$

由于 $\lim\limits_{n\to\infty}a_n=b$,则存在正整数 N_2,使得当 $n>N_2$ 时,有

$$|a_n-b|<\varepsilon=\frac{b-a}{2}$$

得

$$\frac{a+b}{2}<a_n$$

取 $N=\max\{N_1,N_2\}$,则当 $n>N$ 时,同时有 $a_n<\dfrac{b+a}{2}$ 和 $\dfrac{a+b}{2}<a_n$ 成立,这是不可能的,故假设不成立.即收敛数列的极限必唯一.

定理 2.1.2(收敛数列的有界性) 若数列 $\{a_n\}$ 收敛,则它一定有界..

证 由数列 $\{a_n\}$ 收敛可令 $\lim\limits_{n\to\infty}a_n=a$,根据数列极限的定义,取 $\varepsilon=1$,则存在正整数 N,使得当 $n>N$ 时,不等式

$$|a_n-a|<1$$

都成立. 于是当 $n>N$ 时,

$$|a_n|=|a_n-a+a|<|a_n-a|+|a|<1+|a|$$

取 $M=\max\{|a_1|,|a_2|,\cdots,|a_N|,1+|a|\}$,那么数列 $\{a_n\}$ 中的一切 a_n 都满足不等式 $|a_n|\leqslant M$. 这就证明了数列 $\{a_n\}$ 是有界的.

注:数列有界并不一定收敛,如 $\{(-1)^n\}$ 有界但发散.数列无界则一定发散.

定理 2.1.3 若 $\lim\limits_{n\to\infty}a_n=a$,$\lim\limits_{n\to\infty}b_n=b$,且 $a<b$(或 $a>b$),则存在正整数 N,使得当 $n>N$ 时,$a_n<b_n$(或 $a_n>b_n$).

推论 2.1.1(极限的局部保号性) 若 $\lim\limits_{n\to\infty}a_n=a$,且 $a<0$(或 $a>0$),则存在正整数 N,使得当 $n>N$ 时,$a_n<0$(或 $a_n>0$).

推论 2.1.2(极限的局部逆保号性) 若 $\lim\limits_{n\to\infty}a_n=a$,且 $a_n\leqslant 0$(或 $a_n\geqslant 0$),则存在正整数 N,使得当 $n>N$ 时,$a\leqslant 0$(或 $a\geqslant 0$).

定理 2.1.4(夹逼准则) 如果数列 $\{a_n\}$、$\{b_n\}$ 及 $\{c_n\}$ 满足下列条件:

(1) $b_n\leqslant a_n\leqslant c_n\,(n=1,2,\cdots)$;

(2) $\lim\limits_{n\to\infty}b_n=a$,$\lim\limits_{n\to\infty}c_n=a$;

那么数列 $\{a_n\}$ 的极限存在,且 $\lim\limits_{n\to\infty}a_n=a$.

证 由 $\lim\limits_{n\to\infty}b_n=a$,$\lim\limits_{n\to\infty}c_n=a$,根据数列极限的定义:$\forall\varepsilon>0$,$\exists N_1>0$,当 $n>N_1$ 时,有

$$a-\varepsilon<b_n<a+\varepsilon$$

$\exists N_2>0$,当 $n>N_2$ 时,有

$$a-\varepsilon<c_n<a+\varepsilon$$

取 $N=\max\{N_1,N_2\}$,则当 $n>N$ 时,有

$$a-\varepsilon<b_n<a+\varepsilon,\quad a-\varepsilon<c_n<a+\varepsilon$$

同时成立. 又因 $b_n \leqslant a_n \leqslant c_n (n=1,2,\cdots)$, 所以当 $n > N$ 时, 有

$$a-\varepsilon < b_n \leqslant a_n \leqslant c_n < a+\varepsilon$$

即 $|a_n-a| < \varepsilon$.

综上: $\forall \varepsilon > 0, \exists N$, 当 $n > N$ 时, $|a_n-a| < \varepsilon$, 即 $\lim\limits_{n\to\infty} a_n = a$.

例 2.1.3 证明: $\lim\limits_{n\to\infty} \left(\dfrac{1}{n^2+1} + \dfrac{1}{n^2+2} + \cdots + \dfrac{1}{n^2+n} \right) = 0$.

证 由于

$$\frac{n}{n^2+n} < \frac{1}{n^2+1} + \frac{1}{n^2+2} + \cdots + \frac{1}{n^2+n} < \frac{n}{n^2+1}$$

而 $\lim\limits_{n\to\infty} \dfrac{n}{n^2+n} = 0, \lim\limits_{n\to\infty} \dfrac{n}{n^2+1} = 0$, 由夹逼准则知,

$$\lim_{n\to\infty} \left(\frac{1}{n^2+1} + \frac{1}{n^2+2} + \cdots + \frac{1}{n^2+n} \right) = 0$$

如果数列 $\{a_n\}$ 满足条件 $a_1 \leqslant a_2 \leqslant \cdots \leqslant a_n \leqslant a_{n+1} \leqslant \cdots$, 就称数列 $\{a_n\}$ 是**单调增加**的; 如果数列 $\{a_n\}$ 满足条件 $a_1 \geqslant a_2 \geqslant \cdots \geqslant a_n \geqslant a_{n+1} \geqslant \cdots$, 就称数列 $\{a_n\}$ 是**单调减少**的.

单调增加和单调减少数列统称为**单调数列**.

定理 2.1.5(单调有界准则) 单调有界数列必有极限(证明从略).

例 2.1.4 求数列 $\sqrt{2}, \sqrt{2+\sqrt{2}}, \cdots, \overbrace{\sqrt{2+\sqrt{2+\cdots+\sqrt{2}}}}^{n\text{重}}, \cdots$ 的极限.

解 有界性:

令 $a_n = \sqrt{2+\sqrt{2+\cdots+\sqrt{2}}}$, 则 $a_{n+1} = \sqrt{2+a_n}$, 其中 $a_1 = \sqrt{2} < 2, a_2 = \sqrt{2+\sqrt{2}} < 2$. 设 $a_k < 2$, 则

$$a_{k+1} = \sqrt{2+a_k} < \sqrt{4} < 2$$

由数学归纳法知, 对所有的 $n \in \mathbf{N}^+$, 有 $0 < a_n < 2$, 故 $\{a_n\}$ 有界.

单调性:

已知 $a_1 = \sqrt{2}, a_2 = \sqrt{2+\sqrt{2}}$, 则 $a_2 > a_1$. 设 $a_k > a_{k-1}$, 则

$$a_{k+1} - a_k = \sqrt{2+a_k} - \sqrt{2+a_{k-1}} = \frac{a_k - a_{k-1}}{\sqrt{2+a_k} + \sqrt{2+a_{k-1}}} > 0$$

由数学归纳法知, 对所有的 $n \in \mathbf{N}^+$, 有 $a_{n+1} > a_n$, 故 $\{a_n\}$ 单调递增.

由单调有界收敛准则知, 数列 $\{a_n\}$ 存在极限, 设为 a. 在 $a_{n+1} = \sqrt{2+a_n}$ 两边取极限, 得

$$a = \sqrt{2+a}$$

解得 $a=2$ 或 $a=-1$. 显然 $a>0$, 故 $a=-1$ 舍去, 即所求数列的极限是 2.

习　题　2.1

1. 写出下列数列的前五项.

(1) $y_n = 1 - \dfrac{1}{2^n}$;　　　　　　(2) $y_n = \left(1 - \dfrac{1}{n}\right)^n$;

(3) $y_n = \dfrac{1}{n}\sin\dfrac{\pi}{n}$;　　　　　(4) $y_n = \dfrac{n^2(2n+1)}{n^3 + n + 4}$.

2. 用数列极限的定义证明下列极限.

(1) $\lim\limits_{n\to\infty}\dfrac{n}{n+1} = 1$;　　　　(2) $\lim\limits_{n\to\infty}\left(1 + \dfrac{1}{3^n}\right) = 1$;　　　(3) $\lim\limits_{n\to\infty}\dfrac{1}{\sqrt{n}} = 0$.

3. 判断下列数列是否收敛.

(1) $-\dfrac{1}{3}, \dfrac{3}{5}, -\dfrac{5}{7}, \dfrac{7}{9}, -\dfrac{9}{11}, \cdots$

(2) $1, \dfrac{3}{2}, \dfrac{1}{3}, \dfrac{5}{4}, \dfrac{1}{5}, \dfrac{7}{6}, \cdots$

(3) $0, \dfrac{1}{2}, 0, \dfrac{1}{4}, 0, \dfrac{1}{6}, 0, \dfrac{1}{8}, \cdots$

4. 观察下面数列的变化趋势,并写出它们的极限.

(1) $x_n = \dfrac{1}{2^{n-1}}$;　　(2) $x_n = \dfrac{n+1}{n}$;　　(3) $x_n = \dfrac{1}{(-3)^n}$;　　(4) $x_n = 4$.

5. 证明: $\lim\limits_{n\to\infty}\left(\dfrac{n}{n^2+1} + \dfrac{n}{n^2+2} + \cdots + \dfrac{n}{n^2+n}\right) = 1$.

2.2　函数的极限

　　由于数列 $\{a_n\}$ 可以看作是自变量为 n 的函数: $a_n = f(n), n \in \mathbf{N}^+$,数列极限就是函数极限的一种特殊情形,可以认为是当自变量 n 以正整数无限增大时,对应的整标函数 $f(n)$ 的变化趋势. 对一般函数,自变量既可以趋于一个有限值,也可以趋于无限.

2.2.1　自变量趋于无穷大($x \to \infty$)时函数的极限

　　这里 $x \to \infty$ 表示自变量 x 趋于无穷大,包含了 $x \to +\infty$(正无穷大)与 $x \to -\infty$(负无穷大).

　　观察函数 $y = \dfrac{1}{x}$ 的图形(见图 2.2.1). x 轴是该曲线的一条水平渐近线,也就是说当自变量 x 无限增大时,相应的函数值 y 无限接近常数 0. 由 $x \to \infty$ 时,函数 $f(x)$

的变化趋势,我们给出如下直观的定义.

定义 2.2.1　如果 $|x|$ 无限增大时,函数 $f(x)$ 的值无限趋近于一个确定的常数 A,则称 A 是函数 $f(x)$ 在 $x\to\infty$ 时的**极限**,记作 $\lim\limits_{x\to\infty}f(x)=A$,或者 $f(x)\to A$ $(x\to\infty)$.

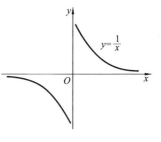

图 2.2.1

如果当 $x\to+\infty$ 时,函数 $f(x)$ 无限趋近于一个常数 A,则称 A 为函数 $f(x)$ 在 $x\to+\infty$ 时的**极限**,记为 $\lim\limits_{x\to+\infty}f(x)=A$(或 $f(x)\to A$,当 $x\to+\infty$ 时).

如果当 $x\to-\infty$ 时,函数 $f(x)$ 无限趋近于一个常数 A,则称 A 为函数 $f(x)$ 在 $x\to-\infty$ 时的**极限**,记作 $\lim\limits_{x\to-\infty}f(x)=A$(或 $f(x)\to A$,当 $x\to-\infty$ 时).

仿照数列极限的精确定义,给出函数 $f(x)$ 分别在 $x\to\infty$,$x\to+\infty$,$x\to-\infty$ 时的定量化的精确定义如下.

定义 2.2.2　设函数 $f(x)$ 在 $|x|$ 大于某一正数时有定义,如果存在常数 A,对任意给定的正数 ε,总存在正数 X,使得当 $|x|>X$ 时,不等式 $|f(x)-A|<\varepsilon$ 都成立,则称 A 是函数 $f(x)$ 在 $x\to\infty$ 时的极限,记作 $\lim\limits_{x\to\infty}f(x)=A$.

即 $\lim\limits_{x\to\infty}f(x)=A\Leftrightarrow\forall\varepsilon>0,\exists X>0.$ 当 $|x|>X$ 时,$|f(x)-A|<\varepsilon$.

定义 2.2.3　设 $f(x)$ 在 x 大于某一正数时有定义,如果存在常数 A,对任意给定的正数 ε,总存在正数 X,使得当 $x>X$ 时,不等式 $|f(x)-A|<\varepsilon$ 都成立,则称 A 是函数 $f(x)$ 在 $x\to+\infty$ 时的极限,记作 $\lim\limits_{x\to+\infty}f(x)=A$.

即 $\lim\limits_{x\to+\infty}f(x)=A\Leftrightarrow\forall\varepsilon>0,\exists X>0.$ 当 $x>X$ 时,$|f(x)-A|<\varepsilon$.

定义 2.2.4　设 $f(x)$ 在 $-x$ 大于某一正数时有定义,如果存在常数 A,对任意给定的正数 ε,总存在正数 X,使得当 $x<-X$ 时,不等式 $|f(x)-A|<\varepsilon$ 都成立,则称 A 是函数 $f(x)$ 在 $x\to-\infty$ 时的极限,记作 $\lim\limits_{x\to-\infty}f(x)=A$.

即 $\lim\limits_{x\to-\infty}f(x)=A\Leftrightarrow\forall\varepsilon>0,\exists X>0.$ 当 $x<-X$ 时,$|f(x)-A|<\varepsilon$.

由上述定义可得如下定理.

定理 2.2.1　当 $x\to\infty$ 时,函数 $f(x)$ 的极限存在的充要条件是:$x\to+\infty$ 与 $x\to-\infty$ 时,函数 $f(x)$ 的极限都存在且相等,即

$$\lim_{x\to\infty}f(x)=A\Leftrightarrow\lim_{x\to-\infty}f(x)=\lim_{x\to+\infty}f(x)=A$$

例 2.2.1　证明:$\lim\limits_{x\to\infty}\dfrac{1}{x}=0$.

证　由于

$$|f(x)-A|=\left|\frac{1}{x}-0\right|=\left|\frac{1}{x}\right|$$

对 $\forall\varepsilon>0$,要使

$$|f(x)-A|<\varepsilon$$

即 $\dfrac{1}{|x|}<\varepsilon$，$|x|>\dfrac{1}{\varepsilon}$. 取 $X=\dfrac{1}{\varepsilon}$，当 $|x|>X$ 时，有 $|f(x)-A|<\varepsilon$，由极限的定义知

$\lim\limits_{x\to\infty}\dfrac{1}{x}=0$.

从几何上看，$\lim\limits_{x\to\infty}f(x)=A$ 表示当 $|x|>X$ 时，曲线 $y=f(x)$ 位于直线 $y=A-\varepsilon$ 和 $y=A+\varepsilon$ 之间(见图 2.2.2).

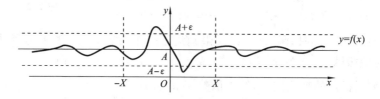

图 2.2.2

这时称直线 $y=A$ 为曲线 $y=f(x)$ 的**水平渐近线**.

例如，$\lim\limits_{x\to\infty}\dfrac{\sin x}{x}=0$，则 $y=0$ 是曲线 $y=\dfrac{\sin x}{x}$ 的水平渐近线.

2.2.2　自变量趋于有限值($x\to x_0$)时函数的极限

与 $x\to\infty$ 的情形类似，$x\to x_0$ 表示 x 无限趋近于 x_0，它包含以下两种情况：

(1) x 是从大于 x_0 的方向趋近于 x_0，记作 $x\to x_0^+$(或 $x\to x_0+0$)；

(2) x 是从小于 x_0 的方向趋近于 x_0，记作 $x\to x_0^-$(或 $x\to x_0-0$).

显然 $x\to x_0$ 是指以上两种情况同时存在.

考察函数 $f(x)=\dfrac{x^2-1}{x-1}$ 在 $x\to1$ 时的变化趋势：

当 $x\neq1$ 时，函数 $f(x)=\dfrac{x^2-1}{x-1}=x+1$，所以当 $x\to1$ 时，$f(x)$ 的值无限接近于常数 2(见图 2.2.3).

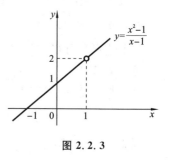

同时我们也发现，虽然 $f(x)$ 在 $x=1$ 处无定义，但极限存在，这说明函数 $f(x)$ 在 x 趋向于某一点时极限是否存在与它在该点处是否有定义无关. 因此，在后面的定义中只需假定函数 $f(x)$ 在 x_0 的某个去心邻域内有定义. 为此，我们可以给出函数 $f(x)$ 在 $x\to x_0$ 时函数极限的直观定义.

图 2.2.3

定义 2.2.5　如果函数 $f(x)$ 在 x_0 的某个去心邻域内有定义，当 $x\to x_0$ 时，函数 $f(x)$ 的函数值无限接近于某个确定的常数 A，则称 A 为函数 $f(x)$ 在 $x\to x_0$ 时的极限.

我们还可以给出函数 $f(x)$ 在 $x \to x_0$ 时函数极限的精确定义.

定义 2.2.6 如果函数 $f(x)$ 在 x_0 的某个去心邻域内有定义,对于任意给定的正数 ε(不论它有多么小),总存在正数 δ,使得当 x 满足不等式 $0 < |x - x_0| < \delta$ 时,函数 $f(x)$ 都满足不等式 $|f(x) - A| < \varepsilon$,则称 A 为函数 $f(x)$ 在 $x \to x_0$ 时的极限,记作

$$\lim_{x \to x_0} f(x) = A \quad \text{或} \quad f(x) \to A (x \to x_0)$$

即 $\lim\limits_{x \to x_0} f(x) = A \Leftrightarrow \forall \varepsilon > 0, \exists \delta > 0,$ 当 $0 < |x - x_0| < \delta$ 时, $|f(x) - A| < \varepsilon$.

函数 $f(x)$ 在 $x \to x_0$ 时极限为 A 的几何解释:

$\forall \varepsilon > 0, \exists \delta > 0$,使得当 $x \in \overset{\circ}{U}(x_0, \delta)$ 时,曲线 $y = f(x)$ 位于直线 $y = A - \varepsilon$ 和 $y = A + \varepsilon$ 之间,如图 2.2.4所示.

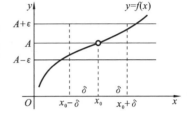

图 2.2.4

例 2.2.2 证明: $\lim\limits_{x \to 2} (3x - 2) = 4$.

证 由于

$$|3x - 2 - 4| = |3x - 6| = 3|x - 2|$$

对 $\forall \varepsilon > 0$,要使 $|3x - 2 - 4| < \varepsilon$,只要 $3|x - 2| < \varepsilon$,即 $|x - 2| < \dfrac{\varepsilon}{3}$ 即可.

取 $\delta = \dfrac{\varepsilon}{3}$,当 $0 < |x - 2| < \delta$ 时,有 $|3x - 2 - 4| < \varepsilon$.

所以

$$\lim_{x \to 2} (3x - 2) = 4$$

例 2.2.3 证明: $\lim\limits_{x \to 1} \dfrac{x^2 - 1}{x - 1} = 2$.

证 由于

$$\left| \frac{x^2 - 1}{x - 1} - 2 \right| = |x - 1|$$

对 $\forall \varepsilon > 0$,要使 $\left| \dfrac{x^2 - 1}{x - 1} - 2 \right| < \varepsilon$,即 $|x - 1| < \varepsilon$. 取 $\delta = \varepsilon$,当 $0 < |x - x_0| < \delta$ 时,都有 $\left| \dfrac{x^2 - 1}{x - 1} - 2 \right| < \varepsilon$,故

$$\lim_{x \to 1} \frac{x^2 - 1}{x - 1} = 2$$

有的时候,我们还需要考虑当 x 从 x_0 的一侧去趋近 x_0 时 $f(x)$ 的极限,称这样的极限为**单侧极限**,给出精确定义如下.

定义 2.2.7 如果函数 $f(x)$ 在 x_0 的某个左邻域内有定义,对于任意给定的正数 ε(不论它有多么小),总存在正数 δ,使得当 x 满足不等式 $x_0 - \delta < x < x_0$ 时,函数 $f(x)$ 都满足不等式 $|f(x) - A| < \varepsilon$,则称 A 为函数 $f(x)$ 在 $x \to x_0$ 时的**左极限**,记作

$$\lim_{x \to x_0^-} f(x) = A \quad \text{或} \quad f(x) \to A (x \to x_0^-) \quad \text{或} \quad f(x_0^-) = A$$

即 $\lim\limits_{x \to x_0^-} f(x) = A \Leftrightarrow \forall \varepsilon > 0, \exists \delta > 0$, 当 $x_0 - \delta < x < x_0$ 时, 有 $|f(x) - A| < \varepsilon$.

定义 2.2.8 如果函数 $f(x)$ 在 x_0 的某个右邻域内有定义,对于任意给定的正数 ε(不论它有多么小),总存在正数 δ,使得当 x 满足不等式 $x_0 < x < x_0 + \delta$ 时,函数 $f(x)$ 都满足不等式 $|f(x) - A| < \varepsilon$,则称 A 为函数 $f(x)$ 在 $x \to x_0$ 时的**右极限**,记作

$$\lim\limits_{x \to x_0^+} f(x) = A \quad 或 \quad f(x) \to A(x \to x_0^+) 或 \ f(x_0^+) = A$$

即 $\lim\limits_{x \to x_0^+} f(x) = A \Leftrightarrow \forall \varepsilon > 0, \exists \delta > 0$, 当 $x_0 < x < x_0 + \delta$ 时, 有 $|f(x) - A| < \varepsilon$.

我们把左极限和右极限统称为**单侧极限**.

由上述定义可得如下定理.

定理 2.2.2 当 $x \to x_0$ 时,函数 $f(x)$ 的极限存在的充要条件是:左、右极限都存在且相等,即

$$\lim\limits_{x \to x_0} f(x) = A \Leftrightarrow \lim\limits_{x \to x_0^-} f(x) = \lim\limits_{x \to x_0^+} f(x) = A$$

例 2.2.4 讨论函数 $f(x) = \begin{cases} x+1, & x<0 \\ x^2, & 0 \leqslant x < 1, 当 \\ 1, & x \geqslant 1 \end{cases}$

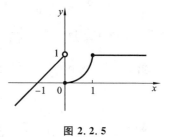

图 2.2.5

$x \to 0$ 时的极限(见图 2.2.5).

解 左极限 $\lim\limits_{x \to 0^-} f(x) = \lim\limits_{x \to 0^-}(x+1) = 1$,右极限 $\lim\limits_{x \to 0^+} f(x) = \lim\limits_{x \to 0^+} x^2 = 0$,由于 $\lim\limits_{x \to 0^-} f(x) \neq \lim\limits_{x \to 0^+} f(x)$,因此 $\lim\limits_{x \to 0} f(x)$ 不存在.

因此,我们求分段函数在分界点的极限要注意分别考察其左、右极限.

2.2.3 函数极限的性质

函数极限具有与数列极限类似的性质,由于函数极限自变量的变化趋势有多种不同的形式,下面仅就 $\lim\limits_{x \to x_0} f(x)$ 的情形进行讨论. 所得结论对其他极限过程($x \to x_0^+$, $x \to x_0^-$, $x \to \infty$, $x \to +\infty$, $x \to -\infty$)同样成立.

定理 2.2.3(唯一性) 若 $\lim\limits_{x \to x_0} f(x) = A$,则极限值 A 是唯一的.

定理 2.2.4(局部有界性) 设 $\lim\limits_{x \to x_0} f(x) = A$,则存在 $\delta > 0$,使得 $0 < |x - x_0| < \delta$ 时,恒有 $|f(x)| \leqslant M(M > 0$ 是常数$)$.

定理 2.2.5 若 $\lim\limits_{x \to x_0} f(x) = A, \lim\limits_{x \to x_0} g(x) = B$,且 $A < B$(或 $A > B$),则存在 $\delta > 0$,使得当 $0 < |x - x_0| < \delta$ 时,$f(x) < g(x)$(或 $f(x) > g(x)$).

推论 2.2.1(极限的局部保号性) 若 $\lim\limits_{x \to x_0} f(x) = A$,且 $A > 0$(或 $A < 0$),则存在

$\delta>0$,使得当 $0<|x-x_0|<\delta$ 时,$f(x)>0$(或 $f(x)<0$).

推论 2.2.2(极限的局部逆保号性)　若 $\lim\limits_{x\to x_0}f(x)=A$,且 $f(x)\geqslant0$(或 $f(x)\leqslant0$),则存在 $\delta>0$,使得当 $0<|x-x_0|<\delta$ 时,$A\geqslant0$(或 $A\leqslant0$).

上述极限的性质,是微积分的重要理论知识.下面仅对定理 2.2.5 给出证明.

证　若 $A<B$,由极限的定义知:取 $\varepsilon=\dfrac{B-A}{2}>0$,分别存在 $\delta_1>0,\delta_2>0$,使得

当 $0<|x-x_0|<\delta_1$,有 $|f(x)-A|<\varepsilon\Rightarrow f(x)<\dfrac{A+B}{2}$;

当 $0<|x-x_0|<\delta_2$,有 $|g(x)-B|<\varepsilon\Rightarrow g(x)>\dfrac{A+B}{2}$.

取 $\delta=\min\{\delta_1,\delta_2\}$,则当 $0<|x-x_0|<\delta$ 时,$f(x)<\dfrac{A+B}{2}<g(x)$.

类似可证:当 $A>B$ 时,$f(x)>g(x)$.

习　题　2.2

1. 根据函数的图形,讨论下列各函数的极限:

(1) $\lim\limits_{x\to0}\cos x$,$\lim\limits_{x\to\frac{\pi}{2}}\cos x$,$\lim\limits_{x\to+\infty}\cos x$,$\lim\limits_{x\to-\infty}\cos x$,$\lim\limits_{x\to\infty}\cos x$;

(2) $\lim\limits_{x\to1}\arctan x$,$\lim\limits_{x\to\sqrt{3}}\arctan x$,$\lim\limits_{x\to+\infty}\arctan x$,$\lim\limits_{x\to-\infty}\arctan x$,$\lim\limits_{x\to\infty}\arctan x$;

(3) $\lim\limits_{x\to0}e^x$,$\lim\limits_{x\to2}e^x$,$\lim\limits_{x\to-\infty}e^x$,$\lim\limits_{x\to+\infty}e^x$,$\lim\limits_{x\to\infty}e^x$.

2. 根据函数极限定义证明下列极限.

(1) $\lim\limits_{x\to1}2x+1=3$;　　(2) $\lim\limits_{x\to2}\dfrac{x^2-4}{x-2}=4$.

3. 设 $f(x)=\dfrac{x}{x}$,$\varphi(x)=\dfrac{|x|}{x}$,当 $x\to0$ 时分别求 $f(x)$ 与 $\varphi(x)$ 的左、右极限,判断 $\lim\limits_{x\to0}f(x)$,$\lim\limits_{x\to0}\varphi(x)$ 是否存在?

4. 求下列函数在指定点处的左、右极限,并判断在该点处极限是否存在.

(1) $f(x)=\begin{cases}\cos x,&x>0\\1+x,&x<0\end{cases}$,在 $x=0$ 处;

(2) $f(x)=\begin{cases}x\sin\dfrac{1}{x},&x>0\\1+x^2,&x<0\end{cases}$,在 $x=0$ 处.

2.3　极限的运算法则

前面我们讨论了函数极限与数列极限的概念和性质,也发现了利用极限的定义

来确定函数与数列的极限是比较复杂的. 为了更方便地求更多函数与数列的极限,我们有必要讨论极限的四则运算法则. 由于函数极限自变量的变化趋势有不同的形式,下面仅对 $x \to x_0$ 的自变量变化趋势加以讨论,得到的结论同样适用于 $x \to x_0^+$, $x \to x_0^-$, $x \to \infty$, $x \to +\infty$, $x \to -\infty$ 及数列极限中 $n \to \infty$ 等情形.

2.3.1　极限的四则运算法则

定理 2.3.1　若 $\lim\limits_{x \to x_0} f(x) = A$, $\lim\limits_{x \to x_0} g(x) = B$,则

(1) $\lim\limits_{x \to x_0} (f(x) \pm g(x)) = A \pm B$;

(2) $\lim\limits_{x \to x_0} (f(x) \cdot g(x)) = A \cdot B$;

(3) 若 $B \neq 0$,则 $\lim\limits_{x \to x_0} \dfrac{f(x)}{g(x)} = \dfrac{A}{B}$.

这里仅证 $\lim\limits_{x \to x_0} (f(x) + g(x)) = A + B$. 其他情形读者可以自己证明.

证　由于 $\lim\limits_{x \to x_0} f(x) = A$, $\lim\limits_{x \to x_0} g(x) = B$,则 $\forall \varepsilon > 0$, $\exists \delta_1 > 0$,当 $0 < |x - x_0| < \delta_1$ 时,有 $|f(x) - A| < \dfrac{\varepsilon}{2}$; $\exists \delta_2 > 0$,当 $0 < |x - x_0| < \delta_2$ 时,有 $|g(x) - B| < \dfrac{\varepsilon}{2}$.

取 $\delta = \min\{\delta_1, \delta_2\}$,则当 $0 < |x - x_0| < \delta$ 时,$|f(x) - A| < \dfrac{\varepsilon}{2}$ 且 $|g(x) - B| < \dfrac{\varepsilon}{2}$,则

$$|(f(x) + g(x)) - (A + B)| = |(f(x) - A) + (g(x) - B)|$$
$$\leqslant |f(x) - A| + |g(x) - B| < \frac{\varepsilon}{2} + \frac{\varepsilon}{2} = \varepsilon$$

故
$$\lim_{x \to x_0} (f(x) + g(x)) = A + B$$

注:(1) 定理 2.3.1 中(1)、(2)可以推广到有限个函数的情形.

(2) 上述定理成立的前提是两极限必须都存在,定理 2.3.1(3)还要求分母极限不为零.

(3)由于数列可以看作定义在正整数集的整标函数,所以数列极限可以看作是一种特殊的函数极限,因此,对于数列极限也是有类似的四则运算法则.

特别地,若 k 为正整数,有

推论 2.3.1　$\lim\limits_{x \to x_0} [f(x)]^k = [\lim\limits_{x \to x_0} f(x)]^k = A^k$;

推论 2.3.2　$\lim\limits_{x \to x_0} \sqrt[k]{f(x)} = \sqrt[k]{\lim\limits_{x \to x_0} f(x)} = \sqrt[k]{A}$ (k 为偶数时,要假设 $\lim\limits_{x \to x_0} f(x) > 0$).

例 2.3.1　求 $\lim\limits_{x \to 1} (x^2 + 3x - 5)$.

解　$\lim\limits_{x \to 1} (x^2 + 3x - 5) = \lim\limits_{x \to 1} x^2 + \lim\limits_{x \to 1} 3x - \lim\limits_{x \to 1} 5 = \lim\limits_{x \to 1} x^2 + 3 \lim\limits_{x \to 1} x - \lim\limits_{x \to 1} 5$
$$= 1 + 3 - 5 = -1$$

例 2.3.2 求 $\lim\limits_{x\to 2}\dfrac{2x^2-3x+1}{2x-1}$.

解
$$\lim_{x\to 2}\frac{2x^2-3x+1}{2x-1}=\frac{\lim\limits_{x\to 2}(2x^2-3x+1)}{\lim\limits_{x\to 2}(2x-1)}=\frac{2\lim\limits_{x\to 2}x^2-3\lim\limits_{x\to 2}x+\lim\limits_{x\to 2}1}{\lim\limits_{x\to 2}2x-\lim\limits_{x\to 2}1}$$
$$=\frac{2\times 4-3\times 2+1}{4-1}=1$$

例 2.3.3 求 $\lim\limits_{x\to 1}\dfrac{x^2-1}{x-1}$.

解 因为当 $x\to 1$ 时,分子、分母的极限为零,这时称极限是"$\dfrac{0}{0}$"型,所以不能直接应用定理 2.3.1(3). 在 $x\to 1$ 的过程中,$x-1\to 0$ 但 $x-1\neq 0$,故可先约去因子 $x-1$ 再计算,于是

$$\lim_{x\to 1}\frac{x^2-1}{x-1}=\lim_{x\to 1}\frac{(x+1)(x-1)}{x-1}=\lim_{x\to 1}(x+1)=2$$

例 2.3.4 求 $\lim\limits_{x\to \frac{\pi}{4}}\dfrac{\sin x-\cos x}{\cos 2x}$.

解 极限是"$\dfrac{0}{0}$"型,需将三角函数先作恒等变形,即

$$\lim_{x\to \frac{\pi}{4}}\frac{\sin x-\cos x}{\cos 2x}=\lim_{x\to \frac{\pi}{4}}\frac{\sin x-\cos x}{\cos^2 x-\sin^2 x}=\lim_{x\to \frac{\pi}{4}}\frac{\sin x-\cos x}{(\cos x-\sin x)(\cos x+\sin x)}$$
$$=\lim_{x\to \frac{\pi}{4}}-\frac{1}{\cos x+\sin x}=-\frac{1}{\sqrt 2}$$

例 2.3.5 $\lim\limits_{x\to 0}\dfrac{x}{2-\sqrt{4+x}}$.

解 极限是"$\dfrac{0}{0}$"型,不能直接用定理 2.3.1(3),用初等代数方法使分母有理化,即

$$\lim_{x\to 0}\frac{x}{2-\sqrt{4+x}}=\lim_{x\to 0}\frac{x(2+\sqrt{4+x})}{(2-\sqrt{4+x})(2+\sqrt{4+x})}=\lim_{x\to 0}\frac{x(2+\sqrt{4+x})}{-x}$$
$$=\lim_{x\to 0}(-2-\sqrt{4+x})=-4$$

对于"$\dfrac{0}{0}$"型的极限,应尽量先恒等变形使分子、分母约去零因子后再用四则运算法则进行计算.

例 2.3.6 求 $\lim\limits_{x\to 1}\left(\dfrac{1}{1-x}-\dfrac{3}{1-x^3}\right)$.

解 因为当 $x\to 1$ 时,$\dfrac{1}{1-x}$ 与 $\dfrac{3}{1-x^3}$ 的极限都不存在,所以不能直接应用定理

2.3.1(1)计算,应先通分,进行适当变形,然后用相应的法则来计算,即

$$\lim_{x\to1}\left(\frac{1}{1-x}-\frac{3}{1-x^3}\right)=\lim_{x\to1}\frac{1+x+x^2-3}{1-x^3}=\lim_{x\to1}\frac{x^2+x-2}{1-x^3}$$

$$=\lim_{x\to1}\frac{-(x+2)}{1+x+x^2}=-\frac{\lim_{x\to1}(x+2)}{\lim_{x\to1}(1+x+x^2)}=-1$$

例 2.3.7 求下列函数极限.

(1) $\lim_{x\to\infty}\dfrac{3x^2+2x-2}{4x^2-x+1}$;   (2) $\lim_{x\to\infty}\dfrac{2x^2-x+3}{3x^3+2x^2+1}$.

解 (1) 因为 $x\to\infty$ 时,分子分母都趋向无穷大,这时称极限是"$\frac{\infty}{\infty}$"型,即极限都不存在,所以不能直接应用定理 2.3.1(3).可先用分子分母中 x 的最高次幂项 x^2 同除分子、分母,然后再求极限,即

$$\lim_{x\to\infty}\frac{3x^2+2x-2}{4x^2-x+1}=\lim_{x\to\infty}\frac{3+\frac{2}{x}-\frac{2}{x^2}}{4-\frac{1}{x}+\frac{1}{x^2}}=\frac{\lim_{x\to\infty}\left(3+\frac{2}{x}-\frac{2}{x^2}\right)}{\lim_{x\to\infty}\left(4-\frac{1}{x}+\frac{1}{x^2}\right)}=\frac{3-0-0}{4+0+0}=\frac{3}{4}$$

(2) 属于"$\frac{\infty}{\infty}$"型.可先用分子分母中 x 的最高次幂项 x^3 同除分子、分母,即

$$\lim_{x\to\infty}\frac{2x^2-x+3}{3x^3+2x^2+1}=\lim_{x\to\infty}\frac{\frac{2}{x}-\frac{1}{x^2}+\frac{3}{x^3}}{3+\frac{2}{x}+\frac{1}{x^3}}=\frac{\lim_{x\to\infty}\left(\frac{2}{x}-\frac{1}{x^2}+\frac{3}{x^3}\right)}{\lim_{x\to\infty}\left(3+\frac{2}{x}+\frac{1}{x^3}\right)}=\frac{0+0-0}{3-0-0}=0$$

2.3.2 无穷大与无穷小

无穷小量和无穷大量是两个很重要的概念,尤其是无穷小量在极限理论中有着重要的作用,下面仅对 $x\to x_0$ 的自变量变化趋势加以讨论.得到的结论同样适用于 $x\to x_0^+$,$x\to x_0^-$,$x\to\infty$,$x\to+\infty$,$x\to-\infty$ 及数列极限中 $n\to\infty$ 等情形.

定义 2.3.1 当 $x\to x_0$ 时,如果函数 $f(x)$ 的极限为零,即 $\lim_{x\to x_0}f(x)=0$,则称 $f(x)$ 为当 $x\to x_0$ 时的**无穷小量**,简称无穷小.

例如,$\lim_{x\to\infty}\frac{1}{x}=0$,所以函数 $f(x)=\frac{1}{x}$ 为当 $x\to\infty$ 时的无穷小;

$\lim_{x\to-\infty}2^x=0$,所以函数 $f(x)=2^x$ 为当 $x\to-\infty$ 时的无穷小;

$\lim_{x\to1}(x-1)=0$,所以函数 $f(x)=x-1$ 为当 $x\to1$ 时的无穷小,但当 $x\to2$ 时,$x-1\to1$,$f(x)=x-1$ 就不是无穷小.

注:

(1) 无穷小是变量,说一个函数是无穷小,必须指明自变量的变化趋势. 如 $f(x)=$

$x-1$ 是当 $x \to 1$ 的无穷小,而当 x 趋于其他数值时,$f(x)=x-1$ 就不是无穷小;

(2) 无穷小不是很小的数,常数中只有"0"可以看成无穷小,其他无论绝对值多么小的常数都不是无穷小.

若 $\lim\limits_{x \to x_0} f(x)=A$,则由极限的四则运算法则知:$\lim\limits_{x \to x_0} f(x)=A$,故 $x \to x_0$ 时 $f(x)-A$ 是无穷小量,于是就有了如下关于极限与无穷小量的关系定理(**极限基本定理**).

定理 2.3.2　$\lim\limits_{x \to x_0} f(x)=A$ 的充要条件是 $f(x)=A+\alpha$,其中 α 为 $x \to x_0$ 时的无穷小.

无穷小具有如下性质(证明从略):

(1) 有界函数与无穷小的乘积为无穷小;

(2) 有限个无穷小的代数和为无穷小;

(3) 有限个无穷小的乘积为无穷小.

例 2.3.8　求 $\lim\limits_{x \to \infty} \dfrac{1}{x} \arctan x$.

解　由 $\lim\limits_{x \to \infty} \dfrac{1}{x}=0$,$|\arctan x|<\dfrac{\pi}{2}$,由无穷小性质(1)得

$$\lim_{x \to \infty} \frac{1}{x} \arctan x=0$$

定义 2.3.2　当 $x \to x_0$ 时,如果函数 $f(x)$ 趋向于无穷大(可能正无穷大,也可能负无穷大),即 $\lim\limits_{x \to x_0} f(x)=\infty$,则称 $f(x)$ 为当 $x \to x_0$ 时的**无穷大量**,简称**无穷大**.

注:无穷大是变量,说一个函数是无穷大时,必须要指明自变量变化的趋向;任何一个不论多大的常数,都不是无穷大;"极限为 ∞"说明这个极限不存在,只是借用记号"∞"来表示 $|f(x)|$ 无限增大的这种趋势,虽然用等式表示,但并不是"真正的"相等.

例如,由于 $\lim\limits_{x \to 0} \dfrac{1}{x}=\infty$,称 $\dfrac{1}{x}$ 为 $x \to 0$ 时的无穷大,如图 2.3.1 所示.

一般地,若 $\lim\limits_{x \to x_0} f(x)=\infty$,则称直线 $x=x_0$ 为曲线 $y=f(x)$ 的**铅直渐近线**.

在上例中,$x=0$ 是曲线 $y=\dfrac{1}{x}$ 的铅直渐近线.

无穷小与无穷大的关系:在自变量的同一变化过程中,若 $f(x)$ 为无穷大,则 $\dfrac{1}{f(x)}$ 为无穷小;反之,若 $f(x)$ 为无穷小,且 $f(x) \neq 0$,则 $\dfrac{1}{f(x)}$ 为无穷大.

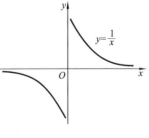

图 2.3.1

例 2.3.9　求 $\lim\limits_{x \to \infty} \dfrac{x^2+x+1}{x-1}$.

解 因为

$$\lim_{x\to\infty}\frac{x-1}{x^2+x+1}=\lim_{x\to\infty}\frac{\frac{x-1}{x^2}}{\frac{x^2+x+1}{x^2}}=\lim_{x\to\infty}\frac{\frac{1}{x}-\frac{1}{x^2}}{1+\frac{1}{x}+\frac{1}{x^2}}=\frac{0-0}{1+0+0}=0$$

所以

$$\lim_{x\to\infty}\frac{x^2+x+1}{x-1}=\infty$$

综合本节的例 2.3.9,可得如下结论:

对于 $\frac{\infty}{\infty}$ 型的函数极限的一般规律是:当 $a_0\neq0,b_0\neq0,m$ 和 n 为正整数,则

$$\lim_{x\to\infty}\frac{a_0x^n+a_1x^{n-1}+\cdots+a_n}{b_0x^m+b_1x^{m-1}+\cdots+b_m}=\begin{cases}\dfrac{a_0}{b_0}, & n=m\\[2mm] 0, & n<m\\[2mm] \infty, & n>m\end{cases}$$

2.3.3 极限的复合运算法则

定理 2.3.3 设函数 $\varphi(x)$ 在 $x\to x_0$ 时的极限存在且等于 a,即 $\lim\limits_{x\to x_0}\varphi(x)=a$,且在点 x_0 的某去心邻域内 $\varphi(x)\neq a$,又 $\lim\limits_{u\to a}f(u)=A$,则复合函数 $f(\varphi(x))$ 在 $x\to x_0$ 时的极限也存在,且

$$\lim_{x\to x_0}f(\varphi(x))=\lim_{u\to a}f(u)=A$$

证明从略,定理中将 $\lim\limits_{x\to x_0}\varphi(x)=a$ 换成 $\lim\limits_{x\to x_0}\varphi(x)=\infty$,而把 $\lim\limits_{u\to a}f(u)=A$,换成 $\lim\limits_{u\to\infty}f(u)=A$ 可得类似结论. 该定理提供了极限计算中使用变量代换的理论依据,并在后面两个重要极限的推广式中起到重要作用.

例 2.3.10 求 $\lim\limits_{x\to1}\sqrt{\frac{1}{x-1}+1}-\sqrt{\frac{1}{x-1}-1}$.

解 令 $\frac{1}{x-1}=t$,则当 $x\to1^+$ 时,$t\to+\infty$,有

$$\lim_{x\to1}\sqrt{\frac{1}{x-1}+1}-\sqrt{\frac{1}{x-1}-1}=\lim_{t\to+\infty}\sqrt{t+1}-\sqrt{t-1}$$

$$=\lim_{t\to+\infty}\frac{(\sqrt{t+1}-\sqrt{t-1})(\sqrt{t+1}+\sqrt{t-1})}{\sqrt{t+1}+\sqrt{t-1}}$$

$$=\lim_{t\to+\infty}\frac{2}{\sqrt{t+1}+\sqrt{t-1}}=0$$

习　题　2.3

1. 判断以下论断是否正确.

(1) 若 $\lim\limits_{x \to a}[f(x)+g(x)]=A$（常数），则 $\lim\limits_{x \to a}[f(x)+g(x)]=\lim\limits_{x \to a}f(x)+\lim\limits_{x \to a}g(x)$；

(2) 若极限 $\lim\limits_{x \to a}f(x)$ 存在，极限 $\lim\limits_{x \to a}g(x)$ 不存在，则极限 $\lim\limits_{x \to a}[f(x)+g(x)]$ 不存在；

(3) 若 $\lim\limits_{x \to a}[f(x)g(x)]=A$（常数），则 $\lim\limits_{x \to a}[f(x)g(x)]=\lim\limits_{x \to a}f(x) \cdot \lim\limits_{x \to a}g(x)=A$；

(4) 若极限 $\lim\limits_{x \to a}f(x)$ 存在，极限 $\lim\limits_{x \to a}g(x)$ 不存在，则极限 $\lim\limits_{x \to a}[f(x)g(x)]$ 不存在；

(5) 若极限 $\lim\limits_{x \to a}f(x)$ 存在，且极限 $\lim\limits_{x \to a}[f(x)g(x)]$ 存在，则极限 $\lim\limits_{x \to a}g(x)$ 存在；

(6) 若极限 $\lim\limits_{x \to a}f(x)$ 存在，且等于常数 A，则极限 $\lim\limits_{x \to a}[f(x)g(x)]=A\lim\limits_{x \to a}g(x)$；

(7) 若极限 $\lim\limits_{x \to a}f(x)$ 存在，且等于非零常数 A，极限 $\lim\limits_{x \to a}[f(x)g(x)]$ 存在，等于 C，则极限 $\lim\limits_{x \to a}g(x)$ 存在，且 $\lim\limits_{x \to a}g(x)=\dfrac{C}{A}$；

(8) 若极限 $\lim\limits_{x \to a}f(x)$ 存在，且等于非零常数 A，则极限 $\lim\limits_{x \to a}(f(x)g(x))$ 存在性与极限 $\lim\limits_{x \to a}g(x)$ 存在性一致.

2. 求下列极限.

(1) $\lim\limits_{x \to 3}(x^2-2x+5)$；

(2) $\lim\limits_{x \to -2}\dfrac{x^2-x+2}{x^2+2}$；

(3) $\lim\limits_{x \to \sqrt{3}}\dfrac{x^2-3}{x-\sqrt{3}}$；

(4) $\lim\limits_{x \to 1}\dfrac{x^2-2x+1}{x^3-x}$；

(5) $\lim\limits_{x \to 1}\dfrac{x}{x-1}$；

(6) $\lim\limits_{x \to 1}\dfrac{2x^2+x-3}{x^2+x-2}$；

(7) $\lim\limits_{x \to 0}\dfrac{(x+1)^2-1}{x}$；

(8) $\lim\limits_{x \to \sqrt{2}}\dfrac{x^2-2}{x^4+x^2}$.

3. 求下列极限.

(1) $\lim\limits_{n \to \infty}\dfrac{2n^2-3}{n^2+n}$；

(2) $\lim\limits_{n \to \infty}\dfrac{(-2)^n+3^n}{(-2)^{n+1}+3^{n+1}}$；

(3) $\lim\limits_{x \to \infty}\dfrac{2x^2+x-3}{x^2+x-2}$；

(4) $\lim\limits_{x \to \infty}\dfrac{2x^3-x+1}{3x^2+x-4}$；

(5) $\lim\limits_{x \to \infty}\dfrac{2x^2-x}{x^4+x-1}$；

(6) $\lim\limits_{x \to \infty}\dfrac{2x^2-4x+1}{\sqrt{x^4+1}}$；

(7) $\lim\limits_{x \to \infty}\dfrac{\sqrt[3]{x^2+x+1}}{1+x}$；

(8) $\lim\limits_{x \to \infty}\dfrac{(2x-1)^{20}(x+1)^{10}}{(1-3x)^{30}}$.

4. 求下列极限.

(1) $\lim\limits_{x \to a}\dfrac{\sqrt{x}-\sqrt{a}}{x-a}$；

(2) $\lim\limits_{x \to 0}\dfrac{\sqrt[3]{1+mx}-1}{x}$；

(3) $\lim\limits_{x \to \infty}x(\sqrt{x^2+1}-x)$.

5. 已知 $\lim\limits_{x\to\infty}\dfrac{ax^2+bx+2}{2x-1}=1$,求常数 a,b.

2.4 极限存在准则与两个重要极限

由定理 2.1.4 可得如下极限存在准则.

定理 2.4.1(夹逼准则) 设函数 $f(x)$、$g(x)$、$h(x)$ 均在点 x_0 的某去心邻域内有定义,且满足:

(1) $g(x)\leqslant f(x)\leqslant h(x)$;

(2) $\lim\limits_{x\to x_0}g(x)=\lim\limits_{x\to x_0}h(x)=A$;

则 $\lim\limits_{x\to x_0}f(x)=A$.

在求函数极限时,经常要用到两个重要极限.

1. $\lim\limits_{x\to0}\dfrac{\sin x}{x}=1$

证 先证 $\lim\limits_{x\to0^+}\dfrac{\sin x}{x}=1$.

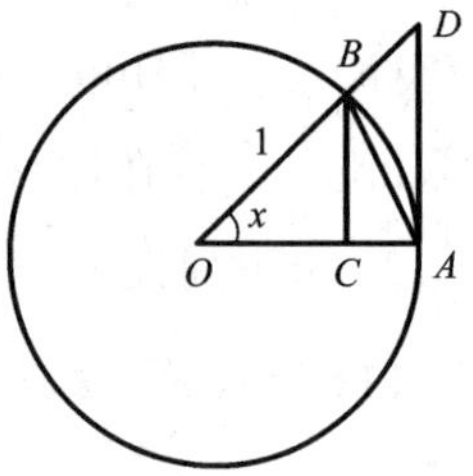

由于 $x\to0^+$,不妨设 $0<x<\dfrac{\pi}{2}$.作单位圆(见图 2.4.1),

并设圆心角 $\angle AOB=x$ 则

$$S_{\triangle AOB}<S_{扇形 AOB}<S_{\triangle AOD}$$

图 2.4.1

因为

$$S_{\triangle AOB}=\frac{1}{2}\overline{OA}\cdot\overline{BC}=\frac{1}{2}\sin x$$

$$S_{扇形 AOB}=\frac{1}{2}\overline{OA}\cdot\overset{\frown}{AB}=\frac{1}{2}\overline{OA}\cdot\overline{OA}\cdot x=\frac{1}{2}x$$

$$S_{\triangle AOD}=\frac{1}{2}\overline{OA}\cdot\overline{AD}=\frac{1}{2}\tan x$$

所以 $\dfrac{1}{2}\sin x<\dfrac{1}{2}x<\dfrac{1}{2}\tan x$,即 $\sin x<x<\tan x$,从而有

$$1<\frac{x}{\sin x}<\frac{1}{\cos x}\quad 或\quad \cos x<\frac{\sin x}{x}<1$$

因为 $\qquad 0\leqslant1-\cos x=AC<AB<\overset{\frown}{AB}=x\to0$

故由夹逼准则知 $\lim\limits_{x\to0^+}(1-\cos x)=0$,即 $\lim\limits_{x\to0^+}\cos x=1$.

所以 $\lim\limits_{x\to0^+}\dfrac{\sin x}{x}=1$,又

$$\lim\limits_{x\to0^-}\frac{\sin x}{x}\xlongequal{x=-t}\lim\limits_{t\to0^+}\frac{-\sin t}{-t}=1$$

所以 $\qquad\qquad\qquad\qquad \lim\limits_{x\to0}\dfrac{\sin x}{x}=1$

注：(1) 所求极限是 $\dfrac{0}{0}$ 型且有三角函数；(2) 可推广到 $\lim\limits_{\varphi(x)\to 0}\dfrac{\sin\varphi(x)}{\varphi(x)}=1$.

例 2.4.1　求 $\lim\limits_{x\to 0}\dfrac{\tan x}{x}$.

解　$\lim\limits_{x\to 0}\dfrac{\tan x}{x}=\lim\limits_{x\to 0}\left(\dfrac{\sin x}{x}\cdot\dfrac{1}{\cos x}\right)=\lim\limits_{x\to 0}\dfrac{\sin x}{x}\cdot\lim\limits_{x\to 0}\dfrac{1}{\cos x}=1\cdot 1=1$

例 2.4.2　求 $\lim\limits_{x\to 0}\dfrac{\sin mx}{\sin nx}(m\neq 0,n\neq 0)$.

解　$\lim\limits_{x\to 0}\dfrac{\sin mx}{\sin nx}=\lim\limits_{x\to 0}\dfrac{\sin mx}{mx}\cdot\dfrac{nx}{\sin nx}\cdot\dfrac{m}{n}=\dfrac{m}{n}\lim\limits_{x\to 0}\dfrac{\sin mx}{mx}\cdot\lim\limits_{x\to 0}\dfrac{1}{\dfrac{\sin nx}{nx}}$

$$=\dfrac{m}{n}\cdot 1\cdot 1=\dfrac{m}{n}$$

例 2.4.3　求 $\lim\limits_{x\to 0}\dfrac{1-\cos x}{x^2}$.

解　$\lim\limits_{x\to 0}\dfrac{1-\cos x}{x^2}=\lim\limits_{x\to 0}\dfrac{2\sin^2\dfrac{x}{2}}{x^2}=\dfrac{1}{2}\lim\limits_{x\to 0}\dfrac{\sin^2\dfrac{x}{2}}{\left(\dfrac{x}{2}\right)^2}=\dfrac{1}{2}\lim\limits_{x\to 0}\left(\dfrac{\sin\dfrac{x}{2}}{\dfrac{x}{2}}\right)^2=\dfrac{1}{2}\cdot 1^2=\dfrac{1}{2}$

例 2.4.4　求 $\lim\limits_{x\to 0}\dfrac{\tan x-\sin x}{x^3}$.

解　$\lim\limits_{x\to 0}\dfrac{\tan x-\sin x}{x^3}=\lim\limits_{x\to 0}\dfrac{\tan x(1-\cos x)}{x^3}=\lim\limits_{x\to 0}\dfrac{\tan x}{x}\cdot\dfrac{1-\cos x}{x^2}$

$$=\lim\limits_{x\to 0}\dfrac{\tan x}{x}\cdot\lim\limits_{x\to 0}\dfrac{1-\cos x}{x^2}=1\cdot\dfrac{1}{2}=\dfrac{1}{2}$$

例 2.4.5　求 $\lim\limits_{x\to\pi}\dfrac{\sin 3x}{\tan 5x}$.

解　令 $x=t+\pi$，则 $x\to\pi$ 时，$t\to 0$.

$$\lim\limits_{x\to\pi}\dfrac{\sin 3x}{\tan 5x}=\lim\limits_{t\to 0}\dfrac{\sin(3\pi+3t)}{\tan(5\pi+5t)}=\lim\limits_{t\to 0}\dfrac{-\sin 3t}{\tan 5t}=\lim\limits_{t\to 0}\dfrac{-\dfrac{\sin 3t}{3t}}{\dfrac{\tan 5t}{5t}}\cdot\dfrac{3}{5}=-\dfrac{3}{5}$$

例 2.4.6　求 $\lim\limits_{x\to\frac{\pi}{2}}\dfrac{\cos x}{\dfrac{\pi}{2}-x}$.

解　$\lim\limits_{x\to\frac{\pi}{2}}\dfrac{\cos x}{\dfrac{\pi}{2}-x}=\lim\limits_{x\to\frac{\pi}{2}}\dfrac{\sin\left(\dfrac{\pi}{2}-x\right)}{\dfrac{\pi}{2}-x}\xlongequal{\text{令}t=\frac{\pi}{2}-x}\lim\limits_{t\to 0}\dfrac{\sin t}{t}=1$

2. $\lim\limits_{x\to\infty}\left(1+\dfrac{1}{x}\right)^x=\mathrm{e}$

考虑 $x=n$（正整数）的情形．记 $a_n=\left(1+\dfrac{1}{n}\right)^n$，下面证明 $\{a_n\}$ 是单调有界数列．

由于

$$a_n = \left(1+\frac{1}{n}\right)^n = 1 + n \cdot \frac{1}{n} + \frac{n(n-1)}{2!} \cdot \left(\frac{1}{n}\right)^2 + \frac{n(n-1)(n-2)}{3!} \cdot \left(\frac{1}{n}\right)^3$$

$$+ \cdots + \frac{n(n-1)(n-2)\cdots 1}{n!} \cdot \left(\frac{1}{n}\right)^n$$

$$= 1 + 1 + \frac{1}{2!}\left(1-\frac{1}{n}\right) + \frac{1}{3!}\left(1-\frac{1}{n}\right)\left(1-\frac{2}{n}\right)$$

$$+ \cdots + \frac{1}{n!}\left(1-\frac{1}{n}\right)\left(1-\frac{2}{n}\right)\cdots\left(1-\frac{n-1}{n}\right)$$

类似地，

$$a_{n+1} = \left(1+\frac{1}{n+1}\right)^{n+1}$$

$$= 1 + 1 + \frac{1}{2!}\left(1-\frac{1}{n+1}\right) + \frac{1}{3!}\left(1-\frac{1}{n+1}\right)\left(1-\frac{2}{n+1}\right)$$

$$+ \cdots + \frac{1}{(n+1)!}\left(1-\frac{1}{n+1}\right)\left(1-\frac{2}{n+1}\right)\cdots\left(1-\frac{n}{n+1}\right)$$

比较 a_n 和 a_{n+1} 的展开式，除前两项外，a_n 的每一项都小于 a_{n+1} 的对应项，且 a_{n+1} 比 a_n 多了最后的正数项，所以 $a_n < a_{n+1}$，即 $\{a_n\}$ 是单调递增数列.

由于

$$a_n = 1 + 1 + \frac{1}{2!}\left(1-\frac{1}{n}\right) + \frac{1}{3!}\left(1-\frac{1}{n}\right)\left(1-\frac{2}{n}\right)$$

$$+ \cdots + \frac{1}{n!}\left(1-\frac{1}{n}\right)\left(1-\frac{2}{n}\right)\cdots\left(1-\frac{n-1}{n}\right)$$

$$\leqslant 1 + 1 + \frac{1}{2!} + \frac{1}{3!} + \cdots + \frac{1}{n!} \leqslant 1 + 1 + \frac{1}{2 \cdot 1}$$

$$+ \frac{1}{2 \cdot 2 \cdot 1} + \frac{1}{2 \cdot 2 \cdot 2 \cdot 1} + \cdots + \frac{1}{2 \cdot 2 \cdot \cdots 2 \cdot 1}$$

$$\leqslant 1 + 1 + \frac{1}{2} + \frac{1}{2^2} + \frac{1}{2^3} + \cdots + \frac{1}{2^{n-1}} = 1 + \frac{\left(1-\frac{1}{2}\right)^n}{1-\frac{1}{2}}$$

$$< 1 + \frac{1}{1-\frac{1}{2}} = 3$$

即 $\{a_n\}$ 是有界数列.

由单调有界收敛准则知，当 $n \to \infty$ 时，$a_n = \left(1+\frac{1}{n}\right)^n$ 的极限存在，通常用字母 e 来表示，即

$$\lim_{n \to \infty}\left(1+\frac{1}{n}\right)^n = e$$

可以证明

$$\lim_{x\to\infty}\left(1+\frac{1}{x}\right)^x=\mathrm{e}$$

令 $\dfrac{1}{x}=t$，当 $x\to\infty$ 时，$t\to0$，上式可变为

$$\lim_{t\to0}(1+t)^{\frac{1}{t}}=\mathrm{e}$$

故极限 $\lim\limits_{x\to\infty}\left(1+\dfrac{1}{x}\right)^x=\mathrm{e}$ 的另一种形式是

$$\lim_{x\to0}(1+x)^{\frac{1}{x}}=\mathrm{e}$$

注：(1) 该极限是"1^∞"型；

(2) 底是两项之和，第一项是常数 1，第二项是无穷小；指数是无穷大，且与底的第二项互为倒数；

(3) 可推广为 $\lim\limits_{f(x)\to\infty}\left(1+\dfrac{1}{f(x)}\right)^{f(x)}=\mathrm{e}$，$\lim\limits_{f(x)\to0}(1+f(x))^{\frac{1}{f(x)}}=\mathrm{e}(f(x)\neq0)$.

例 2.4.7 求 $\lim\limits_{x\to\infty}\left(1-\dfrac{2}{x}\right)^x$.

解 $\lim\limits_{x\to\infty}\left(1-\dfrac{2}{x}\right)^x=\lim\limits_{x\to\infty}\left(1+\dfrac{1}{-\dfrac{x}{2}}\right)^{\left(-\frac{x}{2}\right)\cdot(-2)}=\lim\limits_{x\to\infty}\left[\left(1+\dfrac{1}{-\dfrac{x}{2}}\right)^{-\frac{x}{2}}\right]^{-2}=\mathrm{e}^{-2}.$

例 2.4.8 求 $\lim\limits_{x\to\infty}\left(\dfrac{x-3}{x+2}\right)^x$.

解法一 $\lim\limits_{x\to\infty}\left(\dfrac{x-3}{x+2}\right)^x=\lim\limits_{x\to\infty}\left(1+\dfrac{-5}{x+2}\right)^x=\lim\limits_{x\to\infty}\left(1+\dfrac{1}{\dfrac{x+2}{-5}}\right)^{\left(\frac{x+2}{-5}\right)\cdot(-5)-2}$

$$=\lim_{x\to\infty}\left\{\left(1+\dfrac{1}{\dfrac{x+2}{-5}}\right)^{\frac{x+2}{-5}}\right\}^{-5}\cdot\left(1+\dfrac{1}{\dfrac{x+2}{-5}}\right)^{-2}=\mathrm{e}^{-5}\cdot1=\mathrm{e}^{-5}$$

解法二 $\lim\limits_{x\to\infty}\left(\dfrac{x-3}{x+2}\right)^x=\lim\limits_{x\to\infty}\left(\dfrac{\dfrac{x-3}{x}}{\dfrac{x+2}{x}}\right)^x=\lim\limits_{x\to\infty}\dfrac{\left(1+\dfrac{1}{\dfrac{x}{-3}}\right)^x}{\left(1+\dfrac{1}{\dfrac{x}{2}}\right)^x}=\lim\limits_{x\to\infty}\dfrac{\left(1+\dfrac{1}{\dfrac{x}{-3}}\right)^{\frac{x}{-3}\cdot(-3)}}{\left(1+\dfrac{1}{\dfrac{x}{2}}\right)^{\frac{x}{2}\cdot2}}$

$$=\lim_{x\to\infty}\dfrac{\left[\left(1+\dfrac{1}{\dfrac{x}{-3}}\right)^{\frac{x}{-3}}\right]^{-3}}{\left[\left(1+\dfrac{1}{\dfrac{x}{2}}\right)^{\frac{x}{2}}\right]^2}=\dfrac{\mathrm{e}^{-3}}{\mathrm{e}^2}=\mathrm{e}^{-5}$$

例 2.4.9 求 $\lim\limits_{x\to 0}(1-3x)^{\frac{1}{x}}$.

解 $\lim\limits_{x\to 0}(1-3x)^{\frac{1}{x}}=\lim\limits_{x\to 0}(1+(-3x))^{\frac{1}{-3x}\cdot(-3)}=\lim\limits_{x\to 0}((1+(-3x))^{\frac{1}{-3x}})^{(-3)}=\mathrm{e}^{-3}$

例 2.4.10 求 $\lim\limits_{x\to 0}(1-\sin x)^{\csc x}$.

解 $\lim\limits_{x\to 0}(1-\sin x)^{\csc x}=\lim\limits_{x\to 0}\{[1+(-\sin x)]^{-\frac{1}{\sin x}}\}^{-1}=\mathrm{e}^{-1}$

习　题　2.4

1. 求下列极限.

(1) $\lim\limits_{x\to 0}\dfrac{\sin 4x}{\tan 5x}$;

(2) $\lim\limits_{x\to 0}\dfrac{\sin(x^2)}{(\sin x)^3}$;

(3) $\lim\limits_{x\to 0}\dfrac{x-\sin x}{x+\sin x}$;

(4) $\lim\limits_{x\to 0}\dfrac{2(1-\cos x)}{x\sin x}$;

(5) $\lim\limits_{x\to 0^+}\dfrac{x}{\sqrt{1-\cos x}}$;

(6) $\lim\limits_{x\to 0}n\sin\dfrac{x}{n}$;

(7) $\lim\limits_{x\to\infty}x^2\sin^2\dfrac{1}{x}$;

(8) $\lim\limits_{x\to 0}\dfrac{\arcsin x}{x}$.

2. 求下列极限.

(1) $\lim\limits_{n\to\infty}\left(1-\dfrac{2}{n}\right)^{n+1}$;

(2) $\lim\limits_{x\to\infty}\left(1+\dfrac{3}{x}\right)^{x}$;

(3) $\lim\limits_{x\to\infty}\left(\dfrac{x+1}{x-1}\right)^{x}$;

(4) $\lim\limits_{x\to 0}\sqrt[x]{1+2x}$;

(5) $\lim\limits_{x\to\frac{\pi}{2}}(1+2\cos x)^{-\sec x}$;

(6) $\lim\limits_{x\to\infty}\left(\dfrac{x-1}{x}\right)^{\frac{1}{\sin\frac{1}{x}}}$.

3. 已知 $\lim\limits_{x\to\infty}\left(\dfrac{x+a}{x-a}\right)^{x}=\mathrm{e}^4$,求常数 a.

2.5　无穷小的比较

我们知道两个无穷小的和、差与乘积仍为无穷小,但是两个无穷小的商却不尽相同. 当 $x\to 0$ 时,x、x^2、$3\sin x$ 都是无穷小,但是它们的商的极限:

$$\lim\limits_{x\to 0}\dfrac{x^2}{x}=0,\quad \lim\limits_{x\to 0}\dfrac{x}{x^2}=\infty,\quad \lim\limits_{x\to 0}\dfrac{3\sin x}{x}=3$$

在 $x\to 0$ 时,三个函数都是无穷小,但比值的极限结果不同,这说明虽然都是无穷小,但趋于 0 的"快慢"程度不同,这对误差估计及近似计算的研究都是很重要的.

定义 2.5.1 设 $\lim\limits_{x\to x_0}\alpha(x)=0,\lim\limits_{x\to x_0}\beta(x)=0(\beta(x)\neq 0)$,则

(1) 如果 $\lim\limits_{x\to x_0}\dfrac{\alpha(x)}{\beta(x)}=0$，则称 $x\to x_0$ 时，$\alpha(x)$ 是比 $\beta(x)$ 高阶的无穷小，记作 $\alpha=o(\beta)$；

(2) 如果 $\lim\limits_{x\to x_0}\dfrac{\alpha(x)}{\beta(x)}=\infty$，则称 $x\to x_0$ 时，$\alpha(x)$ 是比 $\beta(x)$ 低阶的无穷小；

(3) 如果 $\lim\limits_{x\to x_0}\dfrac{\alpha(x)}{\beta(x)}=C(C\neq 0)$，则称 $\alpha(x)$ 与 $\beta(x)$ 为同阶无穷小；

(4) 如果 $\lim\limits_{x\to x_0}\dfrac{\alpha(x)}{\beta^k(x)}=C(C\neq 0,k>0)$，则称 $\alpha(x)$ 是关于 $\beta(x)$ 的 k 阶无穷小；

(5) 如果 $\lim\limits_{x\to x_0}\dfrac{\alpha(x)}{\beta(x)}=1$，则称 $\alpha(x)$ 与 $\beta(x)$ 为等价无穷小，记作 $\alpha\sim\beta$.

上述定义中的 $x\to x_0$ 也可以换成 x 的其他变化过程.

在上面的例子中，当 $x\to 0$ 时，x^2 是比 x 高阶的无穷小，x 是比 x^2 低阶的无穷小，$3\sin x$ 与 x 是同阶无穷小. 显然等价无穷小是同阶无穷小的特殊情形，对于等价无穷小，还有一些很重要的实际意义，为此，我们给出如下常见的一些等价无穷小.

当 $x\to 0$ 时，有 $\sin x\sim x$；$\tan x\sim x$；$1-\cos x\sim\dfrac{1}{2}x^2$；$\arcsin x\sim x$；$\arctan x\sim x$；$e^x-1\sim x$；$\ln(1+x)\sim x$；$\sqrt[n]{1+x}-1\sim\dfrac{1}{n}x$.

还可推广为：若 $x\to x_0$（其他变化过程亦可）时，$f(x)\to 0$，则 $x\to x_0$ 时，有 $\sin f(x)\sim f(x)$；$\tan f(x)\sim f(x)$；$1-\cos f(x)\sim\dfrac{1}{2}f^2(x)$；$\arcsin f(x)\sim f(x)$；$\arctan f(x)\sim f(x)$；$e^{f(x)}-1\sim f(x)$；$\ln(1+f(x))\sim f(x)$；$\sqrt[n]{1+f(x)}-1\sim\dfrac{1}{n}f(x)$.

在上述几个无穷小的概念中，最常见的是等价无穷小，下面给出等价无穷小的性质：

定理 2.5.1　$\alpha\sim\beta$ 的充分必要条件是 $\beta=\alpha+o(\alpha)$.

证　必要性　设 $\alpha\sim\beta$，则

$$\lim\frac{\beta-\alpha}{\alpha}=\lim\left(\frac{\beta}{\alpha}-1\right)=\lim\frac{\beta}{\alpha}-1=0$$

故 $\beta-\alpha=o(\alpha)$，即 $\beta=\alpha+o(\alpha)$.

充分性　设 $\beta=\alpha+o(\alpha)$，则

$$\lim\frac{\beta}{\alpha}=\lim\frac{\alpha+o(\alpha)}{\alpha}=\lim\left(1+\frac{o(\alpha)}{\alpha}\right)=1$$

故 $\alpha\sim\beta$.

注：这里极限符号"lim"下面没有标明自变量的变化过程，是指使得 α,β 为无穷小的自变量的任意变化过程都是成立的，下面的定理也是如此.

定理 2.5.2　$\alpha\sim\alpha',\beta\sim\beta'$，且 $\lim\dfrac{\beta'}{\alpha'}$ 存在，则

$$\lim\frac{\beta}{\alpha}=\lim\frac{\beta'}{\alpha'}$$

证 以自变量 $x\to x_0$ 时的极限为例,

$$\lim\frac{\beta}{\alpha}=\lim\left(\frac{\beta}{\beta'}\cdot\frac{\beta'}{\alpha'}\cdot\frac{\alpha'}{\alpha}\right)=\lim\frac{\beta}{\beta'}\cdot\lim\frac{\beta'}{\alpha'}\cdot\lim\frac{\alpha'}{\alpha}=\lim\frac{\beta'}{\alpha'}$$

定理 2.5.2 表明,在求两个无穷小之比(即"$\frac{0}{0}$"型)的极限时,分子或分母都可用等价无穷小来代替,并且要特别注意函数式中的无穷小只有处于因子地位(即与其他部分是相乘除的关系)才能用等价无穷小替换,处于相加减的情形时,一般不能作无穷小替换.

例 2.5.1 求 $\lim\limits_{x\to0}\dfrac{1-\cos x}{\sin x^2}$.

解 当 $x\to0$ 时,$1-\cos x\sim\dfrac{1}{2}x^2$,$\sin x^2\sim x^2$,则

$$\lim_{x\to0}\frac{1-\cos x}{\sin x^2}=\lim_{x\to0}\frac{\frac{1}{2}x^2}{x^2}=\frac{1}{2}$$

例 2.5.2 求 $\lim\limits_{x\to0}\dfrac{\sin2x}{\sqrt[3]{1+x}-1}$.

解 当 $x\to0$ 时,$\sqrt[3]{1+x}-1\sim\dfrac{1}{3}x$,$\sin2x\sim2x$,则

$$\lim_{x\to0}\frac{\sin2x}{\sqrt[3]{1+x}-1}=\lim_{x\to0}\frac{2x}{\frac{1}{3}x}=6$$

例 2.5.3 求 $\lim\limits_{x\to0}\dfrac{\tan x-\sin x}{x^3}$.

解 (错误做法)当 $x\to0$ 时,$\sin x\sim x$,$\tan x\sim x$,则

$$\lim_{x\to0}\frac{\tan x-\sin x}{x^3}=\lim_{x\to0}\frac{x-x}{x^3}=0$$

(正确做法)当 $x\to0$ 时,$1-\cos x\sim\dfrac{1}{2}x^2$,$\tan x\sim x$,则

$$\lim_{x\to0}\frac{\tan x-\sin x}{x^3}=\lim_{x\to0}\frac{\tan x(1-\cos x)}{x^3}=\lim_{x\to0}\frac{x\cdot\frac{1}{2}x^2}{x^3}=\frac{1}{2}$$

说明:此题还可用重要极限 1 来计算,即例 2.4.4.

习　题　2.5

1. 证明:当 $x\to0$ 时,有

(1) $\sqrt{1+x}-\sqrt{1-x}\sim x$;　　　　(2) $\arctan x\sim x$.

2. 求下列极限.

(1) $\lim\limits_{x\to\infty}\dfrac{\sin x}{x^2}$;　　　　　　　　(2) $\lim\limits_{x\to\infty}x\sin\dfrac{1}{x}$;

(3) $\lim\limits_{x\to 0}\dfrac{\arcsin x}{\dfrac{1}{x^2}}$;　　　　　　　(4) $\lim\limits_{n\to\infty}\dfrac{\cos n^2}{n}$;

(5) $\lim\limits_{x\to 0}\dfrac{\sin 2x\tan 3x}{1-\cos 2x}$;　　　　(6) $\lim\limits_{x\to 0}\dfrac{1-\cos x}{\tan 2x^2}$.

3. 当 $x\to 0$ 时,下列函数都是无穷小,试确定哪些是 x 的高阶无穷小? 同阶无穷小? 低阶无穷小? 等价无穷小?

(1) $2x-x^2$;　　　　　　　　(2) $x-2\sin x$;

(3) $\sec x-1$;　　　　　　　(4) $\sqrt{1+x}-\sqrt{1-x}$.

4. 若 $\lim\limits_{x\to 3}\dfrac{x^2-2x+k}{x-3}=4$,求 k 的值.

5. 若 $\lim\limits_{x\to\infty}\left(\dfrac{x^2+1}{x+1}-ax-b\right)=0$,求 a,b 的值.

2.6　函数的连续性

　　函数是微积分的主要研究对象,连续性是函数性态中的一个重要特征,许多自然现象具有这一特征,如气温的变化、河水的流动、植物的生长等都是连续地变化着的. 例如,气温的变化,当时间微小变动时,气温的变化也很微小,这种现象反映在函数关系上就是:当自变量变化很小时,函数值变化也很小,只要自变量的改变量无限接近零,函数值的改变量就无限接近零. 因此,我们可用极限的思想给出函数的连续性的定义.

2.6.1　函数连续的概念

1. 函数的增量

定义 2.6.1　函数的自变量 x 从 x_0 变到 x_1,自变量的增量就是 $\Delta x=x_1-x_0$,而相应地,函数值 y 从 $f(x_0)$ 变到 $f(x_1)$,函数的增量 $\Delta y=f(x_1)-f(x_0)$.

注:增量不一定是正的,当初值大于终值时,增量就是负的.

2. 函数在点 x_0 处连续的概念

　　函数在点 x_0 处连续,是指当自变量在 x_0 处取得增量 Δx,相应的函数的增量为 Δy,当 $|\Delta x|$ 很小时,$|\Delta y|$ 也很小. 用极限的语言的表述如下.

定义 2.6.2　设函数 $y=f(x)$ 在点 x_0 的某个邻域内有定义,如果

$$\lim_{\Delta x \to 0} \Delta y = \lim_{\Delta x \to 0} \left[f(x_0 + \Delta x) - f(x_0) \right] = 0$$

则称函数 $y = f(x)$ 在点 x_0 处**连续**.

设 $x = x_0 + \Delta x$,则当 $\Delta x \to 0$ 时,$x \to x_0$. 而

$$\Delta y = f(x_0 + \Delta x) - f(x_0) = f(x) - f(x_0)$$

由 $\Delta y \to 0$ 就是 $f(x) \to f(x_0)$,即

$$\lim_{x \to x_0} f(x) = f(x_0)$$

定义 2.6.2 可以改写为如下定义.

定义 2.6.3 设函数 $y = f(x)$ 在点 x_0 的某个邻域内有定义,如果 $\lim\limits_{x \to x_0} f(x) = f(x_0)$,那么就称函数 $y = f(x)$ 在点 x_0 处连续.

例 2.6.1 讨论函数 $f(x) = \begin{cases} x\sin\dfrac{1}{x}, & x \neq 0 \\ 0, & x = 0 \end{cases}$ 在 $x = 0$ 处的连续性.

解 由于

$$\lim_{x \to 0} f(x) = \lim_{x \to 0} x\sin\frac{1}{x} = 0 \text{(有界函数与无穷小的乘积为无穷小)}$$

而 $f(0) = 0$,故

$$\lim_{x \to 0} f(x) = f(0)$$

由上述定义可知,函数 $f(x)$ 在 $x = 0$ 处连续.

由 $\lim\limits_{x \to x_0} f(x) = A \Leftrightarrow \lim\limits_{x \to x_0^-} f(x) = \lim\limits_{x \to x_0^+} f(x) = A$ 可定义左、右连续的概念:如果 $\lim\limits_{x \to x_0^-} f(x) = f(x_0)$,则称函数 $f(x)$ 在点 x_0 处**左连续**;如果 $\lim\limits_{x \to x_0^+} f(x) = f(x_0)$,则称函数 $f(x)$ 在点 x_0 处**右连续**.

显然函数 $y = f(x)$ 在点 x_0 处连续的充要条件是函数 $y = f(x)$ 在点 x_0 处既左连续又右连续.

注:此定理常用于判定分段函数在分段点处的连续性.

例 2.6.2 讨论函数 $f(x) = \begin{cases} x^2 + 1, & x \geq 1 \\ 2x - 1, & x < 1 \end{cases}$ 在点 $x = 1$ 处是否连续?

解 $f(x)$ 在点 $x = 1$ 处及其附近有定义,$f(1) = 1^2 + 1 = 2$,且

$$f(1^-) = \lim_{x \to 1^-} f(x) = \lim_{x \to 1^-} (2x - 1) = 1 \neq f(1)$$
$$f(1^+) = \lim_{x \to 1^+} f(x) = \lim_{x \to 1^+} (x^2 + 1) = 2 = f(1)$$

于是 $f(1^-) \neq f(1^+)$.

因此,函数 $f(x)$ 在 $x = 1$ 处不连续.

3. 函数在区间上连续的概念

定义 2.6.4 如果函数 $f(x)$ 在区间 (a, b) 内每一点都连续,称 $f(x)$ 为 (a, b) 内的

连续函数. 如果函数 $f(x)$ 在 (a,b) 内连续,且在左端点 $x=a$ 处右连续,在右端点 $x=b$ 处左连续,则称 $f(x)$ 在闭区间 $[a,b]$ 上连续.

例 2.6.3　证明:函数 $y=\sin x$ 在 $(-\infty,+\infty)$ 内是连续的.

证　任取 $x_0 \in (-\infty,+\infty)$,则

$$\Delta y = f(x_0+\Delta x) - f(x_0) = \sin(x_0+\Delta x) - \sin x_0 = 2\cos\left(x_0+\frac{\Delta x}{2}\right)\sin\frac{\Delta x}{2}$$

由于

$$\lim_{\Delta x \to 0}\Delta y = 2\lim_{\Delta x \to 0}\cos\left(x_0+\frac{\Delta x}{2}\right)\sin\frac{\Delta x}{2}$$

当 $\Delta x \to 0$ 时,由无穷小的性质(**有界函数与无穷小的乘积为无穷小**)知,$\lim\limits_{\Delta x \to 0}\Delta y = 0$.

由上述定义知,$y=\sin x$ 在 x_0 处连续. 而 x_0 是在 $(-\infty,+\infty)$ 内任取的,故 $y=\sin x$ 在 $(-\infty,+\infty)$ 内是连续的.

类似地,可证明 $y=\cos x$ 在定义区间内是连续的.

2.6.2　函数的间断点及其分类

由定义 2.6.3 知,函数 $y=f(x)$ 在点 x_0 处连续,必须满足下列三个条件:

(1) 函数 $y=f(x)$ 在点 x_0 点处有定义;

(2) $\lim\limits_{x \to x_0}f(x)$ 存在,即 $\lim\limits_{x \to x_0^-}f(x) = \lim\limits_{x \to x_0^+}f(x)$;

(3) $\lim\limits_{x \to x_0}f(x) = f(x_0)$.

上述三个条件中只要有一个不满足,函数 $y=f(x)$ 在点 x_0 处就不连续.

定义 2.6.5　若函数 $y=f(x)$ 在点 x_0 处不连续,则称函数 $y-f(x)$ 在点 x_0 处**间断**,称点 x_0 为函数 $y=f(x)$ 的**间断点**.

例如:

(1) 函数 $f(x)=\dfrac{1}{x}$ 在 $x=0$ 处无定义,所以 $x=0$ 是 $f(x)=\dfrac{1}{x}$ 的间断点;

(2) 符号函数 $f(x)=\operatorname{sgn}x=\begin{cases}-1, & x<0 \\ 0, & x=0 \\ 1, & x>0\end{cases}$,在 $x=0$ 处,由于

$$\lim_{x \to 0^-}f(x) = \lim_{x \to 0^-}(-1) = -1, \lim_{x \to 0^+}f(x) = \lim_{x \to 0^+}1 = 1$$

在 $x=0$ 处函数左、右极限不相等,故 $\lim\limits_{x \to 0}f(x)$ 不存在,因此 $x=0$ 是此函数的间断点;

(3) 函数 $f(x)=\begin{cases}\dfrac{\sin x}{x}, & x \neq 0 \\ 0, & x=0\end{cases}$,在 $x=0$ 处,由于

$$\lim_{x \to 0}f(x) = \lim_{x \to 0}\frac{\sin x}{x} = 1$$

而 $f(0)=0$，故 $\lim\limits_{x\to 0}f(x)\neq f(0)$，$x=0$ 是此函数的间断点.

从上面的例子可以看出，函数 $f(x)$ 在 x_0 处产生间断的原因各不相同.因此，我们对间断点进行如下分类.

如果 $f(x_0^-)$ 与 $f(x_0^+)$ 都存在，则称 x_0 为 $f(x)$ 的**第一类间断点**，否则称为**第二类间断点**.

在第一类间断点中，如果 $f(x_0^-)=f(x_0^+)$，则称 x_0 为 $f(x)$ 的**可去间断点**；如果 $f(x_0^-)\neq f(x_0^+)$，则称 x_0 为 $f(x)$ 的**跳跃间断点**.

在第二类间断点中，如果 $f(x_0^-)$ 与 $f(x_0^+)$ 至少有一个为 ∞，则称 x_0 为 $f(x)$ 的**无穷间断点**；如果 $f(x_0^-)$ 与 $f(x_0^+)$ 至少有一个是不断振荡的，则称 x_0 为 $f(x)$ 的**振荡间断点**.

再来看上面的例子，在(1)中，$x=0$ 是无穷间断点；在(2)中，$x=0$ 是跳跃间断点；在(3)中，$x=0$ 是可去间断点.

例 2.6.4　讨论函数 $f(x)=\begin{cases}x-1, & x<0\\ 0, & x=0\\ x+1, & x>0\end{cases}$ 在 $x=0$ 处的连续性.

解　由于 $\lim\limits_{x\to 0^-}f(x)=\lim\limits_{x\to 0^-}(x-1)=-1$，$\lim\limits_{x\to 0^+}f(x)=\lim\limits_{x\to 0^+}(x+1)=1\neq -1$

即在点 $x=0$ 处左、右极限都存在但不相等，所以 $\lim\limits_{x\to 0}f(x)$ 不存在，因此点 $x=0$ 是函数的第一类跳跃间断点(见图 2.6.1).

例 2.6.5　函数 $y=\sin\dfrac{1}{x}$，$x=0$ 为其间断点.当 $x\to 0$ 时，函数值总是在 -1 和 1 之间上下振荡，$\lim\limits_{x\to 0^+}\sin\dfrac{1}{x}$ 和 $\lim\limits_{x\to 0^-}\sin\dfrac{1}{x}$ 都不存在(见图 2.6.2)，所以 $x=0$ 为函数 $y=\sin\dfrac{1}{x}$ 的第二类振荡间断点.

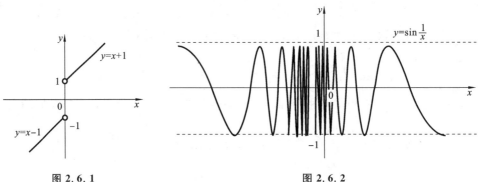

图 2.6.1　　　　　　　　　　　　图 2.6.2

2.6.3 初等函数的连续性

下面给出连续函数的运算与性质(证明从略):

定理 2.6.1 若函数 $f(x)$ 与 $g(x)$ 在 x_0 处连续,则两函数的和、差、积、商(分母在 x_0 处函数值不为零)在 x_0 处也连续.

定理 2.6.2 设函数 $y=f(u)$ 在 u_0 处连续,$u_0=\varphi(x_0)$ 且 $u=\varphi(x)$ 在 x_0 处连续,则复合函数 $y=f(\varphi(x))$ 在 x_0 处连续,即

$$\lim_{x\to x_0}f(\varphi(x))=f(\lim_{x\to x_0}\varphi(x))=\lim_{u\to u_0}f(u)=f(u_0)$$

注:内层函数的极限存在,外层函数在该极限值点处连续,则求复合函数的极限时,极限符号可以与外层函数符号互换.

例 2.6.6 求 $\lim\limits_{x\to 2}\sqrt{\dfrac{x-2}{x^2-4}}$.

解 $y=\sqrt{\dfrac{x-2}{x^2-4}}$ 由 $y=\sqrt{u}$ 和 $u=\dfrac{x-2}{x^2-4}$ 复合而成,且 $\lim\limits_{x\to 2}\dfrac{x-2}{x^2-4}=\dfrac{1}{4}$,$y=\sqrt{u}$ 在 $u=\dfrac{1}{4}$ 处连续,则

$$\lim_{x\to 2}\sqrt{\frac{x-2}{x^2-4}}=\sqrt{\lim_{x\to 2}\frac{x-2}{x^2-4}}=\sqrt{\frac{1}{4}}=\frac{1}{2}$$

由于函数 $y=f(x)$ 的图形与它的反函数 $y=f^{-1}(x)$(假如存在)的图形关于直线 $y=x$ 对称,因此两者具有相同的连续性.

定理 2.6.3 设函数 $y=f(x)$ 是 $[a,b]$ 上单调增加(或减小)连续函数,$\alpha=f(a)$,$\beta=f(b)$,则 $y=f(x)$ 的反函数 $y=f^{-1}(x)$ 存在,且在 $[\alpha,\beta]$ 或 $[\beta,\alpha]$ 上单调、连续.

在例 2.6.3 中我们证明了 $y=\sin x$ 在其定义域 $(-\infty,+\infty)$ 内连续,结合上述可得:

定理 2.6.4 基本初等函数在其定义域内是连续的.

由于初等函数是由基本初等函数经过有限次的四则运算和有限次的复合构成的,结合定理 2.6.1 和定理 2.6.2、定理 2.6.4 可得定理 2.6.5.

定理 2.6.5 初等函数在其定义区间内是连续的.

例 2.6.7 求 $\lim\limits_{x\to 0}\dfrac{\sqrt{x^2+1}-1}{x^2}$.

解 $\lim\limits_{x\to 0}\dfrac{\sqrt{x^2+1}-1}{x^2}=\lim\limits_{x\to 0}\dfrac{x^2}{x^2(\sqrt{x^2+1}+1)}=\lim\limits_{x\to 0}\dfrac{1}{\sqrt{x^2+1}+1}=\dfrac{1}{2}$

例 2.6.8 求 $\lim\limits_{x\to 0}\dfrac{\ln(1+x)}{x}$.

解 $\lim\limits_{x\to 0}\dfrac{\ln(1+x)}{x}=\lim\limits_{x\to 0}\dfrac{1}{x}\ln(1+x)=\lim\limits_{x\to 0}\ln(1+x)^{\frac{1}{x}}=\ln[\lim\limits_{x\to 0}(1+x)^{\frac{1}{x}}]=\ln e=1$

例 2.6.9 求 $\lim\limits_{x\to 0}\dfrac{a^x-1}{x\ln a}(a\neq 0,a\neq 1)$.

解 令 $a^x-1=t$,则 $x=\dfrac{\ln(1+t)}{\ln a}$. 当 $x\to 0$ 时,$t\to 0$,则

$$\lim_{x\to 0}\frac{a^x-1}{x\ln a}=\lim_{x\to 0}\frac{t}{\ln(1+t)}=\frac{1}{\lim\limits_{x\to 0}\dfrac{\ln(1+t)}{t}}=1$$

例 2.6.8、例 2.6.9 也说明了当 $x\to 0$ 时,$\ln(1+x)\sim x$,$a^x-1\sim x\ln a(a\neq 0,$ $a\neq 1)$,$\mathrm{e}^x-1\sim x$.

例 2.6.10 求 $\lim\limits_{x\to 0}(1+\tan^2 x)^{\cot^2 x}$.

解 由于

$$(1+\tan^2 x)^{\cot^2 x}=\mathrm{e}^{\cot^2 x\cdot\ln(1+\tan^2 x)}$$

当 $x\to 0$ 时,$\ln(1+\tan^2 x)\sim\tan^2 x$,故

$$\lim_{x\to 0}(1+\tan^2 x)^{\cot^2 x}=\lim_{x\to 0}\mathrm{e}^{\cot^2 x\cdot\ln(1+\tan^2 x)}=\mathrm{e}^{\lim\limits_{x\to 0}\cot^2 x\cdot\ln(1+\tan^2 x)}$$

$$=\mathrm{e}^{\lim\limits_{x\to 0}\cot^2 x\cdot\tan^2 x}=\mathrm{e}$$

一般地,形如 $(1+u(x))^{v(x)}$ 的函数称为**幂指函数**. 如果

$$\lim u(x)=0,\qquad \lim v(x)=\infty$$

则

$$\lim(1+u(x))^{v(x)}=\mathrm{e}^{\lim[v(x)\cdot\ln(1+u(x))]}$$

$$=\mathrm{e}^{\lim[v(x)\cdot u(x)]}$$

2.6.4 闭区间上连续函数的性质

闭区间上的连续函数有一些重要性质,这些性质在直观上比较明显,因此我们在此只做介绍,不予证明.

定理 2.6.6(最值定理) 设函数 $f(x)$ 在闭区间 $[a,b]$ 上连续,则函数 $f(x)$ 在 $[a,b]$ 上一定取得最大值和最小值.

如图 2.6.3 所示,函数 $y=f(x)$ 在区间 $[a,b]$ 上连续,在 ξ_1 处取得最小值 $f(\xi_1)$ $=m$,在 ξ_2 处取得最大值 $f(\xi_2)=M$.

注:这里的条件"闭区间"和"连续"很重要,如果缺少一个,定理 2.6.6 不一定成立.

推论 2.6.1 闭区间上的连续函数有界.

定理 2.6.7(介值定理) 如果 $f(x)$ 在 $[a,b]$ 上连续,μ 是介于 $f(x)$ 的最小值 m 和最大值 M 之间的任一实数,则至少存在一

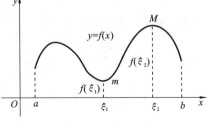

图 2.6.3

点 $\xi \in (a,b)$,使得 $f(\xi)=\mu$(见图 2.6.4).

可以看出水平直线 $y=\mu$ $(m \leqslant u \leqslant M)$,与 $[a,b]$ 上的连续曲线 $y=f(x)$ 至少相交一次,如果交点的横坐标为 $x=\xi$,则有 $f(\xi)=\mu$.

推论 2.6.2(零点存在定理) 如果函数 $f(x)$ 在闭区间 $[a,b]$ 上连续,且 $f(a)$·$f(b)<0$,则至少存在一点 $\xi \in (a,b)$ 使得 $f(\xi)=0$.

如图 2.6.5 所示,$f(a)<0$,$f(b)>0$,连续曲线至少与 x 轴有一个交点.设交点为 ξ,则 $f(\xi)=0$.

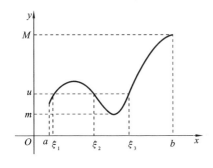

图 2.6.4

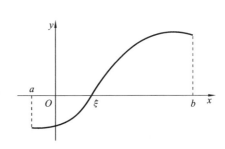

图 2.6.5

例 2.6.11 证明:方程 $x^3-4x^2+1=0$ 至少有一个介于 0 和 1 之间的根.

证 设 $f(x)=x^3-4x^2+1$,则 $f(x)$ 在 $[0,1]$ 上连续,且
$$f(0)=1>0, \quad f(1)=-2<0.$$

由零点存在定理知,至少存在一点 $\xi \in (0,1)$,使 $f(\xi)=0$,即方程 $x^3-4x^2+1=0$ 至少有一个介于 0 和 1 之间的根.

习 题 2.6

1. 证明:$y=\cos x$ 在 $(-\infty,+\infty)$ 内是连续的.

2. 设函数 $f(x)=\begin{cases} x, & 0<x<1 \\ 2, & x=1 \\ 2-x, & 1<x<2 \end{cases}$,讨论函数 $f(x)$ 在 $x=1$ 处的连续性,并求函数的连续区间.

3. 求下列函数的间断点,并指出其类型.

(1) $y=\dfrac{1}{x+1}$;
    (2) $y=\dfrac{\sin x}{x}$;

(3) $y=\begin{cases} x^2-1, & x \geqslant 1 \\ 2+x, & x<1 \end{cases}$;
    (4) $f(x)=\dfrac{e^{\frac{1}{x}}-1}{e^{\frac{1}{x}}+1}$.

4. 讨论函数 $f(x) = \lim\limits_{n \to \infty} \dfrac{x^n - 1}{x^n + 1}$ 的连续性,若有间断点则判断其类型.

5. 求下列极限.

(1) $\lim\limits_{x \to 0} \cos(x + 1)$;

(2) $\lim\limits_{x \to \frac{\pi}{2}} \ln(\sin x)$;

(3) $\lim\limits_{x \to 4} \dfrac{\sqrt{2x + 1} - 3}{\sqrt{x} - 2}$;

(4) $\lim\limits_{x \to 0} \ln \dfrac{\sin 3x}{x}$;

(5) $\lim\limits_{x \to a} \dfrac{\sin x - \sin a}{x - a}$;

(6) $\lim\limits_{x \to 0} \dfrac{\ln(1 + x) - \ln(1 - x)}{x}$;

(7) $\lim\limits_{x \to 0} \dfrac{\ln(1 + x)}{\sqrt{4 + x} - 2}$;

(8) $\lim\limits_{x \to 0} \dfrac{\sqrt{1 + \tan x} - \sqrt{1 + \sin x}}{2x^3}$.

6. 已知 $f(x) = \begin{cases} \mathrm{e}^{\frac{1}{x}} + 1, & x < 0 \\ a, & x = 0 \\ b + \arctan \dfrac{1}{x}, & x > 0 \end{cases}$ 在 $x = 0$ 处连续,求 a 与 b.

7. 证明:方程 $x^5 - 2x^2 - 1 = 0$ 在区间 $(1, 2)$ 内至少有一个根.

8. 证明:方程 $x = a \sin x + b (a > 0, b > 0)$ 至少有一个不超过 $a + b$ 的正根.

9. 若 $\lim\limits_{x \to 1} \dfrac{x^2 + ax + b}{\sin(x^2 - 1)} = 2$,求 a, b 的值.

10. 证明:若 $f(x)$ 与 $g(x)$ 都在 $[a, b]$ 上连续,且 $f(a) < g(a), f(b) > g(b)$,则存在点 $\xi \in (a, b)$,使得 $f(\xi) = g(\xi)$.

*2.7　Matlab 软件简单应用

在 Matlab 命令(Matlab 软件具体使用方法可参考附录 A)中,提供 limit 函数来求取数列的极限,其调用格式如下.

$\lim\limits_{n \to \infty} a_n$ 的 Matlab 命令:

```
L= limit(an,n,inf);
```

$\lim\limits_{x \to +\infty} f(x)$ 的 Matlab 命令:

```
L= limit(f,x,inf);
```

$\lim\limits_{x \to -\infty} f(x)$ 的 Matlab 命令:

```
L= limit(f,x,- inf);
```

$\lim\limits_{x \to a} f(x)$ 的 Matlab 命令:

```
L= limit(f,x,a);
```

$\lim\limits_{x \to a^{+}} f(x)$ 的 Matlab 命令：

```
L= limit(f,x,a,'right');
```

$\lim\limits_{x \to a^{-}} f(x)$ 的 Matlab 命令：

```
L= limit(f,x,a,'left').
```

例 2.7.1　计算 $\lim\limits_{n \to \infty} \dfrac{1}{n}$.

解　输入命令：

```
> > syms n;
> > L= limit(1/n,n,inf);
```

输出结果：L＝0.

例 2.7.2　计算 $\lim\limits_{x \to 1} \dfrac{x^{2}-1}{x-1}$.

解　输入命令：

```
> > syms x;
         > > L= limit((x^2- 1)/(x- 1),x,1);
```

输出结果：L＝2.

例 2.7.3　计算 $\lim\limits_{x \to +\infty} \arctan x$.

解　输入命令：

```
> > syms x;
> > L= limit(atan(x),x,inf);
```

输出结果：L ＝pi/2.

例 2.7.4　设 $f(x)=\dfrac{|x|}{x}$，计算 $\lim\limits_{x \to 0} f(x)$.

解　此函数为分段函数，在 $x=0$ 处要讨论左、右极限.
输入命令：

```
> > Lleft= limit(abs(x)/x,x,0,'left');
```

输出结果：Lleft ＝ －1.

```
Lright= limit(abs(x)/x,x,0,'right');
```

输出结果：Lright ＝1.
由于函数 $f(x)$ 在 $x=0$ 处左、右极限不相等，故 $f(x)$ 在 $x=0$ 处极限不存在.

本 章 小 结

一、内容纲要

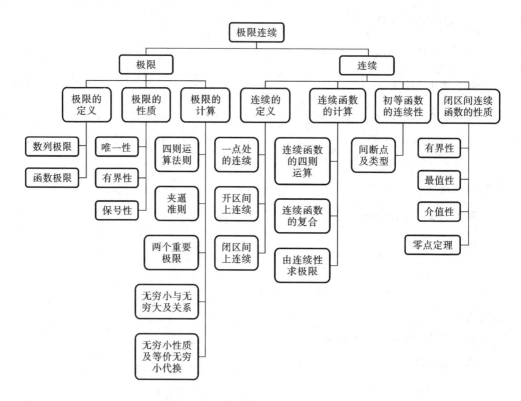

二、部分重难点内容分析

极限的概念和性质，两个重要极限，函数极限的求法，无穷小的概念和无穷小的比较，函数连续性的概念，初等函数的连续性，间断点的求法及间断点类型的判断，闭区间上连续函数的性质及应用.

(1) 在求函数极限时，要注意有时需要分别讨论其左、右极限. 对一些 $x \to \infty$ 的极限，应该注意分别考虑 $x \to +\infty$ 和 $x \to -\infty$ 两种情况.

(2) 在求幂指函数 $[f(x)]^{g(x)}$ 的极限时，可以考虑将其先取对数再求极限，当函数呈"1^∞"型不定式时，也可以将其化成 $\lim\limits_{\alpha(x) \to 0} [1 + \alpha(x)]^{\frac{1}{\alpha(x)}}$ 或 $\lim\limits_{\alpha(x) \to \infty} \left[1 + \dfrac{1}{\alpha(x)}\right]^{\alpha(x)}$ 的形式，或凑指数幂使之成为上述形式，然后利用第二个重要极限求解.

(3) 求函数极限的一个值得推荐的方法是利用等价无穷小替换，有时可使解题过程大大简化，这时要注意进行等价无穷小替换的原则是，只有作为因子的无穷小量才能用与其等价的无穷小替换,而作为加、减项的无穷小则不能用等价无穷小随意替换.

(4) 在讨论函数连续性时,常见两种情况:① $y=f(x)$ 在点 x_0 处的两侧表达式不同,此时函数 $y=f(x)$ 在点 x_0 连续的充分必要条件是 $\lim\limits_{x\to x_0^-}f(x)=\lim\limits_{x\to x_0^+}f(x)=f(x_0)$;② $y=f(x)$ 在点 x_0 处的两侧为同一表达式,此时函数 $y=f(x)$ 在点 x_0 连续的充分必要条件是 $\lim\limits_{x\to x_0}f(x)=f(x_0)$.

(5) 讨论带绝对值符号的函数的极限或连续性时,一般先去掉绝对值符号,将函数改成分段函数,然后再讨论在分段点处函数的左、右极限或左、右连续性.

在求函数的间断点时,需要注意,只有在可去间断点处才可以修改或补充函数在这一点的定义,使得函数在该点连续.

复习题 2

1. 选择题.

(1) 当 $n\to\infty$ 时, $n\sin\dfrac{1}{n}$ 是(　　　).

(A) 无穷小量　　　(B) 无穷大量　　　(C) 无界变量　　　(D) 有界变量

(2) 设 $f(x)=\dfrac{\sqrt{x}-1}{x-1}$,则 $x=1$ 是函数的(　　　).

(A) 连续点　　　(B) 可去间断点　　　(C) 跳跃间断点　　　(D) 无穷间断点

(3) 当 $x\to0$ 时, $\tan x$ 是 $\sin x$ 的(　　　).

(A) 高阶无穷小　　　　　　　　(B) 低阶无穷小

(C) 同阶非等价无穷小　　　　　　(D) 等价无穷小

(4) 函数 $f(x)=\begin{cases}1+\dfrac{1}{x}, & x>0 \\[2mm] \dfrac{1}{x^2+1}, & x\leqslant0\end{cases}$ 在 $x=0$ 点处间断是因为(　　　).

(A) $f(x)$ 在 $x=0$ 无定义　　　　　(B) $f(0^+)\neq f(0^-)$

(C) $\lim\limits_{x\to0}f(x)$ 不存在　　　　　(D) $\lim\limits_{x\to0}f(x)$ 存在,但不等于 $f(0)$

(5) 当 $x\to0$ 时,下列函数为无穷小的是(　　　).

(A) $\dfrac{\sin x}{x}$　　　(B) $x^2+\sin x$　　　(C) $\dfrac{1}{x}\sin(1+x)$　　　(D) $2x-1$

(6) 设函数 $f(x)=\begin{cases}a^x, & x\text{ 是有理数} \\ 0, & x\text{ 是无理数}\end{cases}$, $0<a<1$,则(　　　).

(A) 当 $x\to+\infty$ 时, $f(x)$ 是无穷大　　　(B) 当 $x\to+\infty$ 时, $f(x)$ 是无穷小

(C) 当 $x \to -\infty$ 时,$f(x)$ 是无穷大   (D) 当 $x \to -\infty$ 时,$f(x)$ 是无穷小

(7) 设 $f(x)$ 在 **R** 上有定义,函数 $f(x)$ 在点 x_0 左、右极限都存在且相等是函数 $f(x)$ 在点 x_0 连续的(   ).

(A) 充分条件   (B) 充分且必要条件

(C) 必要条件   (D) 非充分也非必要条件

(8) 若函数 $f(x) = \begin{cases} x^2 + a, & x \geqslant 1 \\ \cos \pi x, & x < 1 \end{cases}$ 在 **R** 上连续,则 a 的值为(   ).

(A) 0   (B) 1   (C) -1 (D) -2

(9) 若函数 $f(x)$ 在某点 x_0 处极限存在,则(   ).

(A) $f(x)$ 在 x_0 处的函数值必存在且等于极限值

(B) $f(x)$ 在 x_0 处函数值必存在,但不一定等于极限值

(C) $f(x)$ 在 x_0 处的函数值可以不存在

(D) 如果 $f(x_0)$ 存在的话,必等于极限值

(10) 数列 $0, \dfrac{1}{3}, \dfrac{2}{4}, \dfrac{3}{5}, \dfrac{4}{6}, \cdots$ 是(   ).

(A) 以 0 为极限   (B) 以 1 为极限

(C) 以 $\dfrac{n-2}{n}$ 为极限   (D) 不存在极限

(11) $\lim\limits_{x \to \infty} x \sin \dfrac{1}{x} = ($ $)$.

(A) ∞ (B) 不存在   (C) 1   (D) 0

(12) $\lim\limits_{x \to \infty} \left(1 - \dfrac{1}{x}\right)^{2x} = ($ $)$.

(A) e^{-2} (B) ∞ (C) 0   (D) $\dfrac{1}{2}$

(13) 无穷小量是(   ).

(A) 比零稍大一点的一个数   (B) 一个很小很小的数

(C) 以零为极限的一个变量   (D) 数零

2. 求下列函数的极限.

(1) $\lim\limits_{n \to \infty} \dfrac{n^2 - 5n + 8}{2n^2 + n + 1}$;

(2) $\lim\limits_{x \to \sqrt{3}} \dfrac{x^2 - 3}{x^4 + x^2 + 1}$;

(3) $\lim\limits_{x \to 0} \left(1 - \dfrac{2}{x-3}\right)$;

(4) $\lim\limits_{x \to 2} \dfrac{x^2 - 3}{x - 2}$;

(5) $\lim\limits_{x \to 1} \dfrac{x^2 - 1}{2x^2 - x - 1}$;

(6) $\lim\limits_{h \to 0} \dfrac{(x+h)^3 - x^3}{h}$;

(7) $\lim\limits_{x \to 1} \dfrac{x^n - 1}{x - 1}$($n$ 为正整数);

(8) $\lim\limits_{u \to \infty} \dfrac{\sqrt[4]{1 + u^3}}{1 + u}$;

(9) $\lim\limits_{n\to\infty}\dfrac{(n-1)^2}{n+1}$；

(10) $\lim\limits_{x\to-\infty}\dfrac{\sqrt{1-x}-3}{2+\sqrt[3]{x}}$；

(11) $\lim\limits_{x\to0}(1+3\sin x)^{2\csc x}$；

(12) $\lim\limits_{x\to\infty}\left(\dfrac{x}{x-1}\right)^x$；

(13) $\lim\limits_{x\to0^+}\left(\dfrac{3-2x}{2-2x}\right)^{\frac{1}{x}}$；

(14) $\lim\limits_{x\to\infty}\left(1+\dfrac{4}{x}\right)^x$；

(15) $\lim\limits_{x\to0}\dfrac{\ln(1+2\sin x)}{x}$；

(16) $\lim\limits_{x\to0}\dfrac{2^{x+1}-2}{x}$；

(17) $\lim\limits_{x\to\infty}\left(1-\dfrac{k}{x}\right)^{\frac{1}{x}}(k\neq0)$；

(18) $\lim\limits_{n\to\infty}2^n\tan\dfrac{x}{2^n}(x\neq0)$.

3. 求极限 $\lim\limits_{n\to\infty}\left(\dfrac{1}{\sqrt{n^2+1}}+\dfrac{1}{\sqrt{n^2+2}}+\cdots+\dfrac{1}{\sqrt{n^2+n}}\right)$.

4. 设 $\lim\limits_{x\to-1}\dfrac{x^3-ax^2-x+4}{x+1}$ 的值为 A，求 a,A 的值.

5. 设 $a>0,b>0,c>0$，求 $\lim\limits_{x\to0}\left(\dfrac{a^x+b^x+c^x}{3}\right)^{\frac{1}{x}}$.

6. 指出下列函数的间断点，并指出间断点类型.

(1) $y=\dfrac{x^2-1}{x-1}e^{\frac{1}{x-1}}$；

(2) $f(x)=\dfrac{x^2-1}{x(x-1)}$；

(3) $f(x)=\begin{cases}x, & -1\leqslant x\leqslant1\\ 0, & \text{其他}\end{cases}$.

7. 证明：方程 $x+e^x=0$ 在区间 $(-1,1)$ 内至少有一根.

8. 证明：若函数 $f(x)=x+\sin x$，则在区间 $[-1,0]$ 内至少有一点 x_0，使得 $f(x_0)=-1$.

第 3 章　导数与微分

微积分学包含微分学和积分学两部分,而导数和微分是微分学的重要内容.导数反映了函数相对于自变量变化的快慢程度,微分则指明了当自变量有微小变化时,函数大体上变化了多少,即函数的局部改变量的估值.在自然科学的许多领域里,很多问题都可归结为导数的问题,如物理学中的速度、加速度等,化学中的反应速度等,几何学中曲线上某一点的切线的斜率等,经济学中的边际函数等.本章将从两个实际问题出发抽象出导数的概念,进而讨论导数和微分的性质以及计算方法和简单应用.

3.1　导数的概念

先来看两个例子:

例 3.1.1　质点做变速直线运动的瞬时速度问题.

现有一质点做变速直线运动,质点的运动路程 s 与运动时间 t 的函数关系式记为 $s=s(t)$,求在 t_0 时刻质点的瞬时速度 $v(t_0)$ 为多少?

整体来说速度是变化的,但局部来说速度可以近似看成是不变的.设质点从时刻 t_0 改变到时刻 $t_0+\Delta t$,在时间增量 Δt 内,质点经过的路程为 $\Delta s=s(t_0+\Delta t)-s(t_0)$,在 Δt 时间内的平均速度为

$$\bar{v}=\frac{\Delta s}{\Delta t}=\frac{s(t_0+\Delta t)-s(t_0)}{\Delta t}$$

当时间增量 $|\Delta t|$ 越小时,平均速度 $\bar{v}$ 越接近于时刻 t_0 的瞬时速度 $v(t_0)$,于是当 $\Delta t\to 0$ 时,$\bar{v}$ 的极限就是质点在时刻 t_0 时的瞬时速度 $v(t_0)$,即

$$v(t_0)=\lim_{\Delta t\to 0}\bar{v}=\lim_{\Delta t\to 0}\frac{\Delta s}{\Delta t}=\lim_{\Delta t\to 0}\frac{s(t_0+\Delta t)-s(t_0)}{\Delta t}$$

例 3.1.2　平面曲线的切线斜率问题.

已知曲线 $C:y=f(x)$,求曲线 C 上点 $M_0(x_0,y_0)$ 处的切线斜率.

欲求曲线 C 上点 $M_0(x_0,y_0)$ 的切线斜率,由切线为割线的极限位置,容易想到切线的斜率应是割线斜率的极限.

如图 3.1.1 所示,取曲线 C 上另外一点 $M(x_0+\Delta x,y_0+\Delta y)$,则割线 M_0M 的斜率为

$$k_{M_0M}=\tan\varphi=\frac{\Delta y}{\Delta x}=\frac{f(x_0+\Delta x)-f(x_0)}{\Delta x}$$

当点 M 沿曲线 C 趋于 M_0 时,即当 $\Delta x\to 0$ 时,M_0M 的极限位置就是曲线 C 在点

M_0 的切线 M_0T,此时割线的倾斜角 φ 趋于切线的倾斜角 α,故切线的斜率为

$$k=\lim_{\Delta x\to 0}\tan\varphi=\lim_{\Delta x\to 0}\frac{\Delta y}{\Delta x}=\lim_{\Delta x\to 0}\frac{f(x_0+\Delta x)-f(x_0)}{\Delta x}$$

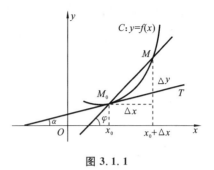

图 3.1.1

抛开上述两个实例的实际背景,从数学角度看,它们有着相同的数学形式,即当自变量的改变量趋于零时,求函数的改变量与自变量的改变量之比的极限. 在自然科学、社会科学和经济领域中,许多问题都可以转化为上述极限形式进行研究,如电流强度、人口增长速度、国内生产总值的增长率、边际成本和边际利润等. 因此,我们舍弃这些问题的实际意义,抽象出它们数量关系上的共同本质——导数.

3.1.1　导数的概念

1. 函数在某一点处的导数

定义 3.1.1　设函数 $y=f(x)$ 在点 x_0 的某邻域 $U(x_0,\delta)$ 内有定义,自变量 x 在 x_0 处取得增量 Δx,且 $x_0+\Delta x\in U(x_0,\delta)$ 时,函数取得相应的增量 $\Delta y=f(x_0+\Delta x)-f(x_0)$,如果极限

$$\lim_{\Delta x\to 0}\frac{\Delta y}{\Delta x}=\lim_{\Delta x\to 0}\frac{f(x_0+\Delta x)-f(x_0)}{\Delta x}$$

存在,那么称函数 $y=f(x)$ 在点 x_0 可导,并称此极限值为函数 $y=f(x)$ 在点 x_0 的导数,记作 $f'(x_0)$,$y'|_{x=x_0}$,$\left.\dfrac{\mathrm{d}y}{\mathrm{d}x}\right|_{x=x_0}$,$\left.\dfrac{\mathrm{d}f(x)}{\mathrm{d}x}\right|_{x=x_0}$,即

$$f'(x_0)=\lim_{\Delta x\to 0}\frac{f(x_0+\Delta x)-f(x_0)}{\Delta x}$$

注:(1) 由导数的定义可得与其等价的定义形式

$$f'(x_0)=\lim_{x\to x_0}\frac{f(x)-f(x_0)}{x-x_0}$$

$$f'(x_0)=\lim_{h\to 0}\frac{f(x_0+h)-f(x_0)}{h}$$

(2) 若极限 $\lim\limits_{\Delta x\to 0}\dfrac{\Delta y}{\Delta x}$ 不存在,则称函数 $y=f(x)$ 在点 x_0 不可导. 特别地,若 $\lim\limits_{\Delta x\to 0}\dfrac{\Delta y}{\Delta x}=\infty$,也可称函数 $y=f(x)$ 在点 x_0 的导数为无穷大,此时 $y=f(x)$ 在点 x_0 的切线存在,它是垂直于 x 轴的直线 $x=x_0$.

例 3.1.1　设 $f(x)=\dfrac{1}{x}$,求 $f'(3)$.

解 根据导数的等价定义,可得

$$f'(3) = \lim_{x \to 3} \frac{f(x) - f(3)}{x - 3} = \lim_{x \to 3} \frac{1}{x - 3} \left(\frac{1}{x} - \frac{1}{3} \right) = \lim_{x \to 3} \frac{-1}{3x} = -\frac{1}{9}$$

例 3.1.2 设 $f'(x_0) = -2$,求下列极限:

(1) $\lim_{\Delta x \to 0} \dfrac{f(x_0 + 3\Delta x) - f(x_0)}{\Delta x}$;   (2) $\lim_{h \to 0} \dfrac{f(x_0 + h) - f(x_0 - h)}{h}$.

解

(1) $\lim_{\Delta x \to 0} \dfrac{f(x_0 + 3\Delta x) - f(x_0)}{\Delta x} = 3 \lim_{\Delta x \to 0} \dfrac{f(x_0 + 3\Delta x) - f(x_0)}{3\Delta x} = 3f'(x_0) = -6$

(2) $\lim_{h \to 0} \dfrac{f(x_0 + h) - f(x_0 - h)}{h} = \lim_{h \to 0} \dfrac{f(x_0 + h) - f(x_0) + f(x_0) - f(x_0 - h)}{h}$

$$= \lim_{h \to 0} \frac{f(x_0 + h) - f(x_0)}{h} + \lim_{h \to 0} \frac{f(x_0 - h) - f(x_0)}{-h}$$

$$= 2f'(x_0) = -4$$

2. 单侧导数

导数是由函数的极限来定义的,因为极限存在左、右极限,所以导数也存在左、右导数的定义.

定义 3.1.2 (1)设函数 $y = f(x)$ 在点 x_0 的某左邻域内有定义,当自变量 x 在点 x_0 左侧取得增量 Δx 时,如果极限 $\lim\limits_{\Delta x \to 0^-} \dfrac{f(x_0 + \Delta x) - f(x_0)}{\Delta x}$ 或 $\lim\limits_{x \to x_0^-} \dfrac{f(x) - f(x_0)}{x - x_0}$ 存在,则称此极限值为 $y = f(x)$ 在点 x_0 的左导数,记作 $f'_-(x_0)$,即

$$f'_-(x_0) = \lim_{\Delta x \to 0^-} \frac{f(x_0 + \Delta x) - f(x_0)}{\Delta x} = \lim_{x \to x_0^-} \frac{f(x) - f(x_0)}{x - x_0}$$

(2)设函数 $y = f(x)$ 在点 x_0 的某右邻域内有定义,当自变量 x 在点 x_0 右侧取得增量 Δx 时,如果极限 $\lim\limits_{\Delta x \to 0^+} \dfrac{f(x_0 + \Delta x) - f(x_0)}{\Delta x}$ 或 $\lim\limits_{x \to x_0^+} \dfrac{f(x) - f(x_0)}{x - x_0}$ 存在,则称此极限值为 $y = f(x)$ 在点 x_0 的右导数,记作 $f'_+(x_0)$,即

$$f'_+(x_0) = \lim_{\Delta x \to 0^+} \frac{f(x_0 + \Delta x) - f(x_0)}{\Delta x} = \lim_{x \to x_0^+} \frac{f(x) - f(x_0)}{x - x_0}$$

由极限存在的充要条件可得函数 $y = f(x)$ 在点 x_0 可导的充要条件如下.

定理 3.1.1 函数 $y = f(x)$ 在点 x_0 可导 $\Leftrightarrow f'_-(x_0)$ 和 $f'_+(x_0)$ 均存在且相等.

例 3.1.3 研究函数 $f(x) = |x|$ 在点 $x = 0$ 的可导性.

解 因为 $f(x) = \begin{cases} -x, & x < 0 \\ x, & x \geqslant 0 \end{cases}$,所以

$$f'_-(0) = \lim_{x \to 0^-} \frac{f(x) - f(0)}{x - 0} = \lim_{x \to 0^-} \frac{-x}{x} = -1$$

$$f'_+(0) = \lim_{x \to 0^+} \frac{f(x) - f(0)}{x - 0} = \lim_{x \to 0^+} \frac{x}{x} = 1$$

从而 $f'_-(0) \neq f'_+(0)$，因此 $f(x) = |x|$ 在点 $x = 0$ 不可导.

3. 导函数

定义 3.1.3　(1) 若函数 $y = f(x)$ 在区间 (a, b) 内每一点均可导，则称 $y = f(x)$ 在区间 (a, b) 内可导；

(2) 若函数 $y = f(x)$ 在区间 (a, b) 内可导，在区间左端点 a 的右导数 $f'_+(a)$ 和区间右端点 b 的左导数 $f'_-(b)$ 均存在，则称 $y = f(x)$ 在闭区间 $[a, b]$ 上可导.

定义 3.1.4　若函数 $y = f(x)$ 在区间 I（可以是开区间、闭区间或半开半闭区间）上可导，且对于任意的 $x \in I$，都对应着一个导数值 $f'(x)$，其是自变量 x 的新函数，则称 $f'(x)$ 为 $y = f(x)$ 在区间 I 上的**导函数**，记作 $f'(x)$，y'，$\dfrac{\mathrm{d}f(x)}{\mathrm{d}x}$，$\dfrac{\mathrm{d}y}{\mathrm{d}x}$，即

$$f'(x) = \lim_{\Delta x \to 0} \frac{f(x + \Delta x) - f(x)}{\Delta x} \text{ 或 } f'(x) = \lim_{h \to 0} \frac{f(x + h) - f(x)}{h}$$

注：(1) 在导函数的定义式中，虽然 x 可以取区间 I 上的任意值，但在求极限的过程中，x 是常数，Δx 和 h 是变量.

(2) 导函数简称为导数，只要没有指明是特定点的导数时所说的导数都是指导函数. 显然函数 $f(x)$ 在点 x_0 处的导数 $f'(x_0)$ 就是导函数 $f'(x)$ 在点 x_0 处的函数值，即 $f'(x_0) = f'(x)\big|_{x = x_0}$.

下面利用导数的定义求一些简单函数的导数.

例 3.1.4　求常值函数 $f(x) = C$（C 为常数）的导数.

解　$f'(x) = \lim\limits_{\Delta x \to 0} \dfrac{f(x + \Delta x) - f(x)}{\Delta x} = \lim\limits_{\Delta x \to 0} \dfrac{C - C}{\Delta x} = 0$

即得常值函数的导数公式：

$$(C)' = 0$$

例 3.1.5　求正弦函数 $f(x) = \sin x$ 的导数.

解　$f'(x) = \lim\limits_{\Delta x \to 0} \dfrac{f(x + \Delta x) - f(x)}{\Delta x} = \lim\limits_{\Delta x \to 0} \dfrac{\sin(x + \Delta x) - \sin x}{\Delta x}$

$$= \lim_{\Delta x \to 0} \frac{2 \sin \dfrac{\Delta x}{2} \cos\left(x + \dfrac{\Delta x}{2}\right)}{\Delta x} = \lim_{\Delta x \to 0} \frac{\sin \dfrac{\Delta x}{2}}{\dfrac{\Delta x}{2}} \cos\left(x + \frac{\Delta x}{2}\right) = \cos x$$

即得正弦函数的导数公式：

$$(\sin x)' = \cos x$$

类似可得余弦函数的导数公式：

$$(\cos x)' = -\sin x$$

例 3.1.6　求指数函数 $f(x) = a^x$（$a > 0$，$a \neq 1$）的导数.

解 $f'(x)=\lim\limits_{h\to0}\dfrac{f(x+h)-f(x)}{h}=\lim\limits_{h\to0}\dfrac{a^{x+h}-a^{x}}{h}=a^{x}\lim\limits_{h\to0}\dfrac{a^{h}-1}{h}$

由于当 $h\to0$ 时,$a^{h}-1\sim h\ln a$,所以

$$f'(x)=a^{x}\lim\limits_{h\to0}\dfrac{h\ln a}{h}=a^{x}\ln a$$

即得指数函数的导数公式:

$$(a^{x})'=a^{x}\ln a$$

特别地,

$$(e^{x})'=e^{x}$$

例 3.1.7 求对数函数 $f(x)=\log_{a}x(a>0,a\neq1)$ 的导数.

解 $f'(x)=\lim\limits_{h\to0}\dfrac{f(x+h)-f(x)}{h}=\lim\limits_{h\to0}\dfrac{\log_{a}(x+h)-\log_{a}x}{h}=\lim\limits_{h\to0}\dfrac{1}{h}\log_{a}\dfrac{x+h}{x}$

$=\lim\limits_{h\to0}\dfrac{1}{x}\cdot\dfrac{x}{h}\log_{a}\left(1+\dfrac{h}{x}\right)=\dfrac{1}{x}\lim\limits_{h\to0}\log_{a}\left(1+\dfrac{h}{x}\right)^{\frac{x}{h}}=\dfrac{1}{x}\log_{a}e=\dfrac{1}{x\ln a}$

即得对数函数的导数公式:

$$(\log_{a}x)'=\dfrac{1}{x\ln a}$$

特别地,

$$(\ln x)'=\dfrac{1}{x}$$

例 3.1.8 求幂函数 $f(x)=x^{\mu}$ 的导数.

解 $f'(x)=\lim\limits_{h\to0}\dfrac{f(x+h)-f(x)}{h}=\lim\limits_{h\to0}\dfrac{(x+h)^{\mu}-x^{\mu}}{h}$

$=\lim\limits_{h\to0}x^{\mu}\dfrac{\left(1+\dfrac{h}{x}\right)^{\mu}-1}{h}(x\neq0)$

因为当 $h\to0$ 时,$\dfrac{h}{x}\to0$,从而 $\left(1+\dfrac{h}{x}\right)^{\mu}-1\sim\mu\dfrac{h}{x}$,故

$$f'(x)=\lim\limits_{h\to0}x^{\mu}\cdot\dfrac{\mu\dfrac{h}{x}}{h}=\mu x^{\mu-1}$$

即得幂函数的导数公式:

$$(x^{\mu})'=\mu x^{\mu-1}$$

3.1.2 导数的几何意义

函数 $f(x)$ 在 x_0 点可导时,导数 $f'(x_0)$ 在几何上表示曲线 $y=f(x)$ 在点 $(x_0,f(x_0))$ 处的切线斜率(见图 3.1.1).

由此可得,曲线 $y=f(x)$ 在 $(x_0,f(x_0))$ 处的切线方程为

$$y - f(x_0) = f'(x_0)(x - x_0)$$

若 $f'(x_0) = \infty$,可得切线的倾斜角为 $\frac{\pi}{2}$,此时切线方程为 $x = x_0$.

当 $f'(x_0) \neq 0$ 时,曲线 $y = f(x)$ 在 $(x_0, f(x_0))$ 处的法线方程为

$$y - f(x_0) = -\frac{1}{f'(x_0)}(x - x_0)$$

若 $f'(x_0) = 0$,则法线方程为 $x = x_0$.

例 3.1.9　求函数 $y = x^2$ 在点 $(1,1)$ 处的切线的斜率,并写出在该点的切线方程和法线方程.

解　根据导数的几何意义,函数 $y = x^2$ 在点 $(1,1)$ 处的切线的斜率为

$$k = f'(x)\big|_{x=1} = 2x\big|_{x=1} = 2$$

从而所求的切线方程为

$$y - 1 = 2(x - 1)$$

即

$$2x - y - 1 = 0$$

所求法线的斜率为

$$k_1 = -\frac{1}{k} = -\frac{1}{2}$$

从而所求的法线的方程为

$$y - 1 = -\frac{1}{2}(x - 1)$$

即

$$x + 2y - 3 = 0$$

3.1.3　函数可导性与连续性的关系

定理 3.1.2　如果函数 $y = f(x)$ 在点 x_0 处可导,那么 $y = f(x)$ 在点 x_0 处连续.

证　因为 $y = f(x)$ 在点 x_0 处可导,即

$$f'(x_0) = \lim_{\Delta x \to 0} \frac{\Delta y}{\Delta x}$$

其中,$\Delta y = f(x_0 + \Delta x) - f(x_0)$,所以

$$\lim_{\Delta x \to 0} \Delta y = \lim_{\Delta x \to 0}\left(\frac{\Delta y}{\Delta x} \cdot \Delta x\right) = \lim_{\Delta x \to 0}\frac{\Delta y}{\Delta x} \cdot \lim_{\Delta x \to 0}\Delta x = f'(x_0) \cdot 0 = 0$$

根据连续的定义可知,$y = f(x)$ 在点 x_0 处连续.

注:(1) 定理 3.1.2 的逆命题不成立,即连续函数不一定可导.

(2) 定理 3.1.2 的逆否命题成立:如果函数在某一点不连续,那么函数在该点一定不可导.

例 3.1.10 讨论函数 $f(x)=\begin{cases} x\sin\dfrac{1}{x}, & x\neq 0 \\ 0, & x=0 \end{cases}$ 在点 $x=0$ 处的连续性与可导性.

解 因为

$$\lim_{x\to 0}f(x)=\lim_{x\to 0}x\cdot\sin\frac{1}{x}=0=f(0)$$

所以 $f(x)$ 在点 $x=0$ 处连续.

又因为

$$f'(0)=\lim_{x\to 0}\frac{f(x)-f(0)}{x-0}=\lim_{\Delta x\to 0}\frac{x\sin\dfrac{1}{x}}{x}=\lim_{\Delta x\to 0}\sin\frac{1}{x}$$

不存在,所以 $f(x)$ 在点 $x=0$ 处不可导.

例 3.1.11 讨论函数 $f(x)=\begin{cases} x^2, & x<1 \\ 2x, & x\geqslant 1 \end{cases}$ 在点 $x=1$ 处的连续性与可导性.

解 因为

$$\lim_{x\to 1^-}f(x)=1,\qquad \lim_{x\to 1^+}f(x)=2$$

所以 $f(x)$ 在点 $x=1$ 处不连续,从而 $f(x)$ 在点 $x=1$ 处不可导.

例 3.1.12 设函数 $f(x)=\begin{cases} e^x, & x\leqslant 0 \\ x^2+ax+b, & x>0 \end{cases}$ 在点 $x=0$ 处可导,求 a,b.

解 由于 $f(x)$ 在点 $x=0$ 处可导,所以 $f(x)$ 在点 $x=0$ 处必连续,即

$$\lim_{x\to 0^-}f(x)=\lim_{x\to 0^+}f(x)=f(0)$$

因为

$$\lim_{x\to 0^-}f(x)=\lim_{x\to 0^-}e^x=1$$
$$\lim_{x\to 0^+}f(x)=\lim_{x\to 0^+}(x^2+ax+b)=b$$
$$f(0)=1$$

所以可得 $b=1$.

又因为

$$f'_-(0)=\lim_{x\to 0^-}\frac{f(x)-f(0)}{x-0}=\lim_{x\to 0^-}\frac{e^x-1}{x}=1$$
$$f'_+(0)=\lim_{x\to 0^+}\frac{f(x)-f(0)}{x-0}=\lim_{x\to 0^+}\frac{x^2+ax+1-1}{x}=a$$

要使 $f(x)$ 在点 $x=0$ 处可导,则应有 $f'_-(0)=f'_+(0)$,即 $a=1$.所以,如果 $f(x)$ 在点 $x=0$ 处可导,则有 $a=1,b=1$.

习　题　3.1

1. 已知物体的运动规律为 $s = t + t^2 (\text{m})$,求:

(1) 物体在 1 s 到 2 s 这一时间段的平均速度;

(2) 物体在 2 s 时的瞬时速度.

2. 设 $f(x) = \sqrt{x}$,按定义求 $f'(4)$.

3. 设 $f'(x_0)$ 存在,指出下列极限各表示什么.

(1) $\lim\limits_{\Delta x \to 0} \dfrac{f(x_0 - \Delta x) - f(x_0)}{\Delta x}$;　　　　(2) $\lim\limits_{h \to 0} \dfrac{f(x_0) - f(x_0 + h)}{h}$;

(3) $\lim\limits_{x \to 0} \dfrac{f(x)}{x}$(设 $f(0) = 0$ 且 $f'(0)$ 存在).

4. 设函数 $f(x)$ 在点 $x = 1$ 处连续,且 $\lim\limits_{x \to 1} \dfrac{f(x)}{x - 1} = 2$,求 $f'(1)$.

5. 已知函数 $f(x) = \begin{cases} \dfrac{x}{1 + e^{\frac{1}{x}}}, & x \neq 0 \\ 0, & x = 0 \end{cases}$,求 $f'_+(0)$ 和 $f'_-(0)$,判定 $f'(0)$ 是否存在.

6. 求曲线 $y = e^x$ 在点 $(0, 1)$ 处的切线方程和法线方程.

7. 试讨论函数 $f(x) = \begin{cases} x^2 \sin \dfrac{1}{x}, & x \neq 0 \\ 0, & x = 0 \end{cases}$ 在 $x = 0$ 处的连续性与可导性.

8. 设函数 $f(x) = \begin{cases} x^2, & x \leqslant 1 \\ ax + b, & x > 1 \end{cases}$ 在 $x = 1$ 处可导,求 a, b 的值.

3.2　导数的运算

利用导数的定义可以求一些基本初等函数的导数,但对于比较复杂的函数,利用导数定义来计算是比较麻烦的. 为此,我们需要研究导数的运算法则. 因此,本节将介绍几种常用的求导法则,利用这些法则和基本求导公式就能比较简单地求一般初等函数的导数.

3.2.1　函数的和、差、积、商的求导法则

定理 3.2.1　如果函数 $u(x)$ 和 $v(x)$ 都在点 x 处可导,那么它们的和、差、积、商(除分母为零的点外)都在点 x 处可导,且

(1) $[u(x) \pm v(x)]' = u'(x) \pm v'(x)$;

(2) $[u(x) \cdot v(x)]' = u'(x) \cdot v(x) + u(x) \cdot v'(x)$,

特别地,$[C \cdot u(x)]' = C \cdot u'(x)$（$C$ 为常数）；

(3) $\left[\dfrac{u(x)}{v(x)}\right]' = \dfrac{u'(x) \cdot v(x) - u(x) \cdot v'(x)}{v^2(x)}$（$v(x) \neq 0$）,

特别地,$\left[\dfrac{1}{v(x)}\right]' = -\dfrac{v'(x)}{v^2(x)}$（$v(x) \neq 0$）.

证 (1) $[u(x) \pm v(x)]' = \lim\limits_{h \to 0} \dfrac{[u(x+h) \pm v(x+h)] - [u(x) \pm v(x)]}{h}$

$$= \lim_{h \to 0} \frac{u(x+h) - u(x)}{h} \pm \lim_{h \to 0} \frac{v(x+h) - v(x)}{h}$$

$$= u'(x) \pm v'(x)$$

(2) $[u(x) \cdot v(x)]'$

$$= \lim_{h \to 0} \frac{u(x+h) \cdot v(x+h) - u(x) \cdot v(x)}{h}$$

$$= \lim_{h \to 0}\left[\frac{u(x+h) - u(x)}{h} \cdot v(x+h) + u(x) \cdot \frac{v(x+h) - v(x)}{h}\right]$$

$$= \lim_{h \to 0} \frac{u(x+h) - u(x)}{h} \cdot \lim_{h \to 0} v(x+h) + \lim_{h \to 0} u(x) \cdot \lim_{h \to 0} \frac{v(x+h) - v(x)}{h}$$

由于 $v(x)$ 在点 x 处可导,从而其在点 x 处连续,故

$$[u(x) \cdot v(x)]' = u'(x) \cdot v(x) + u(x) \cdot v'(x)$$

(3) 先考虑特殊情况. 当 $v(x) \neq 0$ 时,

$$\lim_{z \to x} \frac{\frac{1}{v(z)} - \frac{1}{v(x)}}{z - x} = \lim_{z \to x} \frac{-1}{v(z) \cdot v(x)} \cdot \frac{v(z) - v(x)}{z - x}$$

由于 $v(z)$ 在点 x 处可导,从而其在点 x 处连续,故

$$\lim_{z \to x} \frac{-1}{v(z) \cdot v(x)} \cdot \frac{v(z) - v(x)}{z - x} = -\frac{v'(x)}{v^2(x)}$$

因此,函数 $\dfrac{1}{v(x)}$ 在点 x 处可导,且 $\left[\dfrac{1}{v(x)}\right]' = -\dfrac{v'(x)}{v^2(x)}$（$v(x) \neq 0$）. 于是

$$\left[\frac{u(x)}{v(x)}\right]' = \left[u(x) \cdot \frac{1}{v(x)}\right]' = u'(x) \cdot \frac{1}{v(x)} + u(x) \cdot \left[\frac{1}{v(x)}\right]'$$

$$= u'(x) \cdot \frac{1}{v(x)} + u(x) \cdot \frac{-v'(x)}{v^2(x)}$$

$$= \frac{u'(x) \cdot v(x) - u(x) \cdot v'(x)}{v^2(x)}（v(x) \neq 0）$$

注：(1) 定理 3.2.1(1) 可以推广到有限个可导函数的和与差的求导. 如

$$[u(x) \pm v(x) \pm w(x)]' = u'(x) \pm v'(x) \pm w'(x)$$

(2) 定理 3.2.1(2) 可以推广到有限个可导函数的积的求导. 如

$$[u(x) \cdot v(x) \cdot w(x)]'$$
$$= u'(x) \cdot v(x) \cdot w(x) + u(x) \cdot v'(x) \cdot w(x) + u(x) \cdot v(x) \cdot w'(x)$$

(3) 定理 3.2.1(3) 可简单地表示为 $\left(\dfrac{u}{v}\right)' = \dfrac{u'v - uv'}{v^2}$.

例 3.2.1 设 $f(x) = x^3 + 2^x + \ln 2$, 求 $f'(x)$.

解 $f'(x) = (x^3 + 2^x + \ln 2)' = (x^3)' + (2^x)' + (\ln 2)' = 3x^2 + 2^x \ln 2$

例 3.2.2 设 $f(x) = \mathrm{e}^x \sin x$, 求 $f'(x)$.

解 $f'(x) = (\mathrm{e}^x \sin x)' = (\mathrm{e}^x)' \sin x + \mathrm{e}^x (\sin x)' = \mathrm{e}^x (\sin x + \cos x)$

例 3.2.3 设 $f(x) = x\mathrm{e}^x \ln x$, 求 $f'(x)$.

解 $f'(x) = (x\mathrm{e}^x \ln x)' = (x)' \mathrm{e}^x \ln x + x (\mathrm{e}^x)' \ln x + x\mathrm{e}^x (\ln x)'$

$$= \mathrm{e}^x \ln x + x\mathrm{e}^x \ln x + x\mathrm{e}^x \frac{1}{x} = \mathrm{e}^x (1 + \ln x + x \ln x)$$

例 3.2.4 设 $f(x) = \tan x$, 求 $f'(x)$.

解 $f'(x) = (\tan x)' = \left(\dfrac{\sin x}{\cos x}\right)' = \dfrac{(\sin x)' \cos x - \sin x (\cos x)'}{\cos^2 x}$

$$= \frac{\cos^2 x + \sin^2 x}{\cos^2 x} = \frac{1}{\cos^2 x} = \sec^2 x$$

即得正切函数的导数公式:

$$(\tan x)' = \sec^2 x$$

类似可得余切函数的导数公式:

$$(\cot x)' = -\csc^2 x$$

例 3.2.5 设 $f(x) = \sec x$, 求 $f'(x)$.

解 $f'(x) = (\sec x)' = \left(\dfrac{1}{\cos x}\right)' = -\dfrac{(\cos x)'}{\cos^2 x} = \dfrac{\sin x}{\cos^2 x} = \sec x \tan x$

即得正割函数的导数公式:

$$(\sec x)' = \sec x \tan x$$

类似可得余割函数的导数公式:

$$(\csc x)' = -\csc x \cot x$$

3.2.2 反函数的求导法则

定理 3.2.2 如果函数 $x = f(y)$ 在区间 I_y 内单调、可导且 $f'(y) \neq 0$, 那么它的反函数 $y = f^{-1}(x)$ 在区间 $I_x = \{x \mid x = f(y), y \in I_y\}$ 内也可导, 且

$$[f^{-1}(x)]' = \frac{1}{f'(y)} \quad \text{或} \quad \frac{\mathrm{d}y}{\mathrm{d}x} = \frac{1}{\dfrac{\mathrm{d}x}{\mathrm{d}y}}$$

这个定理表明:**反函数的导数等于直接函数的导数的倒数.**

证 由于 $x = f(y)$ 在区间 I_y 内单调、可导(一定连续), 从而可知 $x = f(y)$ 的反

函数 $y=f^{-1}(x)$ 存在,且 $f^{-1}(x)$ 在区间 I_x 内也单调、连续.

取 $\forall x \in I_x$,给 x 以增量 $\Delta x(\Delta x \neq 0, x+\Delta x \in I_x)$,由 $y=f^{-1}(x)$ 的单调性可知

$$\Delta y = f^{-1}(x+\Delta x)-f^{-1}(x) \neq 0$$

于是有

$$\frac{\Delta y}{\Delta x} = \frac{1}{\dfrac{\Delta x}{\Delta y}}$$

由于 $y=f^{-1}(x)$ 连续,所以

$$\lim_{\Delta x \to 0} \Delta y = 0$$

从而

$$[f^{-1}(x)]' = \lim_{\Delta x \to 0} \frac{\Delta y}{\Delta x} = \lim_{\Delta y \to 0} \frac{1}{\dfrac{\Delta x}{\Delta y}} = \frac{1}{f'(y)}$$

例 3.2.6 设 $y = \arcsin x (-1 < x < 1)$,求 y'.

解 因为 $y = \arcsin x(-1 < x < 1)$ 的反函数 $x = \sin y$ 在区间 $I_y = \left(-\dfrac{\pi}{2}, \dfrac{\pi}{2}\right)$ 内单调可导,且 $(\sin y)' = \cos y \neq 0$. 又因为在 $\left(-\dfrac{\pi}{2}, \dfrac{\pi}{2}\right)$ 内有 $\cos y = \sqrt{1-\sin^2 y}$,所以在对应区间 $I_x = (-1,1)$ 内有

$$(\arcsin x)' = \frac{1}{(\sin y)'} = \frac{1}{\cos y} = \frac{1}{\sqrt{1-\sin^2 y}} = \frac{1}{\sqrt{1-x^2}}$$

即得到反正弦函数的导数公式:

$$(\arcsin x)' = \frac{1}{\sqrt{1-x^2}} \quad (-1 < x < 1)$$

类似可得反余弦函数的导数公式:

$$(\arccos x)' = -\frac{1}{\sqrt{1-x^2}} \quad (-1 < x < 1)$$

例 3.2.7 设 $y = \arctan x(x \in (-\infty, +\infty))$,求 y'.

解 因为 $y = \arctan x(-\infty < x < +\infty)$ 的反函数 $x = \tan y$ 在区间 $I_y = \left(-\dfrac{\pi}{2}, \dfrac{\pi}{2}\right)$ 内单调可导,且 $(\tan y)' = \sec^2 y \neq 0$,所以在对应区间 $I_x = (-\infty, +\infty)$ 内有

$$(\arctan x)' = \frac{1}{(\tan y)'} = \frac{1}{\sec^2 y} = \frac{1}{1+\tan^2 y} = \frac{1}{1+x^2}$$

即得反正切函数的导数公式:

$$(\arctan x)' = \frac{1}{1+x^2} (x \in (-\infty, +\infty))$$

类似可得反余切函数的导数公式：

$$(\operatorname{arccot} x)' = -\frac{1}{1+x^2} \quad (x \in (-\infty, +\infty))$$

例 3.2.8 设 $y = \log_a x \, (a > 0, a \ne 1)$，求 y'.

解 因为 $y = \log_a x$ 的反函数是 $x = a^y$ 在区间 $I_y = (-\infty, +\infty)$ 内单调可导，且

$$(a^y)' = a^y \ln a \ne 0$$

所以在对应区间 $(0, +\infty)$ 内有

$$(\log_a x)' = \frac{1}{(a^y)'} = \frac{1}{a^y \ln a} = \frac{1}{x \ln a}$$

即得对数函数的导数公式：

$$(\log_a x)' = \frac{1}{x \ln a}$$

3.2.3 复合函数的求导法则

定理 3.2.3 如果函数 $u = g(x)$ 在点 x 可导，函数 $y = f(u)$ 在相应点 $u = g(x)$ 可导，那么复合函数 $y = f(g(x))$ 在点 x 处可导，且其导数为

$$\frac{\mathrm{d}y}{\mathrm{d}x} = f'(u) \cdot g'(x) \quad \text{或} \quad \frac{\mathrm{d}y}{\mathrm{d}x} = \frac{\mathrm{d}y}{\mathrm{d}u} \cdot \frac{\mathrm{d}u}{\mathrm{d}x}$$

证 因为 $y = f(u)$ 在点 u 可导，所以

$$\lim_{\Delta u \to 0} \frac{\Delta y}{\Delta u} = f'(u)$$

存在，于是根据极限与无穷小的关系可得

$$\frac{\Delta y}{\Delta u} = f'(u) + \alpha$$

其中，α 是 $\Delta u \to 0$ 时的无穷小. 由于上式中 $\Delta u \ne 0$，在其两边同乘 Δu，可得

$$\Delta y = f'(u) \cdot \Delta u + \alpha \cdot \Delta u$$

用 $\Delta x \ne 0$ 除上式两边，可得

$$\frac{\Delta y}{\Delta x} = f'(u) \cdot \frac{\Delta u}{\Delta x} + \alpha \cdot \frac{\Delta u}{\Delta x}$$

于是

$$\frac{\mathrm{d}y}{\mathrm{d}x} = \lim_{\Delta x \to 0} \frac{\Delta y}{\Delta x} = \lim_{\Delta x \to 0} \left[f'(u) \cdot \frac{\Delta u}{\Delta x} + \alpha \cdot \frac{\Delta u}{\Delta x} \right]$$

根据函数在某点可导必在该点连续的性质可知，当 $\Delta x \to 0$ 时，$\Delta u \to 0$，从而可得

$$\lim_{\Delta x \to 0} \alpha = \lim_{\Delta u \to 0} \alpha = 0$$

又因为 $u = g(x)$ 在点 x 可导，所以

$$\lim_{\Delta x \to 0} \frac{\Delta u}{\Delta x} = g'(x)$$

故

$$\frac{dy}{dx} = \lim_{\Delta x \to 0}\left[f'(u) \cdot \frac{\Delta u}{\Delta x} + \alpha \cdot \frac{\Delta u}{\Delta x}\right] = f'(u) \cdot g'(x)$$

如果 $\Delta u = 0$，规定 $\alpha = 0$，那么 $\Delta y = 0$，此时 $\Delta y = f'(u) \cdot \Delta u + \alpha \cdot \Delta u$ 仍成立，从而仍有

$$\frac{dy}{dx} = f'(u) \cdot g'(x)$$

注：(1) $[f(g(x))]'$ 表示复合函数对自变量 x 求导，而 $f'(g(x))$ 则表示函数 $y = f(u)$ 对中间变量 u 求导.

(2) 定理的结论可以推广到有限个函数构成的复合函数. 例如，设可导函数 $y = f(u), u = g(v), v = \varphi(x)$ 构成复合函数 $y = f(g(\varphi(x)))$，则

$$\frac{dy}{dx} = \frac{dy}{du} \cdot \frac{du}{dv} \cdot \frac{dv}{dx} = f'(u) \cdot g'(v) \cdot \varphi'(x)$$

例 3.2.9 设 $y = \sin x^2$，求 $\dfrac{dy}{dx}$.

解 因为 $y = \sin x^2$ 由 $y = \sin u, u = x^2$ 复合而成，所以

$$\frac{dy}{dx} = \frac{dy}{du} \cdot \frac{du}{dx} = (\sin u)' \cdot (x^2)' = \cos u \cdot 2x = 2x\cos x^2$$

例 3.2.10 设 $y = \ln\cos(e^x)$，求 $\dfrac{dy}{dx}$.

解 因为 $y = \ln\cos(e^x)$ 由 $y = \ln u, u = \cos v, v = e^x$ 复合而成，所以

$$\frac{dy}{dx} = \frac{dy}{du} \cdot \frac{du}{dv} \cdot \frac{dv}{dx} = (\ln u)' \cdot (\cos v)' \cdot (e^x)' = \frac{1}{u} \cdot (-\sin v) \cdot e^x = -e^x \tan e^x$$

对复合函数求导时，需要十分清楚复合函数的复合过程，要会将复合函数从外层到内层依次拆解，然后逐层求导. 我们形象地称这种方法为链式法则. 当对复合函数求导过程较熟练后，可以不用再写出中间变量，而把中间变量看成一个整体，然后逐层求导即可.

例 3.2.11 设 $y = e^{\cos\frac{1}{x}}$，求 y'.

解 $y' = e^{\cos\frac{1}{x}} \cdot \left(\cos\dfrac{1}{x}\right)' = e^{\cos\frac{1}{x}} \cdot \left(-\sin\dfrac{1}{x}\right) \cdot \left(\dfrac{1}{x}\right)'$

$\qquad = e^{\cos\frac{1}{x}} \cdot \left(-\sin\dfrac{1}{x}\right) \cdot \left(-\dfrac{1}{x^2}\right) = \dfrac{1}{x^2}\sin\dfrac{1}{x}e^{\cos\frac{1}{x}}$

例 3.2.12 设 $y = \sin^3 2x$，求 y'.

解 $(\sin^3 2x)' = 3\sin^2 2x \cdot (\sin 2x)' = 3\sin^2 2x \cdot \cos 2x \cdot (2x)'$

$\qquad\qquad = 6\sin^2 2x \cdot \cos 2x$

例 3.2.13 设 $y = \sin nx \sin^n x$（n 为常数），求 y'.

解 $y' = (\sin nx)'\sin^n x + \sin nx (\sin^n x)'$

$$= n\cos nx \cdot \sin^n x + \sin nx(n\sin^{n-1}x \cdot \cos x)$$
$$= n\sin^{n-1}x \cdot \sin(n+1)x$$

例 3.2.14　设 $y = \ln|x|$，求 y'.

解　显然函数的定义域为 $\{x \mid x \neq 0\}$.

当 $x > 0$ 时，

$$(\ln|x|)' = (\ln x)' = \frac{1}{x}$$

当 $x < 0$ 时，

$$(\ln|x|)' = (\ln(-x))' = \frac{1}{-x}(-x)' = \frac{1}{x}$$

综上可得

$$y' = (\ln|x|)' = \frac{1}{x}$$

例 3.2.15　设 $f(x)$ 可导，求 $y = f(\sin^2 x)$ 的导数.

解　$y' = [f(\sin^2 x)]' = f'(\sin^2 x) \cdot (\sin^2 x)' = f'(\sin^2 x) \cdot 2\sin x \cdot (\sin x)'$
　　$= f'(\sin^2 x) \cdot 2\sin x\cos x = \sin 2x \cdot f'(\sin^2 x)$

3.2.4　高阶导数

若变速直线运动的质点的路程函数为 $s = s(t)$，则其速度函数

$$v(t) = s'(t) = \lim_{\Delta t \to 0}\frac{s(t+\Delta t) - s(t)}{\Delta t}$$

加速度函数

$$a(t) = \lim_{\Delta t \to 0}\frac{\Delta v}{\Delta t} = \lim_{\Delta t \to 0}\frac{v(t+\Delta t) - v(t)}{\Delta t}$$

因此　　　　　　　$a(t) = v'(t) = [s'(t)]'$

称 $[s'(t)]'$ 为 $s = s(t)$ 对 t 的二阶导数，依次类推就产生了高阶导数的概念.

定义 3.2.1　若函数 $y = f(x)$ 的导数 $f'(x)$ 在点 x 可导，则称 $f'(x)$ 在点 x 的导数为函数 $y = f(x)$ 在点 x 的**二阶导数**，记作

$$f''(x), \quad y'', \quad \frac{\mathrm{d}^2 f(x)}{\mathrm{d}x^2} = \frac{\mathrm{d}}{\mathrm{d}x}\left(\frac{\mathrm{d}f(x)}{\mathrm{d}x}\right), \quad \frac{\mathrm{d}^2 y}{\mathrm{d}x^2} = \frac{\mathrm{d}}{\mathrm{d}x}\left(\frac{\mathrm{d}y}{\mathrm{d}x}\right)$$

即

$$f''(x) = \lim_{\Delta x \to 0}\frac{f'(x+\Delta x) - f'(x)}{\Delta x}$$

这时也称 $f(x)$ 在点 x 二阶可导.

若函数 $y = f(x)$ 在区间 I 上每一点都二阶可导，则称它在区间 I 上二阶可导，并称 $f''(x)$ 为 $f(x)$ 在区间 I 上的**二阶导函数**，简称为**二阶导数**.

如果函数 $y = f(x)$ 的二阶导数 $f''(x)$ 仍可导，那么可定义三阶导数：

$$\lim_{\Delta x \to 0} \frac{f''(x+\Delta x)-f''(x)}{\Delta x}$$

记作

$$f'''(x), \quad y''', \quad \frac{\mathrm{d}^3 f(x)}{\mathrm{d}x^3}, \quad \frac{\mathrm{d}^3 y}{\mathrm{d}x^3}$$

以此类推,如果函数 $y=f(x)$ 的 $n-1$ 阶导数仍可导,那么可定义 n 阶导数:

$$\lim_{\Delta x \to 0} \frac{f^{(n-1)}(x+\Delta x)-f^{(n-1)}(x)}{\Delta x}$$

记作

$$f^{(n)}(x), \quad y^{(n)}, \quad \frac{\mathrm{d}^n f(x)}{\mathrm{d}x^n}, \quad \frac{\mathrm{d}^n y}{\mathrm{d}x^n}$$

习惯上,称 $f'(x)$ 为 $f(x)$ 的**一阶导数**,二阶及二阶以上的导数统称为**高阶导数**. 有时也把函数 $f(x)$ 本身称为 $f(x)$ 的**零阶导数**,即 $f^{(0)}(x)=f(x)$.

注:由高阶导数的定义可知,求高阶导数就是对所给函数一次次求导,所以仍然可以运用前面介绍的导数的运算法则来计算高阶导数.

如果函数 $u=u(x)$ 和 $v=v(x)$ 都在点 x 处具有 n 阶导数,那么

(1) $(u \pm v)^{(n)} = u^{(n)} \pm v^{(n)}$;

(2) $(u \cdot v)^{(n)} = \sum_{k=0}^{n} \mathrm{C}_n^k u^{(n-k)} \cdot v^{(k)}$,其中

$$\mathrm{C}_n^k = \frac{n(n-1)\cdots(n-k+1)}{k!} = \frac{n!}{k!(n-k)!}$$

特别地,$(Cu)^{(n)} = Cu^{(n)}$(C 为常数).

上述(2)中的式子称为**莱布尼兹**(Leibniz)**公式**.

例 3.2.16　设 $y=2x^3-5x^2+3x-7$,求 $y^{(4)}$.

解　$y'=6x^2-10x+3$,　$y''=12x-10$,　$y'''=12$,　$y^{(4)}=0$.

一般地,设 $y=a_n x^n + a_{n-1}x^{n-1} + \cdots + a_1 x + a_0$,则 $y^{(n)} = n!a_n$,$y^{(n+1)}=0$.

例 3.2.17　设 $y=a^x$($a>0,a \neq 1$),求 $y^{(n)}$.

解　$y'=a^x \ln a$,$y''=a^x \ln^2 a$,$y'''=a^x \ln^3 a$,$y^{(4)}=a^x \ln^4 a$,$\cdots$, 由归纳法可得

$$(a^x)^{(n)} = a^x \ln^n a$$

特别地,当 $a=\mathrm{e}$ 时,$(\mathrm{e}^x)^{(n)} = \mathrm{e}^x$.

例 3.2.18　设 $y=\sin x$,求 $y^{(n)}$.

解
$$y = \sin x$$

$$y' = \cos x = \sin\left(x + \frac{\pi}{2}\right)$$

$$y'' = \cos\left(x + \frac{\pi}{2}\right) = \sin\left(x + \frac{\pi}{2} + \frac{\pi}{2}\right) = \sin\left(x + 2 \cdot \frac{\pi}{2}\right)$$

$$y''' = \cos\left(x + 2 \cdot \frac{\pi}{2}\right) = \sin\left(x + 3 \cdot \frac{\pi}{2}\right)$$

$$y^{(4)} = \cos\left(x + 3 \cdot \frac{\pi}{2}\right) = \sin\left(x + 4 \cdot \frac{\pi}{2}\right)$$

由归纳法可得

$$y^{(n)} = (\sin x)^{(n)} = \sin\left(x + n \cdot \frac{\pi}{2}\right)$$

类似地，可得

$$(\cos x)^{(n)} = \cos\left(x + n \cdot \frac{\pi}{2}\right)$$

例 3.2.19　设 $y = \ln(1+x)$，求 $y^{(n)}$.

解　$y' = \dfrac{1}{1+x}, y'' = -\dfrac{1}{(1+x)^2}, y''' = \dfrac{1 \cdot 2}{(1+x)^3}, y^{(4)} = -\dfrac{1 \cdot 2 \cdot 3}{(1+x)^4}, \cdots,$

由归纳法可得

$$y^{(n)} = [\ln(1+x)]^{(n)} = (-1)^{n-1} \frac{(n-1)!}{(1+x)^n}$$

例 3.2.20　设 $y = x^\mu$（μ 为任意常数），求 $y^{(n)}$.

解　$y' = \mu x^{\mu-1}, y'' = \mu(\mu-1)x^{\mu-2}, y''' = \mu(\mu-1)(\mu-2)x^{\mu-3},$

$$y^{(4)} = \mu(\mu-1)(\mu-2)(\mu-3)x^{\mu-4}, \cdots,$$

由归纳法可得

$$y^{(n)} = (x^\mu)^{(n)} = \mu(\mu-1)(\mu-2)\cdots(\mu-n+1)x^{\mu-n}$$

特别地，当 $\mu = n$ 时，可得

$$(x^n)^{(n)} = n(n-1)(n-2)\cdots 2 \cdot 1 = n!$$

而

$$(x^n)^{(n+1)} = 0$$

例 3.2.21　设 $y = x^4 + 3x^2 - 4 + e^{5x}$，求 $y^{(n)}$ $(n > 4)$.

解　$y^{(n)} = (x^4 + 3x^2 - 4 + e^{5x})^{(n)} = (x^4 + 3x^2 - 4)^{(n)} + (e^{5x})^{(n)} = 5^n e^{5x}$

例 3.2.22　设 $y = e^{2x}x^2$，求 $y^{(4)}$.

解　设 $u = e^{2x}, v = x^2$，则

$$u' = 2e^{2x}, \quad u'' = 2^2 e^{2x}, \quad u''' = 2^3 e^{2x}, \quad u^{(4)} = 2^4 e^{2x}$$

$$v' = 2x, \quad v'' = 2, \quad v''' = v^{(4)} = 0$$

由莱布尼兹公式，可得

$$y^{(4)} = C_4^0 u^{(4)} v + C_4^1 u''' v' + C_4^2 u'' v''$$

$$= 2^4 \cdot e^{2x} \cdot x^2 + 4 \cdot 2^3 \cdot e^{2x} \cdot 2x + \frac{4 \cdot 3}{2!} \cdot 2^2 \cdot e^{2x} \cdot 2$$

$$= 2^4 \cdot e^{2x}(x^2 + 4x + 3)$$

3.2.5 基本求导法则与导数公式

基本初等函数的导数公式、导数的四则运算法则、反函数的求导法则及复合函数的求导法则等在初等函数的求导运算中起着非常重要的作用. 为了便于查阅,现在把这些导数公式和求导法则归纳如下.

1. 基本初等函数的导数公式

(1) $(C)' = 0(C$ 为常数$)$;

(2) $(x^\mu)' = \mu x^{\mu-1}$;

(3) $(a^x)' = a^x \ln a$;

(4) $(e^x)' = e^x$;

(5) $(\log_a x)' = \dfrac{1}{x \ln a}$;

(6) $(\ln x)' = \dfrac{1}{x}$;

(7) $(\sin x)' = \cos x$;

(8) $(\cos x)' = -\sin x$;

(9) $(\tan x)' = \sec^2 x$;

(10) $(\cot x)' = -\csc^2 x$;

(11) $(\sec x)' = \sec x \tan x$;

(12) $(\csc x)' = -\csc x \cot x$;

(13) $(\arcsin x)' = \dfrac{1}{\sqrt{1-x^2}}$;

(14) $(\arccos x)' = -\dfrac{1}{\sqrt{1-x^2}}$;

(15) $(\arctan x)' = \dfrac{1}{1+x^2}$;

(16) $(\text{arccot} x)' = -\dfrac{1}{1+x^2}.$

2. 导数的四则运算法则

设函数 $u = u(x)$ 和 $v = v(x)$ 都可导,则

(1) $(u \pm v)' = u' \pm v'$;

(2) $(u \cdot v)' = u' \cdot v + u \cdot v'$;

(3) $(C \cdot u)' = C \cdot u'(C$ 为常数$)$;

(4) $\left(\dfrac{u}{v}\right)' = \dfrac{u' \cdot v - u \cdot v'}{v^2}(v \neq 0)$;

(5) $\left(\dfrac{1}{v}\right)' = -\dfrac{v'}{v^2}(v \neq 0).$

3. 反函数的求导法则

如果函数 $x = f(y)$ 在区间 I_y 内单调、可导且 $f'(y) \neq 0$,那么它的反函数 $y = f^{-1}(x)$ 在区间 $I_x = \{x \mid x = f(y), y \in I_y\}$ 内也可导,且

$$[f^{-1}(x)]' = \frac{1}{f'(y)} \quad \text{或} \quad \frac{dy}{dx} = \frac{1}{\dfrac{dx}{dy}}$$

4. 复合函数的求导法则

如果函数 $u = g(x)$ 在点 x 可导,函数 $y = f(u)$ 在相应点 $u = g(x)$ 可导,那么复合函数 $y = f(g(x))$ 在点 x 可导,且其导数为

$$f'(x) = f'(u) \cdot g'(x) \quad \text{或} \quad \frac{dy}{dx} = \frac{dy}{du} \cdot \frac{du}{dx}$$

5. 高阶导数的运算法则

如果函数 $u=u(x)$ 和 $v=v(x)$ 都在点 x 处具有 n 阶导数,那么

(1) $(u\pm v)^{(n)}=u^{(n)}\pm v^{(n)}$;

(2) $(u\cdot v)^{(n)}=\sum_{k=0}^{n}C_n^k u^{(n-k)}\cdot v^{(k)}$,其中

$$C_n^k=\frac{n(n-1)\cdots(n-k+1)}{k!}=\frac{n!}{k!\cdot(n-k)!}.$$

特别地,$(Cu)^{(n)}=Cu^{(n)}$(C 为常数).

习　题　3.2

1. 求下列函数的导数.

(1) $y=4x^3-2x^2+5$;　　　　　(2) $y=2^x\ln x$;

(3) $y=2x^3\sin x$;　　　　　(4) $y=3\tan x-4$;

(5) $y=(3+2x)(2-3x)$;　　　　　(6) $y=\frac{\ln x}{x}+\frac{1}{\ln x}$;

(7) $y=\frac{e^x}{x^2}+\frac{2}{x}$;　　　　　(8) $y=\frac{1+\sin t}{1+\cos t}$.

2. 求曲线 $y=\sin x+x^2$ 上横坐标为 $x=0$ 的点处的切线方程和法线方程.

3. 求下列函数的导数.

(1) $y=\sqrt{3-2x^2}$;　　　　　(2) $y=e^{2x^3}$;

(3) $y=\arcsin\sqrt{x}$;　　　　　(4) $y=\ln(x+\sqrt{a^2+x^2})$;

(5) $y=\ln\cos e^{-x^2}$;　　　　　(6) $y=\arctan\frac{1}{x}$;

(7) $y=e^{-\frac{x}{2}}\cos 2x$;　　　　　(8) $x\ln(\ln x)$;

(9) $y=\sin^n x\cos nx$;　　　　　(10) $x\sqrt{2-\ln x}$.

4. 求 $1+2x+3x^2+\cdots+nx^{n-1}(x\ne1)$ 的值.

5. 设 $f(x)$ 为可导函数,求下列函数的导数 $\frac{dy}{dx}$.

(1) $y=f(x^3)$;　　　　　(2) $y=f\left(\arcsin\frac{1}{x}\right)$;

(3) $y=f(e^x)+e^{f(x)}$;　　　　　(4) $y=x^2 f(\ln x)$.

6. 求下列函数的二阶导数.

(1) $y=xe^{2x}$;　　　　　(2) $y=\ln(1-x^2)$;

(3) $y=\arctan x$;　　　　　(4) $y=\sin(1+2x)$;

(5) $y=\ln(x+\sqrt{1+x^2})$；   (6) $y=(1+x^2)\arctan x$.

*7. 已知 $f''(x)$ 存在,且 $f(x)\neq 0$,求 $\dfrac{\mathrm{d}^2 y}{\mathrm{d}x^2}$.

(1) $y=f(x^2+a)$；   (2) $y=\ln(f(x))$.

8. 求下列函数的 n 阶导数的一般表达式.

(1) $y=x\ln x$；   (2) $y=3^x$.

3.3   隐函数及由参数方程所确定的函数的导数

3.3.1   隐函数的导数

用解析法表示函数时,见到比较多的是形如 $y=f(x)$ 的式子,左端只有因变量,右端是一个只含有自变量的表达式的式子,这样确定的函数称为**显函数**. 例如,

$$y=\mathrm{e}^x\cos x,\quad y=x\ln x$$

如果是以二元方程 $F(x,y)=0$ 的形式确定的函数,称为**隐函数**. 例如,

$$x+y^3-1=0,\quad \sin(x+y)=3x-y+2$$

把一个隐函数化成显函数,称为**隐函数的显化**. 例如,从方程 $x+y^3-1=0$ 解出 $y=\sqrt[3]{x-1}$,就把隐函数化成显函数. 但隐函数的显化有时候是困难的,甚至是不可能的. 例如,方程 $\sin(x+y)=3x-y+2$ 所确定的隐函数就难以化成显函数.

但在实际问题中,有时需要计算隐函数的导数,因此,我们希望找到一种方法,不论隐函数能否显化,都能直接由方程算出它所确定的隐函数的导数.

隐函数求导的基本思想是:把方程 $F(x,y)=0$ 中的 y 看成自变量 x 的函数 $y(x)$,结合复合函数求导法,在方程两端同时对 x 求导数(此时要注意 y 也是关于 x 的函数,把 y 当成复合函数中的中间变量来理解),然后整理变形解出 y' 即可. y' 的结果中可同时含有 x 和 y. 若将 y 看成自变量,同理可求出 x'.

例 3.3.1   求由方程 $y=\ln(x+y)$ 所确定的隐函数的导数 y'.

解   方程两端对 x 求导,得

$$y'=\frac{1}{x+y}(x+y)'=\frac{1}{x+y}(1+y')$$

从而

$$y'=\frac{1}{x+y-1}$$

例 3.3.2   求由方程 $\mathrm{e}^y+xy-\mathrm{e}=0$ 所确定的隐函数的导数 y'.

解   方程两端对 x 求导,得

$$\mathrm{e}^y\cdot y'+y+x\cdot y'=0$$

从而

$$y' = -\frac{y}{x+e^y}(x+e^y \neq 0)$$

例 3.3.3　求椭圆曲线 $\frac{x^2}{2}+\frac{y^2}{4}=1$ 上点 $(1,\sqrt{2})$ 处的切线方程和法线方程.

解　方程两端对 x 求导,得 $x+\frac{1}{2}y \cdot y'=0$,故 $y'=-\frac{2x}{y}$. 从而,切线斜率 k_1 和法线斜率 k_2 分别为

$$k_1 = y'|_{(1,\sqrt{2})}=-\sqrt{2}, \quad k_2 = -\frac{1}{k_1}=\frac{\sqrt{2}}{2}$$

所求切线方程为

$$y-\sqrt{2}=-\sqrt{2}(x-1)$$

即

$$y=-\sqrt{2}x+2\sqrt{2}$$

所求法线方程为

$$y-\sqrt{2}=\frac{\sqrt{2}}{2}(x-1)$$

即

$$y=\frac{\sqrt{2}}{2}x+\frac{\sqrt{2}}{2}$$

例 3.3.4　求由方程 $x-y+\frac{1}{2}\sin y=0$ 所确定的隐函数的二阶导数 $\frac{d^2 y}{dx^2}$.

解　方程两端对 x 求导,得

$$1-\frac{dy}{dx}+\frac{1}{2}\cos y\frac{dy}{dx}=0$$

从而

$$\frac{dy}{dx}=\frac{2}{2-\cos y}$$

上式两端再对 x 求导,得

$$\frac{d^2 y}{dx^2}=\frac{-2\sin y\dfrac{dy}{dx}}{(2-\cos y)^2}=-\frac{4\sin y}{(2-\cos y)^3}$$

3.3.2　对数求导法

对于以下两类函数:

(1) 幂指函数,即形如 $y=u(x)^{v(x)}(u(x)>0)$ 的函数;

(2) 函数表达式是由多个因式的积、商、幂构成的,要求它们的导数,可以先对函

数式两边取自然对数,利用对数的运算性质对函数式进行化简,然后利用隐函数求导法求导,这种方法称为**对数求导法**.

例 3.3.5 设 $y=(\ln x)^{\cos x}$ $(x>1)$,求 y'.

解 函数两端取自然对数,得

$$\ln y=\cos x \cdot \ln(\ln x)$$

两端分别对 x 求导,得

$$\frac{y'}{y}=-\sin x \cdot \ln(\ln x)+\cos x \cdot \frac{1}{\ln x} \cdot \frac{1}{x}$$

所以

$$y'=y\left[-\sin x \cdot \ln(\ln x)+\cos x \cdot \frac{1}{\ln x} \cdot \frac{1}{x}\right]$$

$$=(\ln x)^{\cos x}\left[\frac{\cos x}{x\ln x}-\sin x \cdot \ln(\ln x)\right]$$

例 3.3.6 求函数 $y=\sqrt{\dfrac{(x-1)(x-2)}{(x-3)(x-4)}}$ 的导数.

解 先在两边取对数(假定 $x>4$),得

$$\ln y=\frac{1}{2}\big[\ln(x-1)+\ln(x-2)-\ln(x-3)-\ln(x-4)\big]$$

上式两边对 x 求导,得

$$\frac{1}{y}y'=\frac{1}{2}\left(\frac{1}{x-1}+\frac{1}{x-2}-\frac{1}{x-3}-\frac{1}{x-4}\right)$$

于是

$$y'=\frac{y}{2}\left(\frac{1}{x-1}+\frac{1}{x-2}-\frac{1}{x-3}-\frac{1}{x-4}\right)$$

当 $x<1$ 时,$y=\sqrt{\dfrac{(1-x)(2-x)}{(3-x)(4-x)}}$;

当 $2<x<3$ 时,$y=\sqrt{\dfrac{(x-1)(x-2)}{(3-x)(4-x)}}$.

用同样方法可得与上面相同的结果.

注:严格来说,本题应分 $x>4,x<1,2<x<3$ 三种情况讨论,但结果都是一样的.

3.3.3 由参数方程所确定的函数的导数

设 y 与 x 的函数关系是由参数方程

$$\begin{cases} x=\varphi(t) \\ y=\psi(t) \end{cases}$$

确定的,则称此函数关系所表达的函数为由参数方程所确定的函数.

在有的实际问题中,需要计算由参数方程所确定的函数的导数,但从参数方程中消去参数 t 有时会比较困难. 因此,我们希望有一种方法能直接由参数方程算出它所确定的函数的导数.

设参数方程 $\begin{cases} x=\varphi(t) \\ y=\psi(t) \end{cases}$,其中 $\varphi(t),\psi(t)$ 均可导且 $\varphi'(t)\neq0$,函数 $x=\varphi(t)$ 具有单调连续反函数 $t=\varphi^{-1}(x)$,此反函数与函数 $y=\psi(t)$ 构成的复合函数就是由参数方程确定的函数,即

$$y=\psi[\varphi^{-1}(x)]$$

根据复合函数及反函数的求导法则,有

$$\frac{\mathrm{d}y}{\mathrm{d}x}=\frac{\psi'(t)}{\varphi'(t)} \quad 或 \quad \frac{\mathrm{d}y}{\mathrm{d}x}=\frac{\dfrac{\mathrm{d}y}{\mathrm{d}t}}{\dfrac{\mathrm{d}x}{\mathrm{d}t}}$$

如果 $x=\varphi(t),y=\psi(t)$ 还是二阶可导的,那么由上述方法可得到函数的二阶导数公式:

$$\frac{\mathrm{d}^2y}{\mathrm{d}x^2}=\frac{\mathrm{d}}{\mathrm{d}x}\left(\frac{\mathrm{d}y}{\mathrm{d}x}\right)=\frac{\mathrm{d}}{\mathrm{d}t}\left(\frac{\psi'(t)}{\varphi'(t)}\right)\cdot\frac{\mathrm{d}t}{\mathrm{d}x}=\frac{\psi''(t)\varphi'(t)-\psi'(t)\varphi''(t)}{[\varphi'(t)]^2}\cdot\frac{1}{\varphi'(t)}$$

即

$$\frac{\mathrm{d}^2y}{\mathrm{d}x^2}=\frac{\psi''(t)\varphi'(t)-\psi'(t)\varphi''(t)}{[\varphi'(t)]^3}$$

例 3.3.7　求由参数方程 $\begin{cases} x=a\cos t \\ y=b\sin t \end{cases}$ 所确定的函数 $y=f(x)$ 的导数.

解
$$\frac{\mathrm{d}y}{\mathrm{d}x}=\frac{\dfrac{\mathrm{d}y}{\mathrm{d}t}}{\dfrac{\mathrm{d}x}{\mathrm{d}t}}=\frac{(b\sin t)'}{(a\cos t)'}=\frac{b\cos t}{-a\sin t}=-\frac{b}{a}\cot t$$

例 3.3.8　求星形线 $\begin{cases} x=a\cos^3 t \\ y=a\sin^3 t \end{cases}$ $(a>0)$ 在 $t=\dfrac{\pi}{4}$ 的相应点 $M(x_0,y_0)$ 处的切线方程和法线方程(见图 3.3.1).

解　由 $t=\dfrac{\pi}{4}$ 可得

$$x_0=a\cos^3\frac{\pi}{4}=\frac{\sqrt{2}}{4}a, \quad y_0=a\sin^3\frac{\pi}{4}=\frac{\sqrt{2}}{4}a$$

星形线在点 M 处的切线斜率 k_1 和法线斜率 k_2 分别为

$$k_1=\frac{\mathrm{d}y}{\mathrm{d}x}\bigg|_{t=\frac{\pi}{4}}=\frac{(a\sin^3 t)'}{(a\cos^3 t)'}\bigg|_{t=\frac{\pi}{4}}=\frac{3a\sin^2 t\cos t}{-3a\cos^2 t\sin t}\bigg|_{t=\frac{\pi}{4}}$$

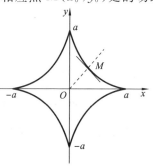

图 3.3.1

$$= -\tan t \big|_{t=\frac{\pi}{4}} = -1, \quad k_2 = -\frac{1}{k_1} = 1$$

从而,所求切线方程为

$$y - \frac{\sqrt{2}}{4}a = -\left(x - \frac{\sqrt{2}}{4}a\right)$$

即

$$x + y - \frac{\sqrt{2}}{2}a = 0$$

所求法线方程为

$$y - \frac{\sqrt{2}}{4}a = x - \frac{\sqrt{2}}{4}a$$

即

$$y = x$$

例 3.3.9　设 $\begin{cases} x = t - \cos t \\ y = \sin t \end{cases}$,求 $\dfrac{d^2 y}{dx^2}$.

解法一　因为

$$y' = \frac{dy}{dx} = \frac{dy}{dt} \cdot \frac{1}{\dfrac{dx}{dt}} = \frac{(\sin t)'}{(t - \cos t)'} = \frac{\cos t}{1 + \sin t}$$

所以

$$\frac{d^2 y}{dx^2} = \frac{dy'}{dx} = \frac{d}{dt}\left(\frac{\cos t}{1 + \sin t}\right) \cdot \frac{1}{\dfrac{dx}{dt}} = \frac{-\sin t(1 + \sin t) - \cos^2 t}{(1 + \sin t)^2} \cdot \frac{1}{1 + \sin t}$$

$$= -\frac{1}{(1 + \sin t)^2}$$

解法二　由于 $x_t' = 1 + \sin t, x_t'' = \cos t, y_t' = \cos t, y_t'' = -\sin t$,代入公式可得

$$\frac{d^2 y}{dx^2} = \frac{y_t'' x_t' - y_t' x_t''}{(x_t')^3} = \frac{-\sin t(1 + \sin t) - \cos^2 t}{(1 + \sin t)^3} = -\frac{1}{(1 + \sin t)^2}$$

*3.3.4　相关变化率

设 $x = x(t)$ 及 $y = y(t)$ 都是可导函数,而变量 x 与 y 之间存在某种关系,从而变化率 $\dfrac{dx}{dt}$ 与 $\dfrac{dy}{dt}$ 之间也存在一定关系. 这两个相互依赖的变化率称为**相关变化率**. 相关变化率问题就是研究这两个变化率之间的关系,以便从其中一个变化率求出另一个变化率.

例 3.3.10　一气球从离开观察员 500 m 处离地面铅直上升,其速度为 140 m/min. 当气球高度为 500 m 时,观察员视线的仰角增加率是多少?

解　设气球上升 $t(\mathrm{s})$ 后,其高度为 h,观察员视线的仰角为 α,则

$$\tan\alpha=\frac{h}{500}$$

其中,α 及 h 都是时间 t 的函数. 上式两边对 t 求导,得

$$\sec^2\alpha\cdot\frac{\mathrm{d}\alpha}{\mathrm{d}t}=\frac{1}{500}\cdot\frac{\mathrm{d}h}{\mathrm{d}t}$$

已知当 $h=500\ \mathrm{m}$ 时,$\dfrac{\mathrm{d}h}{\mathrm{d}t}=140\ \mathrm{m/min}$. 又当 $h=500\ \mathrm{m}$ 时,$\tan\alpha=1$,$\sec^2\alpha=2$. 代入上式得

$$2\frac{\mathrm{d}\alpha}{\mathrm{d}t}=\frac{1}{500}\cdot 140$$

所以

$$\frac{\mathrm{d}\alpha}{\mathrm{d}t}=\frac{70}{500}\ \mathrm{rad/s}=0.14\ \mathrm{rad/s}$$

即观察员视线的仰角增加率是每秒 0.14 弧度.

习　题　3.3

1. 求由下列方程确定的隐函数的导数 y'.

(1) $xy=\mathrm{e}^{x+y}$;

(2) $x^2+xy=\mathrm{e}^y$;

(3) $y-x\mathrm{e}^y=1$;

(4) $x^3+y^3-a=0$（a 为常数）;

(5) $y\sin x+\cos(x-y)=0$;

(6) $\arctan\dfrac{y}{x}=\ln\sqrt{x^2+y^2}$.

2. 求曲线 $y^2-\ln x+(x-\mathrm{e})\cot\dfrac{\pi y}{2}=0$ 在点 $(\mathrm{e},1)$ 处的切线方程.

* 3. 求由下列方程所确定的隐函数的二阶导数 $\dfrac{\mathrm{d}^2y}{\mathrm{d}x^2}$.

(1) $y=1+x\mathrm{e}^y$;

(2) $x^2-y^2=1$.

4. 利用对数求导法求下列函数的导数.

(1) $y=\left(\dfrac{x}{1+x}\right)^x$;

(2) $y=x^{\ln x}$;

(3) $y=x\sqrt{\dfrac{(1-x)^3}{(1+x^2)(2-3x)}}$;

(4) $y=\dfrac{\sqrt{x+2}\,(3-x)^4}{(x+1)^5}$.

5. 求下列参数方程所确定的函数的指定阶的导数.

(1) $\begin{cases} x=at^2 \\ y=bt^3 \end{cases}$,求 $\dfrac{\mathrm{d}y}{\mathrm{d}x}$;

(2) $\begin{cases} x=t(1-\sin t) \\ y=t\cos t \end{cases}$,求 $\dfrac{\mathrm{d}y}{\mathrm{d}x}$;

* (3) $\begin{cases} x=a\cos t \\ y=b\sin t \end{cases}$,求 $\dfrac{\mathrm{d}^2y}{\mathrm{d}x^2}$;

* (4) $\begin{cases} x=\mathrm{e}^{-t} \\ y=\mathrm{e}^t \end{cases}$,求 $\dfrac{\mathrm{d}^2y}{\mathrm{d}x^2}$.

3.4 函数的微分

微分是与导数密切相关又有本质区别的一个重要概念,微分的思想方法主要是对函数在"微小局部"作最佳线性近似.导数主要反映函数在某点的变化快慢程度(即变化率),而微分则表示函数在某点增量的近似值.

3.4.1 微分的概念

在许多实际问题中,对出现的函数 $y=f(x)$,有时需要研究函数的改变量

$$\Delta y=f(x+\Delta x)-f(x)$$

的值,但计算 Δy 有时会很复杂,能否找到一个既简便又相对较精确的方法呢?

先讨论一个具体问题:一块正方形金属薄片受温度变化的影响,其边长从 x_0 变到 $x_0+\Delta x$(见图 3.4.1),问此薄片的面积改变了多少?

设此正方形的边长为 x,面积为 A,则 A 与 x 存在函数关系 $A=x^2$.当边长由 x_0 变到 $x_0+\Delta x$,正方形金属薄片的面积改变量为

$$\Delta A=(x_0+\Delta x)^2-x_0^2=2x_0\Delta x+(\Delta x)^2$$

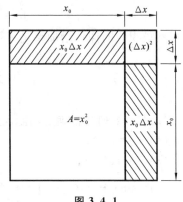

图 3.4.1

从上式可以看出,ΔA 分为两部分,第一部分 $2x_0\Delta x$ 是 Δx 的线性函数,即图中带有斜线的两个矩形面积之和,第二部分 $(\Delta x)^2$ 是图中右上角的小正方形的面积,当 $\Delta x\rightarrow 0$ 时,第二部分 $(\Delta x)^2$ 是比 Δx 高阶的无穷小量,即 $(\Delta x)^2=o(\Delta x)$.由此可见,如果边长的改变很微小,即当 $|\Delta x|$ 很微小时,面积的改变量 ΔA 可以近似用第一部分 $2x_0\Delta x$ 代替,即 $\Delta A\approx 2x_0\Delta x$,且 $|\Delta x|$ 越小,近似程度越好.

定义 3.4.1 设函数 $y=f(x)$ 在 x_0 的某个邻域内有定义,$x_0+\Delta x$ 在此邻域内,如果函数的增量

$$\Delta y=f(x_0+\Delta x)-f(x_0)$$

可表示为

$$\Delta y=A\Delta x+o(\Delta x)$$

其中,A 不依赖于 Δx,$o(\Delta x)$ 是当 $\Delta x\rightarrow 0$ 时比 Δx 高阶的无穷小量,则称函数 $y=f(x)$ 在点 x_0 是**可微**的,而 $A\Delta x$ 称为函数 $y=f(x)$ 在点 x_0 相应于自变量增量 Δx 的**微分**,记为

$$\mathrm{d}y\big|_{x=x_0}=A\Delta x \quad \text{或} \quad \mathrm{d}f(x_0)=A\Delta x$$

3.4.2　可微的充要条件

定理 3.4.1　函数 $y=f(x)$ 在点 x_0 可微的充要条件是函数 $y=f(x)$ 在点 x_0 可导,且当 $y=f(x)$ 在点 x_0 可微时,其微分一定是 $\mathrm{d}y\big|_{x=x_0}=f'(x_0)\Delta x$.

证　(必要性)设函数 $y=f(x)$ 在点 x_0 可微,即 $\Delta y=A\Delta x+o(\Delta x)$,其中 A 不依赖于 Δx.上式两边同时除以 Δx,得

$$\frac{\Delta y}{\Delta x}=A+\frac{o(\Delta x)}{\Delta x}$$

当 $\Delta x\to 0$ 时,对上式两边取极限就得到

$$\lim_{\Delta x\to 0}\frac{\Delta y}{\Delta x}=A+\lim_{\Delta x\to 0}\frac{o(\Delta x)}{\Delta x}=A$$

即 $A=f'(x_0)$.因此,若函数 $y=f(x)$ 在点 x_0 可微,则 $y=f(x)$ 在点 x_0 一定可导,且 $\mathrm{d}y\big|_{x=x_0}=f'(x_0)\Delta x$.

(充分性)函数 $y=f(x)$ 在点 x_0 可导,即

$$\lim_{\Delta x\to 0}\frac{\Delta y}{\Delta x}=f'(x_0)$$

存在,根据极限与无穷小的关系,上式可写成

$$\frac{\Delta y}{\Delta x}=f'(x_0)+\alpha$$

其中,$\alpha\to 0$(当 $\Delta x\to 0$ 时),从而

$$\begin{aligned}
\Delta y&=f'(x_0)\Delta x+\alpha\Delta x\\
&=f'(x_0)\Delta x+o(\Delta x)
\end{aligned}$$

其中,$f'(x_0)$ 是与 Δx 无关的常数,$o(\Delta x)$ 是比 Δx 高阶的无穷小,所以 $y=f(x)$ 在点 x_0 也是可微的.

根据微分的定义和定理 3.4.1 可得以下结论.

(1) 函数 $y=f(x)$ 在点 x_0 处的微分就是当自变量 x 产生增量 Δx 时,函数 y 的增量 Δy 的主要部分(此时 $A=f'(x_0)\neq 0$).由于 $\mathrm{d}y=A\Delta x$ 是 Δx 的线性函数,故称微分 $\mathrm{d}y$ 是 Δy 的线性主部.当 $|\Delta x|$ 很微小时,$o(\Delta x)$ 更加微小,从而有近似等式 $\Delta y\approx\mathrm{d}y$.

(2) 函数 $y=f(x)$ 的可导性与可微性是等价的,故求导法又称为**微分法**.但导数与微分是两个不同的概念,导数 $f'(x_0)$ 是函数 $f(x)$ 在 x_0 处的变化率,其值只与 x 有关;而微分 $\mathrm{d}y\big|_{x=x_0}$ 是函数 $f(x)$ 在 x_0 处增量 Δy 的线性主部,其值既与 x 有关,也与 Δx 有关.

定义 3.4.2　函数 $y=f(x)$ 在任意点 x 处的微分,称为**函数的微分**,记作 $\mathrm{d}y$ 或 $\mathrm{d}f(x)$,即 $\mathrm{d}y=\mathrm{d}f(x)=f'(x)\Delta x$.

通常把自变量 x 的增量 Δx 称为**自变量的微分**,记作 $\mathrm{d}x$,即 $\mathrm{d}x=\Delta x$. 因此,函数 $y=f(x)$ 的微分可以写成

$$\mathrm{d}y=f'(x)\mathrm{d}x \quad 或 \quad \mathrm{d}f(x)=f'(x)\mathrm{d}x$$

从而有

$$\frac{\mathrm{d}y}{\mathrm{d}x}=f'(x) \quad 或 \quad \frac{\mathrm{d}f(x)}{\mathrm{d}x}=f'(x)$$

因此,函数 $y=f(x)$ 的微分 $\mathrm{d}y$ 与自变量的微分 $\mathrm{d}x$ 之商等于该函数的导数. 所以,导数又称为**微商**.

例 3.4.1 求函数 $y=\mathrm{e}^x$ 分别在点 $x=0$ 和点 $x=2$ 处的微分.

解 由微分的定义可得

$$\mathrm{d}y|_{x=0}=\mathrm{e}^x|_{x=0}\Delta x=\Delta x$$

$$\mathrm{d}y|_{x=2}=\mathrm{e}^x|_{x=2}\Delta x=\mathrm{e}^2\Delta x$$

例 3.4.2 求函数 $y=x^2$ 当 $x=2,\Delta x=0.02$ 时的微分.

解 先求函数在任意点 x 的微分

$$\mathrm{d}y=(x^2)'\Delta x=2x\Delta x$$

再求函数当 $x=2,\Delta x=0.02$ 时的微分

$$\mathrm{d}y|_{x=2,\Delta x=0.02}=2x\Delta x|_{x=2,\Delta x=0.02}$$
$$=2\times2\times0.02=0.08$$

3.4.3 微分的几何意义

我们知道,函数 $y=f(x)$ 在 $x=x_0$ 处的导数在几何上表示曲线 $y=f(x)$ 在点 $M(x_0,f(x_0))$ 的切线的斜率,对于曲线上某一确定的点 $M(x_0,y_0)$,当自变量 x 有微小增量 Δx 时,就得到曲线上另一点 $N(x_0+\Delta x,y_0+\Delta y)$(见图 3.4.2).过点 M 作曲线的切线 MT,它的倾斜角为 α,则有

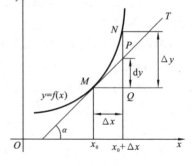

$$\Delta y=f(x_0+\Delta x)-f(x_0)=NQ$$

$$\mathrm{d}y=f'(x_0)\Delta x=\tan\alpha \cdot \Delta x=\frac{PQ}{\Delta x}\Delta x=PQ$$

图 3.4.2

由此可见,对于可微函数 $y=f(x)$,当 Δy 是曲线 $y=f(x)$ 上的点 $M(x_0,y_0)$ 的纵坐标的增量时,微分 $\mathrm{d}y$ 就是曲线 $y=f(x)$ 在点 $M(x_0,y_0)$ 的切线 MT 的纵坐标的相应增量. 当 $|\Delta x|$ 很小时,$|\Delta y-\mathrm{d}y|$ 比 $|\Delta x|$ 小得多,因此在点 M 的邻近,可以用 $\mathrm{d}y$ 近似代替 Δy,实质上是可以用切线段来近似代替曲线段.

3.4.4　微分公式与微分运算法则

从函数的微分表达式 $\mathrm{d}y = f'(x)\mathrm{d}x$ 可以看出,只要先计算出函数的导数 $f'(x)$,再乘以自变量的微分就可以计算出函数的微分.由此我们给出了如下的微分公式及微分四则运算法则.

1. 基本初等函数的微分公式

(1) $\mathrm{d}C = 0$(C 为常数);　(2) $\mathrm{d}(x^\mu) = \mu x^{\mu-1}\mathrm{d}x$;

(3) $\mathrm{d}(a^x) = a^x \ln a \mathrm{d}x$;　(4) $\mathrm{d}(\mathrm{e}^x) = \mathrm{e}^x \mathrm{d}x$;

(5) $\mathrm{d}(\log_a x) = \dfrac{1}{x \ln a}\mathrm{d}x$;　(6) $\mathrm{d}(\ln x) = \dfrac{1}{x}\mathrm{d}x$;

(7) $\mathrm{d}(\sin x) = \cos x \mathrm{d}x$;　(8) $\mathrm{d}(\cos x) = -\sin x \mathrm{d}x$;

(9) $\mathrm{d}(\tan x) = \sec^2 x \mathrm{d}x$;　(10) $\mathrm{d}(\cot x) = -\csc^2 x \mathrm{d}x$;

(11) $\mathrm{d}(\sec x) = \sec x \tan x \mathrm{d}x$;　(12) $\mathrm{d}(\csc x) = -\csc x \cot x \mathrm{d}x$;

(13) $\mathrm{d}(\arcsin x) = \dfrac{1}{\sqrt{1-x^2}}\mathrm{d}x$;　(14) $\mathrm{d}(\arccos x) = -\dfrac{1}{\sqrt{1-x^2}}\mathrm{d}x$;

(15) $\mathrm{d}(\arctan x) = \dfrac{1}{1+x^2}\mathrm{d}x$;　(16) $\mathrm{d}(\operatorname{arccot} x) = -\dfrac{1}{1+x^2}\mathrm{d}x$.

2. 微分的四则运算法则

设函数 $u = u(x)$ 和 $v = v(x)$ 都可导,则

(1) $\mathrm{d}(u \pm v) = \mathrm{d}u \pm \mathrm{d}v$;　(2) $\mathrm{d}(u \cdot v) = v\mathrm{d}u + u\mathrm{d}v$;

(3) $\mathrm{d}(C \cdot u) = C \cdot \mathrm{d}u$($C$ 为常数);　(4) $\mathrm{d}\left(\dfrac{u}{v}\right) = \dfrac{v\mathrm{d}u - u\mathrm{d}v}{v^2}$($v \neq 0$).

3. 复合函数的微分法则

设 $y = f(u), u = g(x)$ 均可导,则复合函数 $y = f(g(x))$ 的微分为

$$\mathrm{d}y = y'_x \mathrm{d}x = f'(u)g'(x)\mathrm{d}x = f'(u)\mathrm{d}u$$

由此可见,无论 u 是自变量还是中间变量,微分形式保持 $\mathrm{d}y = f'(u)\mathrm{d}u$ 不变.这一性质称为一阶微分形式不变性.

例 3.4.3　设函数 $y = \ln(1 + \mathrm{e}^{x^2})$,求 $\mathrm{d}y$.

解　$\mathrm{d}y = \mathrm{d}\ln(1 + \mathrm{e}^{x^2}) = \dfrac{1}{1 + \mathrm{e}^{x^2}}\mathrm{d}(1 + \mathrm{e}^{x^2}) = \dfrac{1}{1 + \mathrm{e}^{x^2}} \cdot \mathrm{e}^{x^2}\mathrm{d}x^2$

$\qquad = \dfrac{1}{1 + \mathrm{e}^{x^2}} \cdot \mathrm{e}^{x^2} \cdot 2x\mathrm{d}x = \dfrac{2x\mathrm{e}^{x^2}}{1 + \mathrm{e}^{x^2}}\mathrm{d}x$

4. 隐函数的微分

例 3.4.4　求由方程 $3x^2 - xy + y^2 = 1$ 所确定的隐函数 $y = f(x)$ 的微分.

解 对方程两边分别求微分,有

$$d(3x^2 - xy + y^2) = d1 = 0$$

即

$$d(3x^2) - d(xy) + d(y^2) = 0$$

$$6x\,dx - y\,dx - x\,dy + 2y\,dy = 0$$

从而,可得

$$dy = \frac{6x - y}{x - 2y}dx$$

3.4.5 微分在近似计算中的应用

根据前面的讨论,我们已知,如果函数 $y = f(x)$ 在点 x_0 处可微,且 $|\Delta x|$ 很小时,那么有

$$\Delta y \approx dy = f'(x_0)\Delta x \tag{3.4.1}$$

式(3.4.1)可以改写为

$$\Delta y = f(x_0 + \Delta x) - f(x_0) \approx f'(x_0)\Delta x \tag{3.4.2}$$

或

$$f(x_0 + \Delta x) \approx f(x_0) + f'(x_0)\Delta x \tag{3.4.3}$$

在式(3.4.3)中令 $x = x_0 + \Delta x$,即 $\Delta x = x - x_0$,则可得

$$f(x) \approx f(x_0) + f'(x_0)(x - x_0) \tag{3.4.4}$$

如果 $f(x_0)$ 和 $f'(x_0)$ 都容易计算,则可以利用式(3.4.1)来近似计算 Δy,利用式(3.4.3)来近似计算 $f(x_0 + \Delta x)$,以及利用式(3.4.4)来近似计算 $f(x)$.

若在式(3.4.4)中令 $x_0 = 0$,则有

$$f(x) \approx f(0) + f'(0)x \tag{3.4.5}$$

由式(3.4.5)知,当 $|x|$ 充分小时,可推得以下几个常用的近似公式:

(1) $\sin x \approx x$;　　　　　　　　(2) $\tan x \approx x$;

(3) $\arcsin x \approx x$;　　　　　　　(4) $e^x \approx 1 + x$;

(5) $\ln(1 + x) \approx x$;　　　　　　(6) $\sqrt[n]{1 + x} \approx 1 + \frac{1}{n}x$.

例 3.4.5 有一批半径为 1 cm 的球,为了提高球面的光洁度,要镀上一层铜,厚度定为 0.01 cm. 估计一下每只球需用铜多少克(铜的密度是 8.9 g/cm³)?

解 已知球体体积为 $V = \frac{4}{3}\pi R^3$(球体的半径为 R),$R_0 = 1$ cm,$\Delta R = 0.01$ cm.

镀层的体积为

$$\Delta V = V(R_0 + \Delta R) - V(R_0) \approx V'(R_0)\Delta R = 4\pi R_0^2 \Delta R$$

$$= 4 \times 3.14 \times 1^2 \times 0.01 \text{ cm}^3 = 0.13 \text{ cm}^3$$

于是镀每只球需用的铜约为 $0.13 \times 8.9 \text{ g} = 1.16 \text{ g}$.

例 3.4.6　计算 $\sqrt{2}$ 的近似值.

解　设 $f(x) = \sqrt{x}$，则 $f'(x) = \dfrac{1}{2\sqrt{x}}$. 取接近 2 而又易开方的数 $x_0 = 1.96 = 1.4^2$，则

$$\sqrt{2} = \sqrt{1.96 + 0.04} = f(1.96 + 0.04)$$
$$\approx f(1.96) + f'(1.96) \times 0.04$$
$$= 1.4 + \frac{1}{2 \cdot 1.4} \times 0.04 = 1.414$$

例 3.4.7　计算 $\sqrt[5]{0.9985}$ 的近似值.

解　由于 $0.9985 = 1 - 0.0015$，而 $|x| = 0.0015$，其值较小，故利用近似公式，可得

$$\sqrt[5]{0.9985} = \sqrt[5]{1 - 0.0015} \approx 1 + \frac{1}{5} \times (-0.0015) = 0.9997$$

习　题　3.4

1. 已知函数 $y = 2x^2$，计算在 $x = 2$ 处，当 $\Delta x = 0.02$ 时的 Δy 和 $\mathrm{d}y$.

2. 求下列函数的微分：

(1) $y = x^2 \mathrm{e}^{2x}$；

(2) $y = \mathrm{e}^x \sin^2 x$；

(3) $y = \arctan \sqrt{x}$；

(4) $y = \ln \sqrt{1 - x^2}$；

(5) $y = 1 + x\mathrm{e}^y$；

(6) $y^2 = x + \arccos y$；

(7) $y = \sin 3x$；

(8) $y = \dfrac{x}{\sqrt{x^2 + 1}}$.

3. 设 $xy^2 + \arctan y = \dfrac{\pi}{4}$，求 $\mathrm{d}y|_{x=0}$.

4. 利用微分计算下列近似值.

(1) $\dfrac{1}{\sqrt{25.4}}$；

(2) $\sin 29°$.

5. 设扇形的圆心角 $\alpha = 60°$，半径 $R = 100 \text{ cm}$. 如果 R 不变，α 减少 $30'$，问扇形面积大约改变了多少？又如果 α 不变，R 增加 1 cm，问扇形面积大约改变了多少？

6. 一个内直径为 10 cm 的球壳体，球壳的厚度为 $\dfrac{1}{16} \text{ cm}$，问球壳体的体积的近似值为多少？

* 3.5 Matlab 软件简单应用

Matlab 符号工具箱中提供的函数 diff 可以求取一般函数的导数及高阶导数,也可求隐函数和由参数方程确定的函数的导数.(Matlab 软件具体使用方法可参考附录 A)

```
函数  diff  (differential)
格式  diff(S,'v')、diff(S,sym('v'))    % 对表达式 S 中指定符号变量 v 计算 S 的
                                                  1 阶导数
diff(S)    % 对表达式 S 中的符号变量 v 计算 S 的 1 阶导数,其中 v= findsym(S)
diff(S,n)    % 对表达式 S 中的符号变量 v 计算 S 的 n 阶导数,其中 v= findsym(S)
diff(S,'v',n)    % 对表达式 S 中指定的符号变量 v 计算 S 的 n 阶导数
subs(S,x,a)    % 对表达式 S 用变量 a 替换 x 后所求得的导数值
```

例 3.5.1 已知函数(1) $y=\tan x$;(2) $y=e^x$,分别求关于 x 的导数.

解 编程如下:

```
> > syms x;D1= diff(tan(x))
> > D2= diff(exp(x))
```

回车得:

```
D1 =
  tan(x)^2 + 1
D2 =
  exp(x)
```

例 3.5.2 求 $y=\ln\left(x+\sqrt{a+x^2}\right)$ 的导数.

解 编程如下:

```
> > syms a x;
> > D= diff(log(x+ sqrt(a^2+ x^2)), 'x' );
```

回车得:

```
D= 1/(a^2+ x^2)^(1/2)
```

例 3.5.3 求 $y=e^{2x}$ 的 5 阶导数.

解 编程如下:

```
> > syms x;
> > D5= diff(exp(2* x),x,5)
```

回车得:

```
D5= 32* exp(2* x)
```

例 3.5.4　求由方程 $e^y + xy - e = 0$ 所确定的隐函数的导数 $\dfrac{\mathrm{d}y}{\mathrm{d}x}$.

解　编程如下：

```
> > syms x y;
> > z= exp(y)+ x* y- exp(1);
> > D= - diff(z,x)/diff(z,y)
```

回车得：

```
D= - y/(x+ exp(y))
```

例 3.5.5　求由参数方程 $x = e^t \cos t, y = e^t \sin t$ 所确定的函数的导数.

解　编程如下：

```
> > syms t
> > x= exp(t)* cos(t);
> > y= exp(t)* sin(t);
> > D= diff(y,t)/diff(x,t);
```

回车得：

```
D= (cos(t)+ sin(t))/(cos(t)- sin(t))
```

例 3.5.6　求 $y = \cos(3x + 2)$ 的微分.

解　编程如下：

```
> > syms x;
> > y= cos(3* x+ 2);
> > dy= [char(diff(y)),'dx']
```

回车得：

```
dy= - 3* sin(3* x+ 2)dx
```

例 3.5.7　求函数 $f(x) = x^3 + 4\sin x$ 在 $x = \pi$ 处的导数值.

解　编程如下：

```
> > syms x
> > f= x^3+ 4* sin(x);
> > D= diff(f,x);
> > f_pi= subs(dfdx,x,pi)
```

回车得：

```
f_pi= 3* pi^2- 4
```

本 章 小 结

一、内容纲要

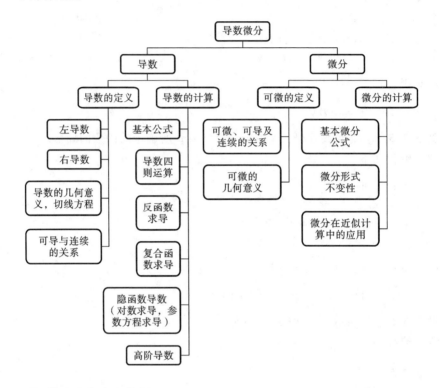

二、部分重难点内容分析

(1) 导数的定义有两种表示形式,即 $f'(x_0) = \lim\limits_{\Delta x \to 0} \dfrac{f(x_0 + \Delta x) - f(x_0)}{\Delta x}$ 和 $f'(x_0) = \lim\limits_{x \to x_0} \dfrac{f(x) - f(x_0)}{x - x_0}$,在利用定义求函数的导数时,可根据不同情况选择利用以上两式。例如,在求分段函数在分段点的导数时,通常用第二个表达形式.

(2) 一般在以下几种情况下,需要利用定义来求导数:① 在函数表达式中有抽象函数记号,已知其在某点连续,但不知它是否可导,欲求其导数时;② 求分段函数在分段点的导数时;③ 求带绝对值符号的函数在分段点的导数时,此时应先去掉绝对值符号,将函数改成分段函数.

(3) 求复合函数的导数是本章的重点,也是一个难点. 复合函数求导关键在于搞清楚函数的复合关系,从外到内一层一层地求导,既不能重复,也不能遗漏. 对于某些比较复杂的复合函数,在求导前,可先进行换元,引入中间变量,将函数变成比较简单的形式后再求导,然后乘以中间变量的导数.

(4) 对于由方程 $F(x,y)=0$ 所确定的函数 $y=y(x)$,求导数 $\dfrac{\mathrm{d}y}{\mathrm{d}x}$ 的方法有两个：① 将方程两边同时对 x 求导,此时需要注意 y 是 x 的函数,因此 y 的函数是 x 的复合函数,因此应该用复合函数的求导法则来求；② 可以利用微分形式的不变性,在方程两边求微分,然后解出 $\dfrac{\mathrm{d}y}{\mathrm{d}x}$.

(5) 在求幂指函数 $y=(f(x))^{g(x)}$ 的导数时,可以采取两种办法：① 用对数求导法,将两边取对数,然后按隐函数求导的思路求导；② 将幂指函数改写成 $y=\mathrm{e}^{f(x)\ln g(x)}$,再利用复合函数求导法则求 $\dfrac{\mathrm{d}y}{\mathrm{d}x}$.

(6) 除了求幂指函数的导数时可以应用对数求导法之外,当函数为一系列因子的连乘、连除、乘方时,采用对数求导法也可以使运算简便.

复习题 3

1. 选择题.

(1) 设 $f(x)$ 可导且下列极限均存在,则(　　)成立.

(A) $\lim\limits_{\Delta x \to 0}\dfrac{f(x_0+2\Delta x)-f(x_0)}{\Delta x}=\dfrac{1}{2}f'(x_0)$

(B) $\lim\limits_{x \to 0}\dfrac{f(x)-f(0)}{x}=f'(0)$

(C) $\lim\limits_{\Delta x \to 0}\dfrac{f(x_0-\Delta x)-f(x_0)}{\Delta x}=f'(x_0)$

(D) $\lim\limits_{h \to 0}\dfrac{f(a+2h)-f(a)}{h}=f'(a)$

(2) 下列函数在 $x=1$ 不可导的是(　　).

(A) $y=\dfrac{1-x}{1+x}$ 　　(B) $y=\dfrac{1+x}{1-x}$ 　　(C) $y=|1+x|$ 　　(D) $y=\sqrt{x+1}$

(3) 已知函数 $f(x)=\begin{cases}1-x, & x\leqslant 0 \\ \mathrm{e}^{-x}, & x>0\end{cases}$,则 $f(x)$ 在 $x=0$ 处(　　).

(A) 导数 $f'(0)=-1$ 　　　　　　(B) 间断

(C) 导数 $f'(0)=1$ 　　　　　　(D) 连续但不可导

(4) 已知 $y=\ln\dfrac{1}{u(x)}$,则 $y'=($　　$)$.

(A) $-\dfrac{u'(x)}{u(x)}$ 　　(B) $\dfrac{1}{u'(x)}$ 　　(C) $u(x)$ 　　(D) $u'(x)$

(5) 设函数 $f(x)$ 在点 $x=a$ 处可导,则 $\lim\limits_{x \to a} \dfrac{xf(a)-af(x)}{x-a}=$ (　　　).

(A) $af'(a)$　　　　　　　　(B) $f(a)-af'(a)$

(C) $-af'(a)$　　　　　　　(D) $-f(a)+af'(a)$

(6) 设 $y=\ln(x+\sqrt{x^2+1})$,则 $y'=$ (　　　).

(A) $\dfrac{1}{x+\sqrt{x^2+1}}$　(B) $\dfrac{1}{\sqrt{x^2+1}}$　(C) $\dfrac{2x}{x+\sqrt{x^2+1}}$　(D) $\dfrac{x}{\sqrt{x^2+1}}$

(7) 设 $y=\ln f(\sin x)$,其中 f 为可微函数,则(　　　).

(A) $y=\dfrac{\cos x}{f(\sin x)}\mathrm{d}x$　　　　　(B) $\mathrm{d}y=\dfrac{\cos x}{f(\sin x)}\mathrm{d}f(\sin x)$

(C) $\mathrm{d}y=\dfrac{f'(\sin x)}{f(\sin x)}\mathrm{d}x$　　　　(D) $\mathrm{d}y=\dfrac{f'(\sin x)}{f(\sin x)}\mathrm{d}\sin x$

(8) 设 $y=\cos x^2$,则 $\dfrac{\mathrm{d}y}{\mathrm{d}x^2}=$ (　　　).

(A) $2x\sin x^2$　　　(B) $-\sin x^2$　　　(C) $-2x\sin x^2$　　　(D) $\sin x^2$

(9) 曲线 $y=x^2-2x$ 上切线平行于 x 轴的点是(　　　).

(A) $(0,0)$　　　(B) $(1,-1)$　　　(C) $(-1,-1)$　　　(D) $(1,1)$

(10) 设函数 $f(x)=\begin{cases} 1, & x>0 \\ 0, & x=0 \\ -1, & x<0 \end{cases}$,则其导函数 $f'(x)$ 的定义域是(　　　).

(A) $(-\infty,+\infty)$　　　　　　(B) $(-\infty,0)$

(C) $(-\infty,0)\bigcup(0,+\infty)$　　　(D) $(0,+\infty)$

2. 填空题.

(1) 若 $f(x)$ 在点 $x=1$ 处可导且 $\lim\limits_{x \to 1}f(x)=3$,则 $f(1)=$ _____.

(2) 曲线 $y=\dfrac{1}{3}x^3$ 上平行于直线 $x-4y=5$ 的切线方程为 _____.

(3) 设 $f(x)$ 为可导的偶函数,$g(x)=f(\cos x)$,则 $g'\left(\dfrac{\pi}{2}\right)=$ _____.

(4) 设 $f(x)=\begin{cases} \ln(1+x), & x>0 \\ 0, & x=0 \\ \sin x, & x<0 \end{cases}$,则 $\lim\limits_{x \to 0}f(x)=$ _____,$f'(0)=$ _____.

(5) 设 $f(x)=(x-1)(x-2)\cdots(x-100)$,则 $f'(1)=$ _____.

3. 讨论函数在 $x=0$ 处的可导性与连续性:$f(x)=\begin{cases} x\sin\dfrac{1}{x}, & x\neq 0 \\ 0, & x=0 \end{cases}$.

4. 求下列函数的导数.

(1) $y=5x^3-2^x+\sin x$；

(2) $y=x^2\ln x$；

(3) $y=\dfrac{\ln x}{x}$；

(4) $y=\mathrm{e}^{-3x^2}$；

(5) $y=\ln(1+x^2)$；

(6) $y=\sqrt{x(\sin x)\sqrt{1-\mathrm{e}^{3x}}}$；

(7) $y=(\tan x)^x$；

(8) $y=\sqrt{\dfrac{x-1}{x+1}}$.

5. 设 $y=f(2x+1)$，且 $f'(x)=\dfrac{\sin x}{x}$，求 $\dfrac{\mathrm{d}y}{\mathrm{d}x}\Big|_{x=0}$.

6. 设 $y=f(\mathrm{e}^x)\cdot\mathrm{e}^{f(x)}$，其中 $f'(x)$ 存在，求 y'.

7. $y=f(x)$ 由方程 $y\mathrm{e}^x+\sin(xy)=0$ 确定，求 $\dfrac{\mathrm{d}y}{\mathrm{d}x}$.

8. 设 $\begin{cases}x=\ln(1+t^2)\\y=t-\arctan t\end{cases}$，求 $\dfrac{\mathrm{d}y}{\mathrm{d}x}, \dfrac{\mathrm{d}^2y}{\mathrm{d}x^2}$.

9. 设 $y=\tan x+\mathrm{e}^x$，求 $\mathrm{d}y$.

10. 设方程 $\mathrm{e}^{x+y}+y^2=\cos x$ 确定了 y 是 x 的函数，求 $\mathrm{d}y$.

11. 设方程 $x^y=y^x$ 确定了 y 是 x 的函数，求 $\mathrm{d}y$.

12. 设 $y=\dfrac{1-x}{1+x}$，求 $y^{(n)}$.

13. 计算下列函数的近似值.

(1) $\arctan 0.97$；

(2) $\sqrt{99.5}$.

第4章　中值定理与导数的应用

为了进一步应用导数研究函数的性质,本章首先介绍几个微分中值定理(微分中值定理是导数应用的理论基础),然后结合这些定理利用导数来研究函数及曲线的某些性态,并利用这些知识来解决一些实际问题.

4.1　微分中值定理

4.1.1　罗尔(Rolle)定理

定理 4.1.1(罗尔定理)　如果函数 $y=f(x)$ 满足:

(1) 在闭区间 $[a,b]$ 上连续;

(2) 在开区间 (a,b) 内可导;

(3) 在区间端点的函数值相等,即 $f(a)=f(b)$;

则在 (a,b) 内至少存在一点 $\xi(a<\xi<b)$,使得 $f'(\xi)=0$.

罗尔定理的几何意义　如图 4.1.1 所示,设曲线弧 AB 的方程为 $y=f(x)(a\leqslant x\leqslant b)$,罗尔定理的条件表明:曲线弧 AB 是一条连续光滑的曲线(即这条曲线在开区间 (a,b) 内每一点都存在不垂直于 x 轴的切线),且曲线两端点的纵坐标相等(即 $f(a)=f(b)$).罗尔定理的结论表明了这样一个几何事实:在曲线弧 AB 上至少有一点 C,使曲线在该点处的切线平行于 x 轴,即平行于曲线弦 AB.

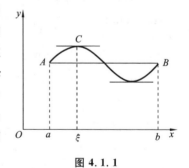

图 4.1.1

从图中不难发现,在曲线弧上的最高点或最低点处,切线是水平的,即有 $f'(\xi)=0$,这就启发了我们证明这个定理的思路.

证　因为 $f(x)$ 在闭区间 $[a,b]$ 上连续,根据闭区间上连续函数的性质,$f(x)$ 在 $[a,b]$ 上必取得最大值 M 和最小值 m.这样就只有两种可能的情况:

(1) $M=m$,此时 $f(x)$ 在 $[a,b]$ 上必为常数,对任意的 $\xi\in(a,b)$,都有 $f'(\xi)=0$;

(2) $M>m$,因为 $f(a)=f(b)$,所以 M 和 m 中至少有一个不在区间端点 a 和 b 处取得.不妨设 $M\neq f(a)$(如果设 $m\neq f(a)$,证法完全类似),则在开区间 (a,b) 内至少存在一点 ξ,使得 $f(\xi)=M$.下面来证明 $f'(\xi)=0$.

由条件(2)知,$f'(\xi)$ 存在,则 $f'(\xi)=f'_+(\xi)=f'_-(\xi)$.由于 $f(\xi)$ 为最大值,所以

不论 Δx 为正或为负,只要 $\xi+\Delta x\in[a,b]$,就总有

$$f(\xi+\Delta x)-f(\xi)\leqslant 0$$

因此,当 $\Delta x>0$ 时,有

$$\frac{f(\xi+\Delta x)-f(\xi)}{\Delta x}\leqslant 0$$

根据函数极限的保号性知

$$f'_+(\xi)=\lim_{\Delta x\to 0^+}\frac{f(\xi+\Delta x)-f(\xi)}{\Delta x}\leqslant 0$$

同样,当 $\Delta x<0$ 时,有 $\dfrac{f(\xi+\Delta x)-f(\xi)}{\Delta x}\geqslant 0$,所以

$$f'_-(\xi)=\lim_{\Delta x\to 0^-}\frac{f(\xi+\Delta x)-f(\xi)}{\Delta x}\geqslant 0$$

故 $f'(\xi)=0$.

注:(1) 罗尔定理的三个条件必须同时满足,否则结论可能不成立.

(2) 由罗尔定理易知,若函数 $f(x)$ 在 $[a,b]$ 上满足定理的三个条件,则其导函数 $f'(x)$ 在 (a,b) 内至少存在一个零点(也可能不止一个).另外定理只给出了导函数的零点的存在性,没有告诉我们如何去求出这样的零点,通常这样的零点是不易具体求出的.

例 4.1.1　不用求出函数 $f(x)=(x-1)(x-2)(x-3)(x-4)$ 的导数,说明方程 $f'(x)=0$ 有几个实根,并指出它们所在的区间.

解　因为 $f(x)=(x-1)(x-2)(x-3)(x-4)$ 在 $[1,2],[2,3],[3,4]$ 上连续,在 $(1,2),(2,3),(3,4)$ 内可导,且 $f(1)=f(2)=f(3)=f(4)=0$,故由罗尔中值定理知:至少有 $\xi_1\in(1,2),\xi_2\in(2,3),\xi_3\in(3,4)$,使得 $f'(\xi_1)=f'(\xi_2)=f'(\xi_3)=0$,即方程 $f'(x)=0$ 至少有三个实根,又方程 $f'(x)=0$ 为三次方程,至多有三个实根,所以 $f'(x)=0$ 有三个实根,分别为 $\xi_1\in(1,2),\xi_2\in(2,3),\xi_3\in(3,4)$.

例 4.1.2　证明:方程 $x^5+x-1=0$ 只有一个正根.

解　令 $f(x)=x^5+x-1$,因为 $f(x)$ 在 $[0,1]$ 上连续,且 $f(1)=1>0,f(0)=-1<0$,所以由零点定理知:至少有一点 $\xi\in(0,1)$,使得 $f(\xi)=\xi^5+\xi-1=0$.

假设 $x^5+x-1=0$ 有两个正根,分别设为 $\xi_1,\xi_2(\xi_1<\xi_2)$,则 $f(x)$ 在 $[\xi_1,\xi_2]$ 上连续,在 (ξ_1,ξ_2) 内可导,且 $f(\xi_1)=f(\xi_2)=0$,从而由罗尔定理知:至少有一点 $\xi\in(\xi_1,\xi_2)$,使得 $f'(\xi)=5\xi^4+1=0$,这不可能.

所以方程 $x^5+x-1=0$ 只有一个正根.

注:讨论某些方程根的唯一性时,可利用反证法,结合零点定理和罗尔定理得出结论.零点定理往往用来讨论函数的零点情况;罗尔定理往往用来讨论导函数的零点情况.

4.1.2 拉格朗日(Lagrange)中值定理

罗尔定理中,$f(a)=f(b)$这个条件要求太严格,它使罗尔定理的应用受到了限制,如果把罗尔定理中 $f(a)=f(b)$ 这个条件取消,但仍保留其余两个条件,就可得到在微分学中非常重要的拉格朗日中值定理.

定理 4.1.2(拉格朗日中值定理) 如果函数 $y=f(x)$满足:

(1) 在闭区间$[a,b]$上连续;

(2) 在开区间(a,b)内可导;

则在(a,b)内至少存在一点 $\xi(a<\xi<b)$,使得

$$f(b)-f(a)=f'(\xi)(b-a) \tag{4.1.1}$$

拉格朗日中值定理的几何意义 式(4.1.1)可改写为

$$\frac{f(b)-f(a)}{b-a}=f'(\xi) \tag{4.1.2}$$

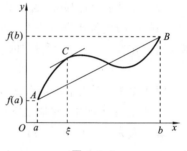

图 4.1.2

如图 4.1.2 所示,$\dfrac{f(b)-f(a)}{b-a}$为直线 AB 的斜率,而 $f'(\xi)$为曲线在点 C 处的切线的斜率.因此,拉格朗日中值定理的几何意义是,在满足定理条件的情况下(即连续曲线弧 AB 除端点外处处有不垂直于 x 轴的切线),曲线 $y=f(x)$上至少有一点 C,使曲线在点 C 处的切线平行于曲线两端点连线而得的曲线弦 AB.

当 $f(a)=f(b)$时,拉格朗日中值定理就变成了罗尔定理,从而说明罗尔定理是拉格朗日中值定理的特殊情形.两者之间的关系启发我们可利用罗尔定理来证明拉格朗日中值定理.假如我们能构造一个与$f(x)$有密切联系的辅助函数 $F(x)$,使 $F(x)$满足条件 $F(a)=F(b)$,对 $F(x)$应用罗尔定理,最后将对 $F(x)$所得的结论整理,就能得到所要的结论.事实上,由于直线 AB 的方程为 $y=f(a)+\dfrac{f(b)-f(a)}{b-a}(x-a)$,而曲线 $y=f(x)$与直线 AB 在端点 a,b 处相交,故易想到用曲线方程 $y=f(x)$与直线 AB 的方程的差做成一个新函数,这样这个新函数在端点 a,b 处的函数值相等,便可用罗尔定理了.由此即可证明拉格朗日中值定理.

证 构造辅助函数

$$F(x)=f(x)-\left[f(a)+\frac{f(b)-f(a)}{b-a}(x-a)\right]$$

易知 $F(x)$在区间$[a,b]$上满足罗尔定理的条件,从而在(a,b)内至少存在一点 ξ,使得 $F'(\xi)=0$,即

$$f'(\xi) - \frac{f(b) - f(a)}{b-a} = 0$$

故 $f'(\xi) = \dfrac{f(b) - f(a)}{b-a}$ 或 $f(b) - f(a) = f'(\xi)(b-a)$.

证毕.

注:(1) 式(4.1.1)和式(4.1.2)均称为**拉格朗日中值公式**. 显然,当 $b < a$ 时,式(4.1.1)和式(4.1.2)也成立.

(2) 式(4.1.2)的左端 $\dfrac{f(b) - f(a)}{b-a}$ 表示函数 $f(x)$ 在闭区间 $[a,b]$ 上的平均变化率,右端 $f'(\xi)$ 表示开区间 (a,b) 内某点 ξ 处函数 $f(x)$ 的瞬时变化率. 于是,拉格朗日中值公式说明了在整个区间上的平均变化率一定等于区间某个内点处的瞬时变化率. 若从物理学角度看,式(4.1.2)表示整体上的平均速度等于某一内点处的瞬时速度.

(3) 设 $x, x + \Delta x \in (a,b)$,在以 $x, x + \Delta x$ 为端点的区间上应用拉格朗日中值定理,则至少存在一点 ξ(介于 x 与 $x + \Delta x$ 之间),使得

$$f(x + \Delta x) - f(x) = f'(\xi) \cdot \Delta x$$

可令 $\xi = x + \theta \Delta x (0 < \theta < 1)$,则有

$$f(x + \Delta x) - f(x) = f'(x + \theta \Delta x) \cdot \Delta x \quad (0 < \theta < 1)$$

即
$$\Delta y = f'(x + \theta \Delta x) \cdot \Delta x \quad (0 < \theta < 1) \tag{4.1.3}$$

函数的微分 $\mathrm{d}y = f'(x) \cdot \Delta x$ 是函数的增量 Δy 的近似表达式,而式(4.1.3)则表示 $f'(x + \theta \Delta x) \cdot \Delta x$ 就是函数增量 Δy 的准确表达式. 即式(4.1.3)精确地表达了函数在一个区间上的增量与函数在该区间内某点处的导数之间的关系,这个公式又称为**有限增量公式**.

我们知道,常数的导数为零;但反过来,导数为零的函数是否为常数呢? 回答是肯定的. 现在就用拉格朗日中值定理来证明其正确性.

推论 4.1.1 如果函数 $f(x)$ 在区间 I 上的导数恒为零,那么 $f(x)$ 在区间 I 上是一个常数.

证 在区间 I 上任取两点 $x_1, x_2 (x_1 < x_2)$,在区间 $[x_1, x_2]$ 上应用拉格朗日中值定理,得

$$f(x_2) - f(x_1) = f'(\xi)(x_2 - x_1) \quad (x_1 < \xi < x_2)$$

由假设 $f'(\xi) = 0$,所以

$$f(x_2) - f(x_1) = 0, \quad 即 \quad f(x_2) = f(x_1)$$

再由 x_1, x_2 的任意性知,$f(x)$ 在区间 I 上任意点处的函数值都相等,即 $f(x)$ 在区间 I 上是一个常数.

注:推论 4.1.1 表明,导数为零的函数就是常数函数. 由推论 4.1.1 立即可得下面的推论 4.1.2.

推论 4.1.2 如果函数 $f(x)$ 与 $g(x)$ 在区间 I 上恒有 $f'(x)=g'(x)$，则在区间 I 上有

$$f(x)=g(x)+C \quad (C \text{ 为常数})$$

例 4.1.3 证明：$\arcsin x+\arccos x=\dfrac{\pi}{2}(-1\leqslant x\leqslant 1)$.

证 设 $f(x)=\arcsin x+\arccos x$，则 $x\in(-1,1)$ 时

$$f'(x)=\frac{1}{\sqrt{1-x^2}}-\frac{1}{\sqrt{1-x^2}}=0$$

所以 $f(x)=C$，令 $x=0$，则 $C=\arcsin 0+\arccos 0=\dfrac{\pi}{2}$，所以 $x\in(-1,1)$ 时

$$\arcsin x+\arccos x=\frac{\pi}{2}$$

又

$$f(-1)=\arcsin(-1)+\arccos(-1)=-\frac{\pi}{2}+\pi=\frac{\pi}{2}$$

$$f(1)=\arcsin 1+\arccos 1=\frac{\pi}{2}+0=\frac{\pi}{2}$$

综上所述

$$\arcsin x+\arccos x=\frac{\pi}{2}(-1\leqslant x\leqslant 1)$$

例 4.1.4 证明下列不等式.

(1) $|\arctan a-\arctan b|\leqslant|a-b| \quad (a<b)$；

(2) 当 $x>1$ 时，$e^x>ex$.

证 (1) 令 $f(x)=\arctan x$，则 $f(x)$ 在 $[a,b]$ 上连续，在 (a,b) 内可导，故由拉格朗日中值定理，得至少存在一点 $\xi\in(a,b)$，使得

$$|\arctan a-\arctan b|=|f'(\xi)(b-a)|=\left|\frac{1}{1+\xi^2}\right||b-a|\leqslant|b-a|$$

(2) 令 $f(x)=e^x(x>1)$，则 $f(x)$ 在 $[1,x]$ 上连续，在 $(1,x)$ 内可导，故由拉格朗日中值定理，得至少存在一点 $\xi\in(1,x)$，使得

$$e^x-e=e^\xi(x-1)$$

又 $1<\xi<x$，故 $e^x-e=e^\xi(x-1)>e(x-1)=ex-e$，从而当 $x>1$ 时，$e^x>ex$.
证毕.

*4.1.3 柯西(Cauchy)中值定理

定理 4.1.3(柯西中值定理) 如果函数 $f(x)$ 及 $g(x)$ 满足：

(1) 在闭区间 $[a,b]$ 上连续；

(2) 在开区间 (a,b) 内可导；

(3) 在 (a,b) 内每一点处 $g'(x)\neq 0$；则在 (a,b) 内至少存在一点 $\xi(a<\xi<b)$，使得

$$\frac{f(b)-f(a)}{g(b)-g(a)}=\frac{f'(\xi)}{g'(\xi)}$$

证　构造辅助函数

$$\varphi(x)=f(x)-f(a)-\frac{f(b)-f(a)}{g(b)-g(a)}[g(x)-g(a)]$$

易知 $\varphi(x)$ 在 $[a,b]$ 上满足罗尔定理的条件,故在 (a,b) 内至少存在一点 ξ,使得 $\varphi'(\xi)$ $=0$,即

$$f'(\xi)-\frac{f(b)-f(a)}{g(b)-g(a)}\cdot g'(\xi)=0$$

从而

$$\frac{f(b)-f(a)}{g(b)-g(a)}=\frac{f'(\xi)}{g'(\xi)} \tag{4.1.4}$$

注:式(4.1.4)又称为柯西中值公式,若取 $g(x)=x$,则柯西中值公式就变成了拉格朗日中值公式,因此,柯西中值定理是拉格朗日中值定理的推广,拉格朗日中值定理是柯西中值定理的特殊情形.

例 4.1.5　设函数 $f(x)$ 在 $[a,b]$ 上连续,在 (a,b) 内可导 $(a>0)$,试证明:至少存在一点 $\xi\in(a,b)$,使得 $f(b)-f(a)=\xi f'(\xi)\ln\dfrac{b}{a}$.

证　由题设结论可得到

$$\frac{f(b)-f(a)}{\ln b-\ln a}=\frac{f'(\xi)}{\dfrac{1}{\xi}}$$

因此,可设 $g(x)=\ln x$,则 $f(x)$、$g(x)$ 在 $[a,b]$ 上满足柯西中值定理的条件,所以在 (a,b) 内至少存在一点 ξ,使 $\dfrac{f(b)-f(a)}{\ln b-\ln a}=\dfrac{f'(\xi)}{\dfrac{1}{\xi}}$,即

$$f(b)-f(a)=\xi f'(\xi)\ln\frac{b}{a}$$

证毕.

习　题　4.1

1. 函数 $y=\sin x$ 在区间 $\left[\dfrac{\pi}{6},\dfrac{5\pi}{6}\right]$ 上是否满足罗尔定理的所有条件? 如满足,请求出满足定理的数值 ξ.

2. 验证拉格朗日中值定理对 $f(x)=\begin{cases}(3-x^2)/2, & x\leqslant 1\\ 1/x, & x>1\end{cases}$ 在 $[0,2]$ 上的正确性.

3. 设 $f(x)$ 在 $[0,1]$ 上连续,在 $(0,1)$ 内可导,且 $f(1)=0$. 求证:至少存在一点

$\xi \in (0,1)$,使 $f'(\xi) = -\dfrac{f(\xi)}{\xi}$.

4. 若函数 $f(x)$ 在 (a,b) 内具有二阶导函数,且 $f(x_1) = f(x_2) = f(x_3)(a < x_1 < x_2 < x_3 < b)$,证明:在 (x_1, x_3) 内至少有一点 ξ,使得 $f''(\xi) = 0$.

5. 证明:方程 $x^3 + x - 1 = 0$ 只有一个正根.

6. 证明下列不等式.

(1) $|\arctan a - \arctan b| \leqslant |a - b|$;

(2) 当 $x > 0$ 时,$\dfrac{x}{1+x} < \ln(1+x) < x$.

7. 证明:$\arctan x + \operatorname{arccot} x = \dfrac{\pi}{2}, x \in (-\infty, +\infty)$.

8. 若函数 $f(x)$ 在 $(-\infty, +\infty)$ 内满足关系式 $f'(x) = f(x)$ 且 $f(0) = 1$,证明:$f(x) = e^x$.

*9. 设函数 $f(x)$ 在 $[0,1]$ 上连续,在 $(0,1)$ 内可导. 试证明:至少存在一点 $\xi \in (0,1)$,使 $f'(\xi) = 3\xi^2 [f(1) - f(0)]$.

4.2 洛必达法则

在函数的极限运算中我们经常遇到这样的情况,即当 $x \to x_0$ 或 $x \to \infty$ 时 $f(x)$ 与 $g(x)$ 都趋向于 0 或趋向于 ∞,此时极限 $\lim\limits_{\substack{x \to x_0 \\ (x \to \infty)}} \dfrac{f(x)}{g(x)}$ 可能存在,也可能不存在,称这种极限形式为未定式,并分别简记为 $\dfrac{0}{0}$ 型或 $\dfrac{\infty}{\infty}$ 型. 例如,$\lim\limits_{x \to 0} \dfrac{\sin x}{x}$,$\lim\limits_{x \to 0} \dfrac{1 - \cos x}{x^2}$ 是 $\dfrac{0}{0}$ 型未定式,$\lim\limits_{x \to +\infty} \dfrac{x^3}{e^x}$,$\lim\limits_{x \to +\infty} \dfrac{\ln x}{x^n}$ 是 $\dfrac{\infty}{\infty}$ 型未定式.

对于这种形式的极限不能直接运用极限四则运算的法则. 本节将介绍一种求此两类未定式极限的简便且重要的方法,即所谓的洛必达法则.

1. $\dfrac{0}{0}$ 型未定式

我们着重讨论 $x \to x_0$ 时的未定式情形,$x \to \infty$ 时的情形类似可得.

定理 4.2.1 设(1) $\lim\limits_{x \to x_0} f(x) = \lim\limits_{x \to x_0} g(x) = 0$;

(2) 在 x_0 的某去心邻域内(若 $x \to \infty$,则当 $|x| > N$ 时),$f'(x)$ 与 $g'(x)$ 都存在,且 $g'(x) \neq 0$;

(3) $\lim\limits_{x \to x_0} \dfrac{f'(x)}{g'(x)}$ 存在(或 ∞),则有

$$\lim_{x \to x_0} \frac{f(x)}{g(x)} = \lim_{x \to x_0} \frac{f'(x)}{g'(x)} \text{存在(或} \infty)$$

这种求极限的方法就称为洛必达法则，其具体思想是：当极限 $\lim\limits_{x \to x_0} \dfrac{f(x)}{g(x)}$ 为 $\dfrac{0}{0}$ 型时，可以对分子、分母分别求导数后再求极限 $\lim\limits_{x \to x_0} \dfrac{f'(x)}{g'(x)}$，若这种形式的极限存在，则此极限值即为所求.

证　由于求极限 $\lim\limits_{x \to x_0} \dfrac{f(x)}{g(x)}$ 与值 $f(x_0)$，$g(x_0)$ 无关，故不妨设 $f(x_0) = g(x_0) = 0$. 由条件（1）与（2）知：$f(x)$ 与 $g(x)$ 在点 x_0 的某邻域内是连续的，设 x 是这邻域内的一点，那么在 $[x, x_0]$（或 $[x_0, x]$）上应用柯西中值定理，有 $\dfrac{f(x)}{g(x)} = \dfrac{f(x) - f(a)}{g(x) - g(a)} = \dfrac{f'(\xi)}{g'(\xi)}$，其中 $\xi \in [x, x_0]$（或 $\xi \in [x_0, x]$）.

显然，当 $x \to x_0$ 时有 $\xi \to x_0$，所以有 $\lim\limits_{x \to x_0} \dfrac{f(x)}{g(x)} = \lim\limits_{\xi \to x_0} \dfrac{f'(\xi)}{g'(\xi)} = \lim\limits_{x \to x_0} \dfrac{f'(x)}{g'(x)}$.

证毕.

注：（1）若 $\lim\limits_{x \to x_0} \dfrac{f'(x)}{g'(x)}$ 仍是 $\dfrac{0}{0}$ 型，且 $f'(x)$ 与 $g'(x)$ 也满足定理 4.2.1 中的条件，则可继续使用洛必达法则，即 $\lim\limits_{x \to x_0} \dfrac{f(x)}{g(x)} = \lim\limits_{x \to x_0} \dfrac{f'(x)}{g'(x)} = \lim\limits_{x \to x_0} \dfrac{f''(x)}{g''(x)}$. 只要满足定理 4.2.1 中的条件，就可多次使用洛必达法则进行计算.

（2）若将定理 4.2.1 中的 $x \to a$ 换成 $x \to a^{\pm}$，$x \to \infty$，$x \to \pm\infty$，则只要相应地修改定理 4.2.1 中的条件（2），结论仍然成立.

例 4.2.1　求 $\lim\limits_{x \to 0} \dfrac{\sin 5x}{\sin 3x}$.

解　这是 $\dfrac{0}{0}$ 型未定式，由洛必达法则可得

$$\lim_{x \to 0} \frac{\sin 5x}{\sin 3x} = \lim_{x \to 0} \frac{(\sin 5x)'}{(\sin 3x)'} = \lim_{x \to 0} \frac{5\cos 5x}{3\cos 3x} = \frac{5}{3}$$

例 4.2.2　求 $\lim\limits_{x \to 0} \dfrac{1 - \cos x}{x^2}$.

解　这是 $\dfrac{0}{0}$ 型未定式，由洛必达法则，可得

$$\lim_{x \to 0} \frac{1 - \cos x}{x^2} = \lim_{x \to 0} \frac{\sin x}{2x} = \frac{1}{2}$$

例 4.2.3　求 $\lim\limits_{x \to 0} \dfrac{x - x\cos x}{x - \sin x}$.

解　这是 $\dfrac{0}{0}$ 型未定式，由洛必达法则，可得

$$\lim_{x \to 0} \frac{x - x\cos x}{x - \sin x} = \lim_{x \to 0} \frac{1 - \cos x + x\sin x}{1 - \cos x} \left(\text{仍为} \frac{0}{0} \text{型}\right) = \lim_{x \to 0} \frac{\sin x + \sin x + x\cos x}{\sin x}$$

$$= \lim_{x \to 0} \left(2 + \frac{x}{\sin x} \cos x\right) = 2 + 1 \times 1 = 3$$

例 4.2.4　求 $\lim\limits_{x \to +\infty} \dfrac{\dfrac{\pi}{2} - \arctan x}{\dfrac{1}{x}}$.

解　这是 $\dfrac{0}{0}$ 型未定式,所以有

$$\lim_{x \to +\infty} \frac{\dfrac{\pi}{2} - \arctan x}{\dfrac{1}{x}} = \lim_{x \to +\infty} \frac{-\dfrac{1}{1 + x^2}}{-\dfrac{1}{x^2}} = \lim_{x \to +\infty} \frac{x^2}{1 + x^2} = 1$$

2. $\dfrac{\infty}{\infty}$ 型未定式

对于 $\lim\limits_{\substack{x \to x_0 \\ (x \to \infty)}} \dfrac{f(x)}{g(x)}$ 为 $\dfrac{\infty}{\infty}$ 型,同样有类似定理 4.2.1 的结论.

定理 4.2.2　若(1) $\lim\limits_{\substack{x \to x_0 \\ (x \to \infty)}} f(x) = \lim\limits_{\substack{x \to x_0 \\ (x \to \infty)}} g(x) = \infty$;

(2) 在 x_0 的某邻域内,点 x_0 可除外(若 $x \to \infty$,则当 $|x| > N$ 时),$f'(x)$ 与 $g'(x)$ 都存在,且 $g'(x) \neq 0$;

(3) $\lim\limits_{\substack{x \to x_0 \\ (x \to \infty)}} \dfrac{f'(x)}{g'(x)}$ 存在(或 ∞),则有

$$\lim_{x \to x_0} \frac{f(x)}{g(x)} = \lim_{x \to x_0} \frac{f'(x)}{g'(x)} \text{存在(或} \infty\text{)}$$

证明从略.

从定理 4.2.1 和定理 4.2.2 可知:当 $\lim\limits_{\substack{x \to x_0 \\ (x \to \infty)}} \dfrac{f(x)}{g(x)}$ 为 $\dfrac{0}{0}$ 型或 $\dfrac{\infty}{\infty}$ 型时,若 $\lim\limits_{\substack{x \to x_0 \\ (x \to \infty)}} \dfrac{f'(x)}{g'(x)}$

存在或无穷大,则有

$$\lim_{\substack{x \to x_0 \\ (x \to \infty)}} \frac{f(x)}{g(x)} = \lim_{\substack{x \to x_0 \\ (x \to \infty)}} \frac{f'(x)}{g'(x)}$$

例 4.2.5　求 $\lim\limits_{x \to +\infty} \dfrac{\ln x}{x^n}$.

解　这是 $\dfrac{\infty}{\infty}$ 型未定式,则有

$$\lim_{x \to +\infty} \frac{\ln x}{x^n} = \lim_{x \to +\infty} \frac{\dfrac{1}{x}}{nx^{n-1}} = \lim_{x \to +\infty} \frac{1}{nx^n} = 0$$

例 4.2.6　求 $\lim\limits_{x \to +\infty} \dfrac{x^5}{e^x}$.

解　这是 $\dfrac{\infty}{\infty}$ 型未定式，则有

$$\lim_{x\to+\infty}\frac{x^5}{\mathrm{e}^x}=\lim_{x\to+\infty}\frac{5x^4}{\mathrm{e}^x}=\lim_{x\to+\infty}\frac{20x^3}{\mathrm{e}^x}=\lim_{x\to+\infty}\frac{60x^2}{\mathrm{e}^x}=\lim_{x\to+\infty}\frac{120x}{\mathrm{e}^x}=\lim_{x\to\infty}\frac{120}{\mathrm{e}^x}=0$$

洛必达法则虽然是求未定式极限的一种有效方法，但若能与其他求极限的方法结合使用，则效果会更好. 例如，能化简时应尽可能先化简，可以应用等价无穷小替换或重要极限时，应尽量应用，这样可以使运算更简便.

例 4.2.7　求 $\lim\limits_{x\to0}\dfrac{3x-\sin3x}{(1-\cos x)(\mathrm{e}^{4x}-1)}$.

解　当 $x\to0$ 时，$1-\cos x\sim\dfrac{1}{2}x^2$，$\mathrm{e}^{4x}-1\sim4x$，所以

$$\lim_{x\to0}\frac{3x-\sin3x}{(1-\cos x)(\mathrm{e}^{4x}-1)}=\lim_{x\to0}\frac{3x-\sin3x}{2x^3}=\lim_{x\to0}\frac{3-3\cos3x}{6x^2}=\lim_{x\to0}\frac{3\sin3x}{4x}=\frac{9}{4}$$

3. 其他类型的未定式

除了上述两种未定式外，还有其他未定式，如 $0\cdot\infty$，$\infty-\infty$，0^0，1^∞，∞^0 等. 由于它们都可经过简单的变换化为 $\dfrac{0}{0}$ 型或 $\dfrac{\infty}{\infty}$ 型未定式，因此也常用洛必达法则求其值.

（1）对 $0\cdot\infty$ 型，先化为 $\dfrac{1}{\infty}\cdot\infty$ 型或 $0\cdot\dfrac{1}{0}$ 型，然后用洛必达法则求出其值；

（2）对 $\infty-\infty$ 型，先化为 $\dfrac{1}{0}-\dfrac{1}{0}$ 型，再化为 $\dfrac{0}{0}$ 型，最后用洛必达法则求出其值；

（3）对 0^0 或 1^∞ 或 ∞^0 型，先化为 $\mathrm{e}^{\ln0^0}$ 或 $\mathrm{e}^{\ln1^\infty}$ 或 $\mathrm{e}^{\ln\infty^0}$ 型，再化为 $\mathrm{e}^{\frac{0}{0}}$ 或 $\mathrm{e}^{\frac{\infty}{\infty}}$ 型，最后用洛必达法则求出其值.

例 4.2.8　求 $\lim\limits_{x\to0^+}x\ln x$.

解　这是 $0\cdot\infty$ 型未定式，所以有

$$\lim_{x\to0^+}x\ln x=\lim_{x\to0^+}\frac{\ln x}{\dfrac{1}{x}}=\lim_{x\to0^+}\frac{\dfrac{1}{x}}{-\dfrac{1}{x^2}}=\lim_{x\to0}(-x)=0$$

例 4.2.9　求 $\lim\limits_{x\to0}\left(\dfrac{1}{\sin x}-\dfrac{1}{x}\right)$.

解　这是 $\infty-\infty$ 型未定式，所以有

$$\lim_{x\to0}\left(\frac{1}{\sin x}-\frac{1}{x}\right)=\lim_{x\to0}\frac{x-\sin x}{x\sin x}=\lim_{x\to0}\frac{1-\cos x}{\sin x+x\cos x}=\lim_{x\to0}\frac{\sin x}{\cos x+\cos x-x\sin x}=0$$

例 4.2.10　求 $\lim\limits_{x\to0^+}x^x$.

解　这是 0^0 型未定式，所以有 $\lim\limits_{x\to0^+}x^x=\lim\limits_{x\to0^+}\mathrm{e}^{\ln x^x}=\lim\limits_{x\to0^+}\mathrm{e}^{x\ln x}$，而

$$\lim_{x\to 0^+} x\ln x = \lim_{x\to 0^+} \frac{\ln x}{\frac{1}{x}} = 0$$

故 $\lim_{x\to 0^+} x^x = e^0 = 1.$

例 4.2.11　求 $\lim_{x\to\infty}\left(1+\frac{1}{x}\right)^x.$

解　这是 1^∞ 型未定式,由于

$$\lim_{x\to\infty}\ln\left(1+\frac{1}{x}\right)^x = \lim_{x\to\infty}\frac{\ln\left(1+\frac{1}{x}\right)}{\frac{1}{x}} = \lim_{x\to\infty}\frac{\frac{1}{1+\frac{1}{x}}\left(-\frac{1}{x^2}\right)}{-\frac{1}{x^2}} = \lim_{x\to\infty}\frac{1}{1+\frac{1}{x}} = 1$$

故 $\lim_{x\to\infty}\left(1+\frac{1}{x}\right)^x = e.$

例 4.2.12　求 $\lim_{x\to +\infty}(x+\sqrt{1+x^2})^{\frac{1}{\ln x}}.$

解　这是 ∞^0 型未定式,将它变形为 $\lim_{x\to +\infty}(x+\sqrt{1+x^2})^{\frac{1}{\ln x}} = e^{\lim\limits_{x\to +\infty}\frac{\ln(x+\sqrt{1+x^2})}{\ln x}}$,由于

$$\lim_{x\to +\infty}\frac{\ln(x+\sqrt{1+x^2})}{\ln x} = \lim_{x\to +\infty}\frac{\frac{1}{x+\sqrt{1+x^2}}\cdot\left(1+\frac{x}{\sqrt{1+x^2}}\right)}{\frac{1}{x}} = \lim_{x\to +\infty}\frac{\frac{1}{\sqrt{1+x^2}}}{\frac{1}{x}}$$

$$= \lim_{x\to +\infty}\frac{x}{\sqrt{1+x^2}} = 1$$

故 $\lim_{x\to +\infty}(x+\sqrt{1+x^2})^{\frac{1}{\ln x}} = e.$

注:(1) 洛必达法则只适用 $\frac{0}{0}$ 型或 $\frac{\infty}{\infty}$ 型,其他未定型必须先化成 $\frac{0}{0}$ 型或 $\frac{\infty}{\infty}$ 型,然后用洛必达法则.

(2) 洛必达法则只适用 $\lim\limits_{\substack{x\to x_0 \\ (x\to\infty)}}\frac{f(x)}{g(x)}$ 存在或无穷大时,当 $\lim\limits_{\substack{x\to x_0 \\ (x\to\infty)}}\frac{f(x)}{g(x)}$ 不存在时不能用洛必达法则求解,需要通过其他方法来讨论,这说明洛必达法则也不是万能的.

例 4.2.13　求 $\lim\limits_{x\to\infty}\frac{x+\cos x}{x+\sin x}.$

解　这是 $\frac{\infty}{\infty}$ 型未定式,由于对分子、分母同时求导后的极限 $\lim\limits_{x\to\infty}\frac{1-\sin x}{1+\cos x}$ 不存在,所以不能用洛必达法则求解. 事实上,

$$\lim_{x\to\infty}\frac{x+\cos x}{x+\sin x} = \lim_{x\to\infty}\frac{1+\frac{1}{x}\cos x}{1+\frac{1}{x}\sin x} = 1$$

习　题　4.2

1. 用洛必达法则求下列极限.

(1) $\lim\limits_{x \to 0} \dfrac{\ln(x+1)}{x}$；

(2) $\lim\limits_{x \to a} \dfrac{x^m - a^m}{x^n - a^n} \, (a \neq 0)$；

(3) $\lim\limits_{x \to \frac{\pi}{4}} \dfrac{\sin x - \cos x}{1 - \tan^2 x}$；

(4) $\lim\limits_{x \to 0} \dfrac{e^{\sin x} - e^x}{\sin x - x}$；

(5) $\lim\limits_{x \to 0^+} \dfrac{\ln \tan 7x}{\ln \tan 2x}$；

(6) $\lim\limits_{x \to +\infty} \dfrac{e^x}{x^2 + 1}$；

(7) $\lim\limits_{x \to 0} \left(\dfrac{1}{\sin^2 x} - \dfrac{1}{x^2} \right)$；

(8) $\lim\limits_{x \to 0^+} (\cos \sqrt{x})^{\frac{1}{x}}$；

(9) $\lim\limits_{x \to 1} \left(\dfrac{x}{x-1} - \dfrac{1}{\ln x} \right)$；

(10) $\lim\limits_{x \to \infty} x (e^{\frac{1}{x}} - 1)$；

(11) $\lim\limits_{x \to 0^+} \sin x \cdot \ln x$；

(12) $\lim\limits_{x \to 1} x^{\frac{1}{1-x}}$；

(13) $\lim\limits_{x \to 0} (1 + \sin x)^{\frac{1}{x}}$；

(14) $\lim\limits_{x \to 0^+} x^{\tan x}$；

(15) $\lim\limits_{x \to 0} \dfrac{1 - \sqrt{1 - x^2}}{e^x - \cos x}$；

(16) $\lim\limits_{x \to 0} \dfrac{\sqrt{1 + \tan x} - \sqrt{1 + \sin x}}{x \ln(1+x) - x^2}$；

(17) $\lim\limits_{x \to \frac{\pi}{2}^-} (\cos x)^{\frac{\pi}{2} - x}$；

(18) $\lim\limits_{x \to 0} \left(\dfrac{\sin x}{x} \right)^{\frac{1}{x^2}}$.

2. 证明：极限 $\lim\limits_{x \to 0} \dfrac{x^2 \sin \dfrac{1}{x}}{\sin x}$ 存在，但不能用洛必达法则求出.

3. 若 $f(x)$ 有二阶导数，证明：$f''(x) = \lim\limits_{h \to 0} \dfrac{f(x+h) - 2f(x) + f(x-h)}{h^2}$.

（提示：利用洛必达法则及导数定义）

4. 设当 $x \to 0$ 时，$e^x - (ax^2 + bx + 1)$ 是比 x^2 高阶的无穷小，试确定 a 和 b 的值.

4.3　函数的单调性与极值

在第 1 章中我们定义了函数的单调性.本节将以导数为工具来对函数的单调性与极值以及最值进行研究.

4.3.1　函数的单调性

如何找到函数的单调性与其导数之间的关系呢？我们先来看一下，函数 $y = f(x)$ 的单调性在几何上有什么特性.先考察图 4.3.1，设函数 $y = f(x)$ 在 $[a, b]$ 上单调增加,那么它的图形是沿 x 轴正向上升的曲线.显然该曲线在区间 (a,b) 内除个别点的切线斜率为零外,其余点处的切线斜率均为正,即 $f'(x) \geqslant 0$.再考察图 4.3.2,函数 $y=f(x)$ 在 $[a,b]$ 上单调减少,它的图形是沿 x 轴正向下降的曲线.显然该曲线在区间 (a,b) 内除个别点的切线斜率为零外,其余点处的切线斜率均为负,即 $f'(x) \leqslant 0$.由此可见,函数的单调性与其导数的符号有着密切的联系.

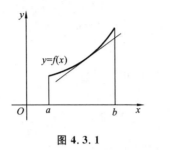 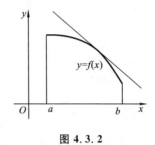

图 4.3.1   图 4.3.2

那么,能否用导数的符号判断函数的单调性呢?显然是可以的,由拉格朗日中值定理可推出如下定理.

定理 4.3.1   设函数 $y=f(x)$ 在 $[a,b]$ 上连续,在 (a,b) 内可导.

(1) 若在 (a,b) 内 $f'(x)>0$,则函数 $y=f(x)$ 在 $[a,b]$ 上单调增加;

(2) 若在 (a,b) 内 $f'(x)<0$,则函数 $y=f(x)$ 在 $[a,b]$ 上单调减少.

证   任取两点 $x_1,x_2 \in [a,b]$,设 $x_1<x_2$,由拉格朗日中值定理知,至少存在一点 $\xi(x_1<\xi<x_2)$,使得 $f(x_2)-f(x_1)=f'(\xi)(x_2-x_1)$.

(1) 若在 (a,b) 内,$f'(x)>0$,则 $f'(\xi)>0$,所以

$$f(x_2)>f(x_1)$$

即 $y=f(x)$ 在 $[a,b]$ 上单调增加.

(2) 若在 (a,b) 内,$f'(x)<0$,则 $f'(\xi)<0$,所以

$$f(x_2)<f(x_1)$$

即 $y=f(x)$ 在 $[a,b]$ 上单调减少.

注:(1) 将此定理中的闭区间换成其他各种区间(包括无穷区间),结论仍成立.

(2) 区间内个别点导数为零并不影响函数在该区间上的单调性.例如,函数 $y=x^3$ 在其定义域 $(-\infty,+\infty)$ 是单调增加的(见图 4.3.3),但在其定义域内导数 $y'=3x^2 \geqslant 0$,且仅在 $x=0$ 处为零.

一般地,若在 (a,b) 内 $f'(x) \geqslant 0(\leqslant 0)$,但等号只在个别点处成立,那么函数 $y=f(x)$ 在 $[a,b]$ 上仍是单调增加(减少)的.

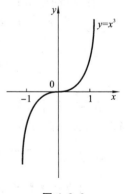

图 4.3.3

例 4.3.1　判定函数 $y=\mathrm{e}^{-x}$ 的单调性.

解　函数的定义域为 $(-\infty,+\infty)$,显然,函数在 $(-\infty,+\infty)$ 上连续可导.

$$y'=-\mathrm{e}^{-x}=-\frac{1}{\mathrm{e}^x}<0$$

故 $y=\mathrm{e}^{-x}$ 在 $(-\infty,+\infty)$ 上单调减少.

如果函数在其定义域的某个区间内是单调的,则称该区间为函数的**单调区间**.

例 4.3.2　讨论函数 $y=x^2-4x$ 的单调区间.

解　函数的定义域为 $(-\infty,+\infty)$,又 $y'=2x-4$.

因为在 $(-\infty,2)$ 内 $y'<0$,所以函数在 $(-\infty,2]$ 内单调减少;而在 $(2,+\infty)$ 内 $y'>0$,所以函数在 $[2,+\infty)$ 内单调增加.

例 4.3.3　讨论函数 $y=\sqrt[3]{x^2}$ 的单调区间.

解　函数的定义域为 $(-\infty,+\infty)$,又

$$y'=\frac{2}{3\sqrt[3]{x}}\ (x\neq 0)$$

显然,当 $x=0$ 时,函数的导数不存在,但函数在该点是有定义的.

因为在 $(-\infty,0)$ 内 $y'<0$,所以函数在 $(-\infty,0]$ 内单调减少;而在 $(0,+\infty)$ 内 $y'>0$,所以函数在 $[0,+\infty)$ 内单调增加(见图 4.3.4).

注:从上述两例可见,使导数等于零的点以及使导数不存在的点都有可能成为函数单调区间的分界点.因此,讨论函数 $y=f(x)$ 的单调性,应先求出使函数的导数为零的点以及使导数不存在的点,并用这些

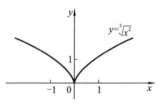

图 4.3.4

点将函数的定义域划分为若干个子区间,然后在各个子区间上去判断函数的导数 $f'(x)$ 的符号,从而确定出函数 $y=f(x)$ 在各个子区间上的单调性,通常我们会通过表格来呈现.

例 4.3.4　判定函数 $y=\dfrac{1}{3}x^3-2x^2+3x$ 的单调性.

解　函数的定义域为 $(-\infty,+\infty)$,

$$y'=x^2-4x+3=(x-1)(x-3)$$

令 $y'=0$,得 $x_1=1$,$x_2=3$.这两个点把定义域 $(-\infty,+\infty)$ 分成三个小区间,列表讨论如下:

x	$(-\infty,1)$	1	$(1,3)$	3	$(3,+\infty)$
y'	$+$	0	$-$	0	$+$
y	↗		↘		↗

所以函数在$(-\infty,1)$与$(3,+\infty)$内是单调增加的,在$(1,3)$内是单调减少的.

函数的单调性还可以用来证明不等式.

例4.3.5 证明:当$x>0$时,$x>\ln(1+x)$.

证 令$f(x)=x-\ln(1+x)$,考虑在$(0,+\infty)$上

$$f'(x)=1-\frac{1}{1+x}=\frac{x}{1+x}>0 \quad (x>0)$$

所以在$(0,+\infty)$上,$f(x)$为单调增加函数,当$x>0$时有$f(x)>f(0)=0$,即$x-\ln(1+x)>0$,故$x>\ln(1+x)$.

例4.3.6 证明:方程$x^5+x+1=0$在区间$(-1,0)$内有且只有一个实根.

证 令$f(x)=x^5+x+1$,由于$f(x)$在闭区间$[-1,0]$上连续,且$f(-1)=-1<0,f(0)=1>0$,故根据零点定理,$f(x)$在$(-1,0)$内至少有一个零点.

另一方面,对于任意实数x,有$f'(x)=5x^4+1>0$,所以$f(x)$在$(-\infty,+\infty)$上单调增加,因此,曲线$y=f(x)$与x轴至多只有一个交点,即方程$x^5+x+1=0$在区间$(-1,0)$内至多只有一个实根.

综上所述,方程$x^5+x+1=0$在区间$(-1,0)$内有且只有一个实根.

4.3.2 函数的极值

设函数$y=f(x)$的图形如图4.3.5所示.

从图上可以看出:在$x=x_1$,$f(x_1)$比x_1附近两侧的函数值都大,在$x=x_2$处,$f(x_2)$比x_2附近两侧的函数值都小,这种局部的最大值、最小值在实际应用中有着重要的意义. 由此我们引入如下定义.

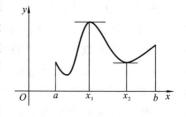

图4.3.5

定义4.3.1 设函数$f(x)$在点x_0的某邻域内有定义,若对该邻域内任意一点$x(x\neq x_0)$,恒有$f(x)<f(x_0)$(或$f(x)>f(x_0)$),则称$f(x)$在点x_0处取得**极大值**(或**极小值**),而点x_0称为函数$f(x)$的**极大值点**(或**极小值点**).

极大值与极小值统称为函数的**极值**,极大值点与极小值点统称为函数的**极值点**.

例如,函数$y=\sin x+1$在点$x=-\frac{\pi}{2}$处取得极小值0,在点$x=\frac{\pi}{2}$处取得极大值2.

注:(1) 极大值和极小值是一个局部概念,是局部范围内的最大值与最小值;而通常我们说函数的最大值与最小值是一个整体概念.

(2) 由于极大值和极小值的比较范围不同,因而极大值不一定大于极小值.

(3) 由极值的定义可知,极值只发生在区间内部;而最大值与最小值可能发生

在区间内部,也可能发生在区间的端点.

从图 4.3.5 可以看出,在极值点处,若切线存在,则切线平行于 x 轴,即导数等于零.但有时在导数等于零的点处,函数却不一定取得极值.下面就来讨论函数取得极值的必要条件和充分条件.

定理 4.3.2(极值存在的必要条件)　若函数 $f(x)$ 在点 x_0 处可导,且在 x_0 处取得极值,则 $f'(x_0)=0$.

证　不妨设 x_0 是 $f(x)$ 的极小值点,由定义可知,$f(x)$ 在点 x_0 的某邻域内有定义,且对该邻域内任意一点 $x(x\neq x_0)$,恒有 $f(x)>f(x_0)$. 于是

当 $x<x_0$ 时,$\dfrac{f(x)-f(x_0)}{x-x_0}<0$,因此 $f'_-(x_0)=\lim\limits_{x\to x_0^-}\dfrac{f(x)-f(x_0)}{x-x_0}\leqslant 0$;

当 $x>x_0$ 时,$\dfrac{f(x)-f(x_0)}{x-x_0}>0$,因此 $f'_+(x_0)=\lim\limits_{x\to x_0^+}\dfrac{f(x)-f(x_0)}{x-x_0}\geqslant 0$.

又因函数 $f(x)$ 在点 x_0 处可导,所以

$$f'(x_0)=f'_-(x_0)=f'_+(x_0)$$

从而
$$f'(x_0)=0$$

使 $f'(x)=0$ 的点,称为函数 $f(x)$ 的**驻点**.

注:(1) 在导数存在的前提下,驻点仅仅是极值点的必要条件,但不是充分条件.即若函数 $f(x)$ 在极值点 x_0 处可导,则点 x_0 必定是函数 $f(x)$ 的驻点.反过来,函数的驻点却不一定是极值点.例如,对于函数 $y=x^3$,点 $x=0$ 是 $y=x^3$ 的驻点,但显然 $x=0$ 不是 $y=x^3$ 的极值点.

(2) 函数在它的导数不存在的点处可能取得极值,也可能取不到极值.例如,函数 $f(x)=|x|$ 在点 $x=0$ 处不可导,但函数在该点取得极小值(见图 4.3.6).而 $f(x)=x^{\frac{1}{3}}$ 在 $x=0$ 处不可导,但函数没有极值.

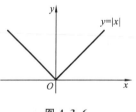

图 4.3.6

从上面两点注意事项中可以看出,函数的驻点和不可导点可能会是函数的极值点,如何来判断这些点是不是极值点,以及进一步判断极值点是极大值点还是极小值点呢? 由函数极值的定义和函数单调性的判定法可知,函数在其极值点的邻近两侧单调性必会发生改变(即函数一阶导数的符号会改变),由此可导出关于函数极值点判定的一个充分条件.

定理 4.3.3(极值存在的第一充分条件)　设函数 $f(x)$ 在点 x_0 的某个邻域内连续且可导(导数 $f'(x_0)$ 也可以不存在).

(1) 如果在点 x_0 的左邻域内 $f'(x)>0$,在点 x_0 的右邻域内 $f'(x)<0$,则 $f(x)$ 在点 x_0 处取得极大值 $f(x_0)$.

(2) 如果在点 x_0 的左邻域内 $f'(x)<0$,在点 x_0 的右邻域内 $f'(x)>0$,则 $f(x)$

在点 x_0 处取得极小值 $f(x_0)$.

(3) 如果在点 x_0 的邻域内 $f'(x)$ 不变号,则 $f(x)$ 在点 x_0 处不取得极值.

证 (1) 由题设条件,函数 $f(x)$ 在点 x_0 的左邻域内单调增加,在点 x_0 的右邻域内单调减少,且函数 $f(x)$ 在点 x_0 处连续,故由定义可知,$f(x)$ 在点 x_0 处取得极大值 $f(x_0)$(见图 4.3.7(a)).

同理可证(2)(见图 4.3.7(b))和(3)(见图 4.3.7(c)和(d)).

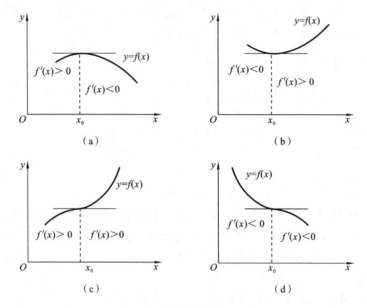

图 4.3.7

注:极值点是单调性的分界点.

根据上述内容,如果函数 $f(x)$ 在所讨论的区间内连续,除个别点外处处可导,则可按下列步骤来求函数 $f(x)$ 的极值点和极值:

(1) 写出函数的定义域;

(2) 求函数的导数 $f'(x)$,令 $f'(x)=0$ 得到驻点和不可导点;

(3) 根据驻点和不可导点把定义域分成若干区间,列表,然后由定理 4.3.3(或定理 4.3.4)判断驻点和不可导点是否为极值点;

(4) 最后求出函数的极值.

例 4.3.7 求函数 $y=4x^2-2x^4$ 的极值.

解 函数在定义域 $(-\infty,+\infty)$ 内连续且可导.

$$y'=8x-8x^3=8x(1-x)(1+x)$$

令 $y'=0$,得三个驻点 $x_1=-1$, $x_2=0$, $x_3=1$.

列表讨论如下:

x	$(-\infty,-1)$	-1	$(-1,0)$	0	$(0,1)$	1	$(1,+\infty)$
y'	$+$		$-$		$+$		$-$
y	↗	极大值	↘	极小值	↗	极大值	↘

所以函数在 $x_1=-1$ 处有极大值 $f(-1)=2$；在 $x_3=1$ 处也有极大值 $f(1)=2$；而在 $x_2=0$ 处有极小值 $f(0)=0$.

例 4.3.8　求函数 $f(x)=(2x-5)\sqrt[3]{x^2}$ 的极值.

解　函数 $f(x)$ 在定义域 $(-\infty,+\infty)$ 内连续,除 $x=0$ 外处处可导.

$$f'(x)=\frac{10}{3}x^{\frac{2}{3}}-\frac{10}{3}x^{-\frac{1}{3}}=\frac{10}{3}\frac{x-1}{\sqrt[3]{x}}$$

令 $f'(x)=0$,得驻点 $x=1$,而 $x=0$ 为不可导点.

列表讨论如下：

x	$(-\infty,0)$	0	$(0,1)$	1	$(1,+\infty)$
$f'(x)$	$+$	不存在	$-$	0	$+$
$f(x)$	↗	极大值	↘	极小值	↗

极大值为 $f(0)=0$,极小值为 $f(1)=-3$.

当函数 $f(x)$ 在驻点处的二阶导数存在且不为零时,也可以利用下述定理来判定 $f(x)$ 在驻点处是取得极大值还是极小值.

定理 4.3.4(极值存在的第二充分条件)　设 $f(x)$ 在 x_0 处具有二阶导数,且
$$f'(x_0)=0,\quad f''(x_0)\neq 0$$
则　(1) 当 $f''(x_0)<0$ 时,函数 $f(x)$ 在点 x_0 处取得极大值；

(2) 当 $f''(x_0)>0$ 时,函数 $f(x)$ 在点 x_0 处取得极小值.

证　对情形(1),由于 $f''(x_0)<0$,按二阶导数的定义有

$$f''(x_0)=\lim_{x\to x_0}\frac{f'(x)-f'(x_0)}{x-x_0}<0$$

根据函数极限的局部保号性,当 x 在 x_0 的足够小的去心邻域内时,有

$$\frac{f'(x)-f'(x_0)}{x-x_0}<0$$

又 $f'(x_0)=0$,所以上式即为 $\dfrac{f'(x)}{x-x_0}<0$,即 $f'(x)$ 与 $x-x_0$ 异号.

因此,当 $x-x_0<0$ 即 $x<x_0$ 时,$f'(x)>0$；当 $x-x_0>0$ 即 $x>x_0$ 时,$f'(x)<0$. 于是,由定理 4.3.3 可知,$f(x)$ 在点 x_0 处取得极大值.

同理可证(2).

注:(1) 定理 4.3.3 和定理 4.3.4 虽然都是判别极值点的充分条件,但在应用时

又有区别. 定理 4.3.3 对驻点和不可导点均适用;而定理 4.3.4 对不可导点和 $f''(x_0)=0$ 的点不适用.

(2) 当二阶导数较容易求出且在驻点处有 $f''(x_0)\neq 0$ 时,该驻点一定是极值点,用定理 4.3.4 来判别极值更方便.

例 4.3.9 求函数 $f(x)=\dfrac{1}{3}x^3-x^2-3x$ 的极值.

解 函数 $f(x)$ 在 $(-\infty,+\infty)$ 内连续,且
$$f'(x)=x^2-2x-3$$
令 $f'(x)=0$,得驻点 $x_1=3,x_2=-1$.

由 $f''(x)=2x-2$ 得,$f''(-1)=-4<0,f''(3)=4>0$.

故 $f(x)=\dfrac{1}{3}x^3-x^2-3x$ 在 $x=-1$ 处取得极大值为 $f(-1)=\dfrac{5}{3}$,在 $x=3$ 处取得极小值为 $f(3)=-9$.

例 4.3.10 求函数 $f(x)=(x^2-1)^3+1$ 的极值.

解 $f'(x)=6x(x^2-1)^2$. 令 $f'(x)=0$,得驻点 $x_1=-1,x_2=0,x_3=1$. 又 $f''(x)=6(x^2-1)(5x^2-1)$,故 $f''(0)=6>0$,所以 $f(x)$ 在 $x=0$ 处取得极小值,极小值为 $f(0)=0$. 而 $f''(-1)=f''(1)=0$,故应用定理 4.3.4 无法判别. 应用第一充分条件,考察一阶导数 $f'(x)$ 在驻点 $x_1=-1$ 及 $x_3=1$ 左右邻域内的符号.

当 x 在 -1 的左邻域内取值时,$f'(x)<0$;

当 x 在 -1 的右邻域内取值时,$f'(x)<0$.

因为 $f'(x)$ 的符号没有改变,所以 $f(x)$ 在 $x_1=-1$ 处没有极值. 同理,$f(x)$ 在 $x_3=1$ 处也没有极值(见图 4.3.8).

例 4.3.11 求函数 $f(x)=(x-5)^{\frac{4}{3}}$ 的极值.

解 函数 $f(x)$ 的定义域为 $(-\infty,+\infty)$,且 $f'(x)=\dfrac{4}{3}(x-5)^{\frac{1}{3}}$.

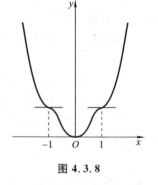

图 4.3.8

令 $f'(x)=0$,得驻点 $x=5$. 又 $f''(x)=\dfrac{4}{9\sqrt[3]{(x-5)^2}}$,故在 $x=5$ 处 $f''(x)$ 不存在.

故第二充分条件无法判别,应用第一充分条件判别,列表讨论如下:

x	$(-\infty,5)$	5	$(5,+\infty)$
$f'(x)$	$-$	0	$+$
$f(x)$	↘	极小值	↗

故函数的极小值为 $f(5)=0$.

4.3.3　函数的最值及应用

在实际应用中,常常会遇到这样一类问题:在一定条件下,如何使"用料最省""费用最低""效率最高""收益最大"等.这些问题在数学上往往可归结为求某一函数(通常称为**目标函数**)的最大值或最小值问题.

根据闭区间上连续函数的性质,如果函数 $f(x)$ 在闭区间 $[a,b]$ 上连续,则函数在该区间上必取得最大值和最小值.函数在闭区间上的最大值和最小值一般只能在区间内的极值点和区间的端点处取得.

因此,$[a,b]$ 上连续函数 $y=f(x)$ 的最大值和最小值求法归结如下:

(1) 求出 $y=f(x)$ 在 (a,b) 内所有的驻点与不可导点,并求出它们的函数值;

(2) 求出两个端点处的函数值 $f(a)$ 与 $f(b)$;

(3) 比较上面各函数值的大小,其中最大的就是 $[a,b]$ 上函数 $y=f(x)$ 的最大值,最小的就是函数 $y=f(x)$ 的最小值.

例 4.3.12　求函数 $f(x)=x^2-4x+1$ 在 $[-3,3]$ 上的最大值和最小值.

解　$f'(x)=2x-4$,令 $f'(x)=0$ 得一个驻点 $x_1=2$,而 $f(2)=-3$;

又 $f(-3)=22$,$f(3)=-2$.

比较得:函数的最大值为 $f(-3)=22$,最小值为 $f(2)=-3$.

在实际问题中,往往根据问题所具有的实际意义就可以断定可导函数 $f(x)$ 确有最大值或最小值,而且一定在定义区间内部取得.如果在区间内仅有唯一的驻点 x_0,则 $f(x_0)$ 即为所要求的最大值或最小值.

例 4.3.13　用输油管把离岸 12 km 的一座油田和沿岸往下 20 km 处的炼油厂连接起来(见图 4.3.9).如果水下输油管的铺设成本为 5 万元/千米,陆地铺设成本为 3 万元/千米.如何组合水下和陆地的输油管使得铺设费用最少?

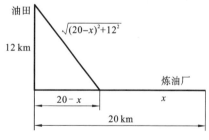

图 4.3.9

解　设陆地输油管长为 x km,则水下输油管长为 $\sqrt{(20-x)^2+12^2}$ km,故水下和陆地输油管的总铺设费用为

$$y=3x+5\sqrt{(20-x)^2+12^2}\quad(0\leqslant x\leqslant 20)$$

由于

$$y'=3-\frac{5(20-x)}{\sqrt{(20-x)^2+12^2}}=\frac{3\sqrt{(20-x)^2+12^2}-5(20-x)}{\sqrt{(20-x)^2+12^2}}$$

令 $y'=0$,即 $9[(20-x)^2+12^2]=25(20-x)^2$,解得驻点 $x_1=11$,$x_2=29$(舍去),因

而 $x=11$ 是函数 y 在其定义域内的唯一驻点.

又 $y''=\dfrac{720}{\sqrt{[(20-x)^2+12^2]^3}}$,所以 $y''|_{x=11}>0$,故 $x=11$ 是函数 y 的极小值点,因此,$x=11$ 就是函数 y 的最小值点.

综上所述,当陆地输油管长为 11 km 时,可使铺设费用最少.

例 4.3.14 某房地产公司有 50 套公寓要出租,当每月每套租金为 180 元时,公寓会全部租出去,当每月每套租金增加 10 元时,就有一套公寓租不出去,而租出去的房子每月需花费 20 元的整修维护费,试问房租定为多少时可获得最大收入?

解 设每月每套租金定为 x 元,租出去的房子有 $50-\left(\dfrac{x-180}{10}\right)$ 套,那么每月的总收入为

$$R(x)=(x-20)\left[50-\left(\dfrac{x-180}{10}\right)\right]=(x-20)\left(68-\dfrac{x}{10}\right),\quad x\in[0,+\infty)$$

求导得:

$$R'(x)=\left(68-\dfrac{x}{10}\right)+(x-20)\left(-\dfrac{1}{10}\right)=70-\dfrac{x}{5}$$

令 $R'(x)=0$ 得一个驻点,$x=350$,而 $R(350)=(350-20)\left(68-\dfrac{350}{10}\right)$ 元 $=10890$ 元,故每月每套租金为 350 元时,月收入最高为 10890 元.

例 4.3.15 已知某商品的需求函数和总成本函数分别为

$$Q=\dfrac{20}{3}-\dfrac{1}{3}p,\quad C=5+2Q^2$$

求利润最大时的产出水平、商品的价格和利润.

解 由需求函数得价格函数为

$$p=20-3Q$$

所以总收益函数为

$$R=p\cdot Q=(20-3Q)\cdot Q=20Q-3Q^2$$

从而利润函数为

$$L=R-C=20Q-3Q^2-(5+2Q^2)=-5Q^2+20Q-5$$

由 $\dfrac{\mathrm{d}L}{\mathrm{d}Q}=-10Q+20=0$ 得 $Q=2$,又 $\dfrac{\mathrm{d}^2L}{\mathrm{d}Q^2}=-10<0$,故 $Q=2$ 是极大值点.

由于利润函数只有一个驻点且是极大值点,故利润最大时的产出水平是 $Q=2$,这时商品的价格为

$$p|_{Q=2}=(20-3Q)|_{Q=2}=14$$

最大利润为

$$L|_{Q=2}=(-5Q^2+20Q-5)|_{Q=2}=15$$

习　题　4.3

1. 求下列函数的单调区间.

(1) $y=\dfrac{1}{3}x^3-x^2-3x+1$;

(2) $y=\dfrac{\ln x}{x}$;

(3) $y=(x-1)(x+1)^3$;

(4) $y=x(1+\sqrt{x})$;

(5) $y=1-\ln(1+x)$;

(6) $y=\ln(x+\sqrt{1+x^2})$.

2. 证明下列不等式.

(1) 当 $x>0$ 时, $\cos x>1-\dfrac{1}{2}x^2$;

(2) 当 $0<x<\dfrac{\pi}{2}$ 时, $\tan x+\sin x>2x$.

3. 试证方程 $\sin x=x$ 有且仅有一个实根.

4. 下列说法是否正确？为什么？

(1) 若 $f'(x_0)=0$, 则 x_0 为 $f(x)$ 的极值点;

(2) 若在 x_0 的左边有 $f'(x)>0$, 在 x_0 的右边有 $f'(x)<0$, 则点 x_0 一定是 $f(x)$ 的极大值点;

(3) $f(x)$ 的极值点一定是驻点或不可导点, 反之则不成立.

5. 求下列函数的极值.

(1) $y=x^3-6x^2+9x-4$;　　(2) $y=x-\ln(1+x)$;　　(3) $y=\dfrac{\ln^2 x}{x}$.

6. 试问 a 为何值时, 函数 $f(x)=a\sin x+\dfrac{1}{3}\sin 3x$ 在 $x=\dfrac{\pi}{3}$ 处取得极值, 并求此极值.

7. 求下列函数在给定区间上的最值.

(1) $y=x^2-4x+6$, $[-3,10]$;　　(2) $y=\sin x+\cos x$, $[0,2\pi]$.

8. 从一块边长为 a 的正方形铁皮的四角上截去同样大小的正方形, 然后按虚线把四边折起来做成一个无盖的盒子(见图 4.3.10), 问要截去多大的小方块, 才能使盒子的容量最大？

9. 要造一个容积为 V 的圆柱形容器(无盖), 问底半径和高分别为多少时, 所用材料最省？

10. 某种商品, 若定价 500 元, 每天可卖出 1000 件; 假若每件降低 1 元, 估计可多卖出 10 件. 在此情形下, 每件售价为多少时可获最大收益, 最大收益是多少？

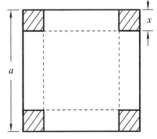

图 4.3.10

4.4 曲线的凹凸性、拐点及函数图形的描绘

4.4.1 曲线的凹凸性、拐点

第 4.3 节中,我们研究了用导数的正负判断函数的单调性与极值点,这有助于函数图形的描绘,但仅此还不能准确地描绘函数图形的形状. 例如,图 4.4.1 所示的两条曲线,虽然都是单调上升,但图形的形状却有明显不同. ACB 是(向上)凸的,ADB则是(向上)凹的,即它们的凹凸性是不同的. 本节我们就来研究曲线的凹凸性及判定方法.

结合图 4.4.2,我们给出曲线凹凸性的定义如下.

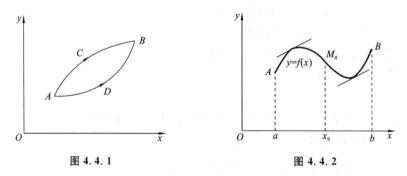

图 4.4.1 　　　　　　　　　　图 4.4.2

定义 4.4.1 设函数 $y=f(x)$ 在区间 (a,b) 可导,如果曲线 $y=f(x)$ 上每一点处的切线都位于该曲线的下方,则称曲线 $y=f(x)$ 在区间 (a,b) 内是凹的(或凹弧);如果曲线 $y=f(x)$ 上每一点处的切线都位于该曲线的上方,则称曲线 $y=f(x)$ 在区间 (a,b) 内是凸的(或凸弧).

从图 4.4.2 可以看出,曲线弧 AM_0 是凸的,曲线弧 M_0B 是凹的.

注:对于凹曲线弧(见图 4.4.3(a))上的点沿着 x 轴正向移动时,过该点的切线的斜率是逐渐增大的,即导函数 $f'(x)$ 是单调增加函数,$f''(x)\geqslant 0$;而对于凸曲线弧

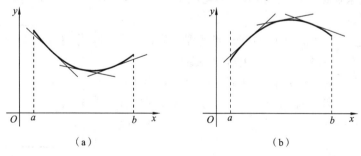

(a) 　　　　　　　　　　(b)

图 4.4.3

(见图 4.4.3(b))上的点沿着 x 轴正向移动时,过该点的切线的斜率是逐渐减小的,即导函数 $f'(x)$ 是单调减少函数,$f''(x) \leqslant 0$. 由此可见,曲线的凹凸性与函数二阶导数的符号有着密切联系.

利用 $f''(x)$ 的符号判断曲线的凹凸性,我们给出了如下定理.

定理 4.4.1 设 $f(x)$ 在 $[a,b]$ 上连续,在 (a,b) 内具有一阶和二阶导数,那么

(1) 如果在 (a,b) 内 $f''(x) > 0$,则 $f(x)$ 在 $[a,b]$ 上的图形是凹的;

(2) 如果在 (a,b) 内 $f''(x) < 0$,则 $f(x)$ 在 $[a,b]$ 上的图形是凸的.

证明从略.

注:将此定理中的闭区间换成其他各种区间(包括无穷区间),结论仍成立.

例 4.4.1 判定曲线 $y = \ln x$ 的凹凸性.

解 函数的定义域为 $(0, +\infty)$,

$$y' = \frac{1}{x}, \qquad y'' = -\frac{1}{x^2}$$

由于在 $(0, +\infty)$ 内恒有 $y'' < 0$,故曲线 $y = \ln x$ 在 $(0, +\infty)$ 内是凸的.

例 4.4.2 判断曲线 $y = x^3$ 的凹凸性.

解 因为 $y' = 3x^2$,$y'' = 6x$,当 $x < 0$ 时,$y'' < 0$,所以曲线 $y = x^3$ 在 $(-\infty, 0]$ 内为凸的;当 $x > 0$ 时,$y'' > 0$,所以曲线 $y = x^3$ 在 $[0, +\infty)$ 内为凹的(见图 4.4.4).

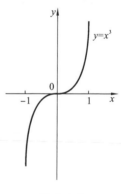

例 4.4.3 判断曲线 $y = \sqrt[3]{x}$ 的凹凸性.

解 因为当 $x \neq 0$ 时,$y' = \frac{1}{3\sqrt[3]{x^2}}$,$y'' = -\frac{2}{9x\sqrt[3]{x^2}}$;当 $x = 0$ 时,y'' 不存在.

当 $x < 0$ 时,$y'' > 0$,所以曲线 $y = \sqrt[3]{x}$ 在 $(-\infty, 0]$ 内为凹的;当 $x > 0$ 时,$y'' < 0$,所以曲线 $y = \sqrt[3]{x}$ 在 $[0, +\infty)$ 内为凸的.

图 4.4.4

注:在例 4.4.2 和例 4.4.3 中,我们注意到点 $(0,0)$ 是使曲线凹凸性发生改变的分界点,这种曲线凹凸的分界点称为曲线的**拐点**. 一般地,我们有以下定义:

定义 4.4.2 连续曲线弧 $y = f(x)$ 上凹弧和凸弧的分界点称为该曲线的**拐点**.

注:从例 4.4.2 和例 4.4.3 可见,使二阶导数 $f''(x)$ 等于零的点以及使二阶导数 $f''(x)$ 不存在的点都有可能是曲线的拐点.

如何确定这两类点是否会产生曲线的拐点呢? 根据定理 4.4.1,二阶导数 $f''(x)$ 的符号是判断曲线凹凸性的依据. 因此,判定曲线的凹凸性与求曲线的拐点的一般步骤如下:

(1) 确定函数的定义域,并求其二阶导数 $f''(x)$;

(2) 解出使得 $f''(x) = 0$ 的点及二阶导数 $f''(x)$ 不存在的点;

(3) 对步骤(2)中求出的每一个点,检查其邻近左、右两侧 $f''(x)$ 的符号;

(4) 根据 $f''(x)$ 的符号由定理 4.4.1 及定义 4.4.2 确定曲线的凹凸区间和拐点.

例 4.4.4 求曲线 $y=x^4-2x^3+1$ 的凹凸性及拐点.

解 (1) 函数的定义域为 $(-\infty,+\infty)$,

$$y'=4x^3-6x^2, \quad y''=12x^2-12x=12x(x-1)$$

(2) 令 $y''=0$ 得 $x_1=0$, $x_2=1$.

(3) 列表讨论如下:

x	$(-\infty,0)$	0	$(0,1)$	1	$(1,+\infty)$
y''	+	0	−	0	+
y	∪	1	∩	0	∪

表中"∪"表示曲线是凹的,"∩"表示曲线是凸的.

曲线的凹区间为 $(-\infty,0]$ 和 $[1,+\infty)$,曲线的凸区间为 $[0,1]$,拐点为 $(0,1)$,$(1,0)$.

例 4.4.5 求曲线 $y=(x-1)x^{2/3}$ 的拐点及凹凸区间.

解 (1) 题设函数的定义域为 $(-\infty,+\infty)$,又

$$y'=\frac{2}{3}(x-1)x^{-\frac{1}{3}}+x^{\frac{2}{3}}, \quad y''=\frac{2}{3}x^{-\frac{1}{3}}-\frac{2}{9}(x-1)x^{-\frac{4}{3}}+\frac{2}{3}x^{-\frac{1}{3}}=\frac{10x+2}{9x\sqrt[3]{x}}$$

(2) 令 $y''=0$,解得 $x_1=-\frac{1}{5}$. 在 $x_2=0$ 处, y'' 不存在.

(3) 列表讨论如下:

x	$(-\infty,-1/5)$	$-\frac{1}{5}$	$(-1/5,0)$	0	$(0,+\infty)$
$f''(x)$	−	0	+	不存在	+
$f(x)$	∩	$-\frac{6}{5\sqrt[3]{25}}$	∪		∪

(4) 曲线的凹区间为 $[-1/5,0]$ 和 $[0,+\infty)$,凸区间为 $(-\infty,-1/5]$,拐点为 $\left(-1/5,-\frac{6}{5\sqrt[3]{25}}\right)$.

类似于函数的单调性,下面是判别拐点的另一个充分条件.

***定理 4.4.2** 设函数 $f(x)$ 在 x_0 处三阶可导,且 $f''(x_0)=0$, $f'''(x_0)\neq0$,则点 $(x_0,f(x_0))$ 为曲线 $f(x)$ 的拐点.

例 4.4.6 求曲线 $f(x)=3x^4-4x^3+1$ 的拐点.

解 题设函数的定义域为 $(-\infty,+\infty)$,又

$$f'(x) = 12x^3 - 12x^2, \quad f''(x) = 36x^2 - 24x = 36x\left(x - \frac{2}{3}\right)$$

令 $f''(x) = 0$，解得 $x_1 = 0, x_2 = \frac{2}{3}$．又 $f'''(x) = 72x - 24$，因为

$$f'''(0) = -24 \neq 0, \quad f'''\left(\frac{2}{3}\right) = 24 \neq 0$$

所以，曲线的拐点为 $(0, 1)$ 和 $(2/3, 11/27)$．

4.4.2　函数图形的描绘

在中学教材里，我们一般用描点法描绘函数的图形，这对于简单的平面曲线（如直线、抛物线）比较适合，但对于一般的平面曲线就不适用了．就像单调增的曲线可以是凹曲线也可以是凸曲线，为了更准确、更全面地描绘曲线，我们必须确定出反映曲线主要特征的点与线．

1. 渐近线

有些函数的定义域和值域都是有限区间，其图形仅局限于一定的范围，如圆、椭圆等．有些函数定义域或值域是无穷区间，其图形向无穷远处延伸，如双曲线、抛物线等．为了了解曲线在无限变化中的趋势，我们来看曲线的渐近线的概念．

定义 4.4.3　当曲线 $y = f(x)$ 上的一动点沿着曲线移动到无穷远处时，如果该点与某条定直线 L 的距离趋向于零，则直线 L 就称为曲线 $y = f(x)$ 的一条**渐近线**（见图 4.4.5）．

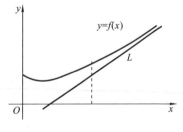

渐近线分为水平渐近线、铅直渐近线和斜渐近线三种．

图 4.4.5

1）水平渐近线

若函数 $y = f(x)$ 的定义域是无穷区间，且 $\lim\limits_{x \to \infty} f(x) = C$，则称直线 $y = C$ 为曲线 $y = f(x)$ 当 $x \to \infty$ 时的**水平渐近线**．类似地，可以定义 $x \to +\infty$ 或 $x \to -\infty$ 时的水平渐近线．

例如，对函数 $y = \dfrac{1}{x-1}$，因为 $\lim\limits_{x \to \infty} \dfrac{1}{x-1} = 0$，所以直线 $y = 0$ 为 $y = \dfrac{1}{x-1}$ 的水平渐近线．

2）铅直渐近线

若函数 $y = f(x)$ 在点 x_0 处间断，且 $\lim\limits_{x \to x_0^+} f(x) = \infty$ 或 $\lim\limits_{x \to x_0^-} f(x) = \infty$，则称直线 $x = x_0$ 为曲线 $y = f(x)$ 的**铅直渐近线**．

例如,对函数 $y = \dfrac{1}{x-1}$,因为 $\lim\limits_{x \to 1} \dfrac{1}{x-1} = \infty$,所以直

线 $x=1$ 为 $y = \dfrac{1}{x-1}$ 的铅直渐近线(见图 4.4.6).

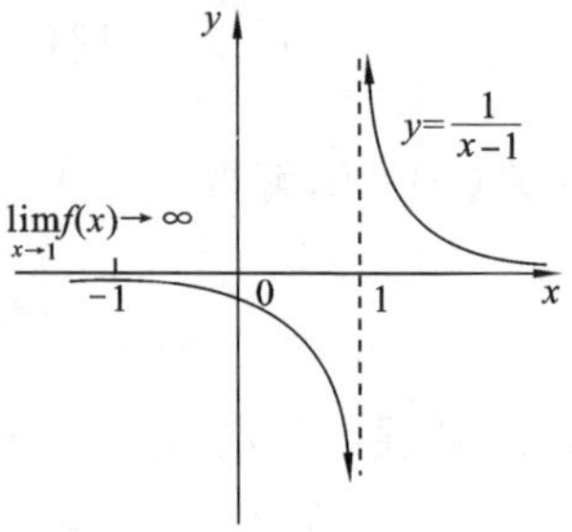

图 4.4.6

3) 斜渐近线

设函数 $y = f(x)$,如果 $\lim\limits_{x \to \infty} [f(x) - (ax+b)] = 0$,

则称直线 $y = ax + b$ 为 $y = f(x)$ 当 $x \to \infty$ 时的**斜渐近**

线.其中

$$a = \lim\limits_{x \to \infty} \frac{f(x)}{x}(a \neq 0), \quad b = \lim\limits_{x \to \infty} [f(x) - ax]$$

类似地,可以定义 $x \to +\infty$ 或 $x \to -\infty$ 时的斜渐近线.

注:如果 $\lim\limits_{x \to \infty} \dfrac{f(x)}{x}$ 不存在,或虽然它存在但 $\lim\limits_{x \to \infty} [f(x) - ax]$ 不存在,则可以断定

$y = f(x)$ 不存在斜渐近线.

例 4.4.7　求曲线 $f(x) = \dfrac{x^3}{x^2 + 2x - 3}$ 的渐近线.

解　函数的定义域为 $(-\infty, -3) \bigcup (-3, 1) \bigcup (1, +\infty)$,又

$$f(x) = \frac{x^3}{(x+3)(x-1)}$$

易见

$$\lim\limits_{x \to -3} f(x) = \infty, \quad \lim\limits_{x \to 1} f(x) = \infty$$

所以直线 $x = -3$ 和 $x = 1$ 是曲线的铅直渐近线.

又因为

$$\lim\limits_{x \to \infty} \frac{f(x)}{x} = \lim\limits_{x \to \infty} \frac{x^2}{x^2 + 2x - 3} = 1$$

$$\lim\limits_{x \to \infty} [f(x) - ax] = \lim\limits_{x \to \infty} \left[\frac{x^3}{x^2 + 2x - 3} - x \right] = \lim\limits_{x \to \infty} \frac{-2x^2 + 3x}{x^2 + 2x - 3} = -2$$

所以直线 $y = x - 2$ 是曲线的斜渐近线.

2. 函数图形的描绘

一般地,我们利用导数描绘函数 $y = f(x)$ 的图形,其一般步骤如下:

(1) 确定函数的定义域,函数的奇偶性与周期性;

(2) 求函数的一、二阶导数,解出 $f'(x) = 0, f''(x) = 0$ 的点和导数不存在的点;

(3) 列表讨论函数的单调区间与极值点,凹凸区间与拐点;

(4) 考察曲线的渐近线,以把握曲线伸向无穷远的趋势;

(5) 根据需要取辅助点,如取曲线与坐标轴的交点等;

（6）根据以上讨论，描绘函数的图形.

例 4.4.8　作函数 $f(x)=\dfrac{x^3-2}{2\,(x-1)^2}$ 的图形.

解　（1）函数的定义域为 $(-\infty,1)\bigcup(1,+\infty)$，是非奇非偶函数，而

$$f'(x)=\frac{(x-2)^2(x+1)}{2\,(x-1)^3},\quad f''(x)=\frac{3(x-2)}{(x-1)^4}$$

（2）由 $f'(x)=0$，解得驻点 $x=-1,x=2$；由 $f''(x)=0$，解得 $x=2$. 间断点及导数不存在的点为 $x=1$. 用这三点把定义域划分成下列四个部分区间：

$$(-\infty,-1],[-1,1),(1,2],[2,+\infty)$$

（3）列表确定函数的增减区间、凹凸区间及极值点和拐点：

x	$(-\infty,-1)$	-1	$(-1,1)$	1	$(1,2)$	2	$(2,+\infty)$
$f'(x)$	$+$	0	$-$	不存在	$+$	0	$+$
$f''(x)$	$-$			不存在	$-$	0	$+$
$f(x)$	↗∩	极值点	↘∩	间断点	↗∩	拐点	↗∪

（4）因为

$$\lim_{x\to 1}\frac{x^3-2}{2(x-1)^2}=-\infty$$

所以直线 $x=1$ 为铅直渐近线；而

$$\lim_{x\to\infty}\frac{f(x)}{x}=\lim_{x\to\infty}\frac{x^3-2}{2x\,(x-1)^2}=\frac{1}{2}$$

$$\lim_{x\to\infty}\big[f(x)-ax\big]=\lim_{x\to\infty}\left[\frac{x^3-2}{2\,(x-1)^2}-\frac{1}{2}x\right]$$

$$=\lim_{x\to\infty}\frac{2x^2-3}{2\,(x-1)^2}=1$$

所以直线 $y=\dfrac{1}{2}x+1$ 是斜渐近线.

（5）算出 $x=-1,x=2$ 处的函数值 $f(-1)=-\dfrac{3}{8}$，$f(2)=3$，得到题设函数图形上的两点 $\left(-1,-\dfrac{3}{8}\right)$，$(2,3)$，再补充下列辅助作图点：

$$(0,-1)\quad (\sqrt[3]{2},0),\quad A\left(-2,-\frac{5}{9}\right),\quad B\left(3,\frac{25}{8}\right)$$

根据（3）、（4）中得到的结果，用平滑的曲线连接这些点，即可描绘出题设函数的图形（见图 4.4.7）.

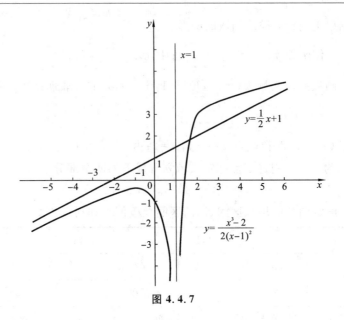

图 4.4.7

习 题 4.4

1. 求下列函数的凹凸区间及拐点.

(1) $y=x^3-5x^2+3x-5$;   (2) $y=x^2+\dfrac{1}{x}$;

(3) $y=xe^{-x}$;   (4) $y=\ln(1+x^2)$;

(5) $y=e^{-x^2}$;   (6) $y=(2x-5)\sqrt[3]{x^2}$.

2. 问 a 及 b 为何值时,点$(1,3)$为曲线 $y=ax^3+bx^2$ 的拐点?

3. 试确定曲线 $y=ax^3+bx^2+cx+d$ 中的 a、b、c、d,使得在 $x=-2$ 处曲线有水平切线,$(1,-10)$为拐点,且点$(-2,44)$在曲线上.

4. 求下列函数的渐近线.

(1) $y=\dfrac{x-1}{x-2}$;   (2) $y=e^{\frac{1}{x}}-1$;   (3) $y=\dfrac{(1+x)^{\frac{2}{3}}}{\sqrt{x}}$.

5. 描绘下列函数的图形.

(1) $y=\dfrac{2x^2}{x^2-1}$;   (2) $y=3x-x^3$.

4.5 导数在经济管理中的应用

边际分析和弹性分析是经济学中研究市场供给、需求、消费行为和收益等问题的重要方法,利用边际和弹性的概念,可以描述和解释一些经济规律和经济现象.

4.5.1　边际与边际分析

在经济学中,边际概念是与导数密切相关的一个经济学概念,它反映的是一种经济变量相对于另一种经济变量的变化率.

定义 4.5.1　设函数 $y = f(x)$ 在 x_0 处可导,则称导函数 $f'(x)$ 为 $f(x)$ 的**边际函数**. $f'(x_0)$ 称为边际函数 $f'(x)$ 在 $x = x_0$ 处的**边际函数值**.

边际函数值的经济意义是:当 x 在点 x_0 处改变一个单位时,函数 $f(x)$ 近似地改变 $f'(x_0)$ 个单位.

几个常用的边际函数及其经济意义:

(1) 边际成本　总成本函数 $C(Q)$ 的导数 $C'(Q)$ 称为**边际成本**.边际成本表示生产了 Q 个单位产品后,再增加一个单位产品生产时所增加的总成本.

(2) 边际收益　总收益函数 $R(Q)$ 的导数 $R'(Q)$ 称为**边际收益**.边际收益表示销售 Q 个单位产品后,再多销售一个单位产品时所增加的总收益.

(3) 边际利润　总利润函数 $L(Q)$ 的导数 $L'(Q)$ 称为**边际利润**.边际利润表示生产 Q 个单位产品后,再多生产一个单位产品所增加的总利润.

例 4.5.1　设生产某种产品 Q 个单位的总成本为 $C(Q) = 100 + \dfrac{1}{4}Q^2$,试求当 $Q = 10$ 时的总成本及边际成本,并解释边际成本的经济意义.

解　由 $C(Q) = 100 + \dfrac{1}{4}Q^2$,可得边际成本函数为

$$C'(Q) = \frac{Q}{2}$$

当 $Q = 10$ 时,总成本为 $C(10) = 125$,边际成本为 $C'(10) = 5$.

经济意义:当产量为 10 个单位时,再增加一个单位产量,总成本需再增加 5 个单位.

例 4.5.2　已知需求函数为

$$Q = 20000 - 100p$$

其中, p 为商品价格,求生产 50 个单位时的总收益、平均收益和边际收益.

解　先写出总收益函数,总收益是生产者出售一定量产品所得的全部收入.

由已知可得

$$p = 200 - \frac{Q}{100}$$

于是总收益函数为

$$R = R(Q) = p \cdot Q = 200Q - \frac{Q^2}{100}$$

所以生产 50 个单位时的总收益为

$$R(50) = 200 \times 50 - \frac{50^2}{100} = 9975$$

平均收益是指出售一定量的商品时,每单位商品所得的平均收入,即每单位商品的售价. 平均收益记作 AR,即

$$AR = \frac{R(Q)}{Q} = 200 - \frac{Q}{100} = p$$

所以生产 50 个单位时的平均收益为

$$AR \mid_{Q=50} = 200 - \frac{50}{100} = 199.5$$

由总收益函数得边际收益函数为

$$\frac{\mathrm{d}R}{\mathrm{d}Q} = \frac{\mathrm{d}}{\mathrm{d}Q}\left(200Q - \frac{Q^2}{100}\right) = 200 - \frac{Q}{50}$$

所以生产 50 个单位时的边际收益为

$$\frac{\mathrm{d}R}{\mathrm{d}Q} \mid_{Q=50} = 200 - \frac{50}{50} = 199$$

经济意义:当产量为 50 个单位时,再多生产一个单位产品,总收益将增加 199 个单位(或者说,减少一个单位产品生产,总收益将减少 199 个单位).

4.5.2 弹性与弹性分析

弹性概念是经济学中的另一个重要概念,它是用来定量地描述一个经济变量对另一个经济变量变化的反应程度.

定义 4.5.2 设函数 $y = f(x)$ 在点 x_0 处可导,函数的相对改变量 $\frac{\Delta y}{y_0} = \frac{f(x_0 + \Delta x) - f(x_0)}{f(x_0)}$ 与自变量的相对改变量 $\frac{\Delta x}{x_0}$ 之比 $\frac{\Delta y / y_0}{\Delta x / x_0}$ 称为函数 $y = f(x)$ 在 x_0 与 $x_0 + \Delta x$ 两点间的**弹性**.

当 $\Delta x \to 0$ 时,$\frac{\Delta y / y_0}{\Delta x / x_0}$ 的极限

$$\lim_{\Delta x \to 0} \frac{\Delta y / y_0}{\Delta x / x_0} = \lim_{\Delta x \to 0} \frac{\Delta y}{\Delta x} \cdot \frac{x_0}{y_0} = f'(x_0) \cdot \frac{x_0}{f(x_0)}$$

称为函数 $y = f(x)$ 在点 x_0 处的弹性,记为 $\frac{Ey}{Ex}\bigg|_{x=x_0}$ 或 $\frac{E}{Ex} f(x_0)$.

对于一般的 x,如果 $y = f(x)$ 可导,且 $f(x) \neq 0$,则有

$$\frac{Ey}{Ex} = f'(x) \cdot \frac{x}{f(x)}$$

它是 x 的函数,称为 $y = f(x)$ 的**弹性函数**,简称**弹性**.

注:$\frac{E}{Ex} f(x_0)$ 表示在点 x_0 处,当 x 产生 1% 的改变时,函数 $y = f(x)$ 改

变 $\dfrac{E}{Ex}f(x_0)\%$.

由于函数的弹性 $\dfrac{Ey}{Ex}$ 是由自变量 x 与因变量 y 的相对变化而定义的,它表示函数 $y=f(x)$ 在点 x 的相对变化率,因此它与任何度量单位无关.

下面介绍经济分析中常见的弹性函数.

1. 需求的价格弹性

"需求"指在一定价格条件下,消费者愿意购买并且有支付能力购买的商品量. 商品的价格是影响需求的一个主要因素.

定义 4.5.3　设某商品的需求函数 $Q=f(P)$(P 表示商品价格,Q 表示需求量)在点 $P=P_0$ 处可导,$Q_0=f(P_0)$,一般情况下,商品价格低,需求量大,商品价格高,需求量小. 因此,一般需求函数 $Q=f(P)$ 是单调减少函数,ΔP 和 ΔQ 符号相反,且 P_0 为正数,故 $\dfrac{\Delta Q/Q_0}{\Delta P/P_0}$ 和 $f'(P_0)\cdot\dfrac{P_0}{f(P_0)}$ 均为非正数,为了用正数表示弹性,我们称

$$\eta(P)=\frac{EQ}{EP}=-f'(P)\cdot\frac{P}{f(P)}$$

为该商品在点 P 处的需求的**价格弹性函数**,简称为**需求弹性**.

根据需求弹性的大小,可分为下面三种情况:

(1) 当 $\eta(P)>1$ 时,称**需求富有弹性**,此时需求变动的幅度大于价格变动的幅度,价格变动对需求量的影响较大;

(2) 当 $\eta(P)=1$ 时,称**需求是单位弹性**,此时需求变动的幅度等于价格变动的幅度;

(3) 当 $\eta(P)<1$ 时,称**需求缺乏弹性**,此时需求变动的幅度小于价格变动的幅度,价格变动对需求量的影响不大.

需求价格弹性 $\eta(p)$ 的经济意义:在价格为 p 时,如果价格上涨(或下跌)1%,则需求相应减少(或增加)的百分数是 $\eta(p)\%$.

例 4.5.3　设某商品的需求函数为 $Q=50-5P$,试求:

(1) 需求价格弹性 $\eta(p)$;

(2) 当 $P=2,5,6$ 时的需求价格弹性,并解释其经济意义.

解　(1) 因 $\dfrac{\mathrm{d}Q}{\mathrm{d}P}=-5$ 故

$$\eta(P)=-\frac{P}{Q}\frac{\mathrm{d}Q}{\mathrm{d}P}=-\frac{P}{50-5P}(-5)=\frac{P}{10-P}$$

(2) 当 $P=2$ 时,$\eta(P)=0.25<1$,需求是低弹性的. 而当 $P=2$ 时,$Q=40$,这说明:在价格 $P=2$ 时,若价格上涨(或下跌)1%,需求 Q 将由 40 起减少(或增加)0.25%. 这时,需求下降(或提高)的幅度小于价格上涨(或下跌)的幅度.

当 $P=5$ 时, $\eta(P)=1$, 需求是单位弹性的. 而 $P=5$ 时, $Q=25$, 这说明: 在价格 $P=5$ 时, 若价格上涨(或降低)1%, 需求 Q 将由 25 起减少(或增加)1%. 这时, 需求下降(或提高)的幅度等于价格上涨(或下跌)的幅度.

当 $P=6$ 时, $\eta(P)=1.5>1$, 需求是富有弹性的. 而 $P=6$ 时, $Q=20$, 这说明: 在价格 $P=6$ 时, 若价格上涨(或下跌)1%, 需求 Q 将由 20 起减少(或增加)1.5%. 这时, 需求下降(或提高)的幅度大于价格上涨(或下跌)的幅度.

2. 供给的价格弹性

"供给"指在一定价格条件下, 生产者愿意出售并且有可供出售的商品量. 价格是影响供给的一个主要因素.

定义 4.5.4　设某商品的供给函数 $Q=f(P)$(P 表示商品价格, Q 表示供给量)在点 $P=P_0$ 处可导, $Q_0=f(P_0)$. 一般情况下, 商品价格低, 供给量小; 商品价格高, 供给量大. 因此, 一般需求函数 $Q=f(P)$ 是单调增加函数. 称

$$\varepsilon(P)=\frac{EQ}{EP}=f'(P)\cdot\frac{P}{f(P)}$$

为该商品在点 P 处的供给**价格弹性函数**, 简称为**供给弹性**.

例 4.5.4　设某商品的供给函数为 $Q=f(P)=\mathrm{e}^{2P}$, 求:

(1) 供给弹性函数 $\varepsilon(P)$;

(2) 当 $P=3$ 时的供给弹性, 并解释其经济意义.

解　(1) 因为 $f'(P)=2\mathrm{e}^{2P}$, 所以供给弹性函数为

$$\varepsilon(P)=f'(P)\cdot\frac{P}{f(P)}=2\mathrm{e}^{2P}\cdot\frac{P}{\mathrm{e}^{2P}}=2P$$

(2) $P=3$ 时的供给弹性为 $\varepsilon(3)=6$.

其经济意义: 当 $P=3$ 时, 价格再上涨(或下跌)1%, 供应量将增加(或减少)6%.

3. 收益的价格弹性

定义 4.5.5　设某商品的需求函数为可导函数 $Q=f(P)$(P 表示商品价格, Q 表示需求量), 则收益关于价格的函数为 $R(P)=P\cdot Q=P\cdot f(P)$, 称

$$\frac{ER}{EP}=R'(P)\cdot\frac{P}{R}$$

为该商品在点 P 处的**收益的价格弹性函数**, 简称为**收益弹性**.

例 4.5.5　已知某商品的需求函数为 $Q=50-2P$, 求:

(1) 该商品的收益弹性函数 $\dfrac{ER}{EP}$;

(2) $P=15$ 时的收益弹性, 并解释其经济意义.

解　(1) 商品的收益函数为 $R(P)=P\cdot Q=50P-2P^2$, 从而收益弹性函数为

$$\frac{ER}{EP}=R'(P)\cdot\frac{P}{R}=(50-4P)\cdot\frac{P}{50P-2P^2}=\frac{25-2P}{25-P}$$

(2) $P=15$ 时的收益弹性为 $\dfrac{ER}{EP}\Big|_{P=15}=-\dfrac{1}{2}$.

其经济意义:当 $P=15$ 时,价格再上涨(或下跌)1%,总收益将减少(或增加)0.5%.

习　题　4.5

1. 已知某商品的成本函数为 $C(Q)=100+\dfrac{Q^2}{4}$,求当 $Q=10$ 时的总成本及边际成本.

2. 设某产品的需求函数为 $P=20-\dfrac{Q}{5}$,其中 P 为价格,Q 为销售量,求销售量为 15 个单位时的总收益和边际收益.

3. 已知某商品的需求函数为 $Q=75-P^2$,求:

(1) 需求弹性函数 $\eta(P)$;

(2) $\eta(3)$、$\eta(5)$ 和 $\eta(8)$,并解释其经济意义.

4. 设某商品的供给函数为 $Q=f(P)=-20+5P$,求:

(1) 供给弹性函数 $\varepsilon(P)$;

(2) 当 $P=6$ 时的供给弹性,并解释其经济意义.

5. 设某商品的需求函数为可导函数 $Q=f(P)$(P 表示商品价格,Q 表示需求量),收益函数为 $R=R(P)=P\cdot f(P)$,证明:

$$\dfrac{ER}{EP}+\dfrac{EQ}{EP}=1$$

*4.6　Matlab 软件简单应用

Matlab 提供了很多求极值(或最优值)的命令函数,既可以求无条件的极值,也可以求有条件的极值(Matlab 软件具体使用方法可参考附录 A).

函数 fminbnd

调用格式:$[x,val]=$fminbnd$(f,x1,x2)$,其中 f 是用来求极值的函数,可以是函数名,也可以是函数表达式,意思是求函数 f 在区间 $[x1,x2]$ 上的极小值(不是最小值).

例 4.6.1　求函数 $y=(x^2-1)^3+1$ 的极值.

解　为了能更方便地找出极值点,先用 plot 函数画出该函数的曲线图,输入如下命令:

```
x= - 2:0.1:2;f= (x.^2- 1).^3+ 1;plot(x,f)
```

从图 4.6.1 中可以看出,函数有极小值.输入如下命令:

```
f1= '(x.^2- 1).^3+ 1'; [x,val]= fminbnd(f1,- 2,2)
```

回车后可得:$x = 4.4409\mathrm{e}-016$;val$=0$,即可知极小值为 $f(0)=0$.

例 4.6.2　求解 $f(x)=x^2-2x-1$ 的极值.

解　先作图:

```
x= - 1:0.1:3;f= x.^2- 2* x- 1;plot(x,f)
```

从图 4.6.2 中可以看出,函数有极小值.输入如下命令:

```
f1= ' x.^2- 2* x- 1'; [x,val]= fminbnd(f1,- 1,3)
```

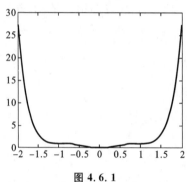

图 4.6.1

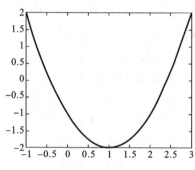

图 4.6.2

回车后可得:x $=1$;val $=-2$,即可知极小值为 f(1)$=-2$.

例 4.6.3　计算 $z=x^3-y^3+3x^2+3y^2-9x$ 的极值.

解　(1) 求极小值.

编写目标函数:

```
function f= li5_16(x)
f= x(1)^3- x(2)^3+ 3* x(1)^2+ 3* x(2)^2- 9* x(1);
```

主程序窗口调用:

```
x0= [0 0];
[x,fval, exitflag]= fminunc(@ li5_16,x0)
```

计算结果:

```
x =
    1.0000  - 0.0000
fval =
  - 5
exitflag =
```

　　　　1

即 f(1,0)＝－5 为极小值.

(2) 求极大值:可以变成求目标函数负的极小值,然后反号即可求出极大值.

编写目标函数:

```
function f= li5_161(x)
f= - x(1)^3+ x(2)^3- 3* x(1)^2- 3* x(2)^2+ 9* x(1);
```

主程序窗口调用:

```
x0= [- 1 1];
[x,fval, exitflag]= fminunc(@ li5_161,x0),maxf= - fval
```

计算结果:

```
x =
  - 3.0000    2.0000
fval =
  - 31.0000
exitflag =
     1
maxf =
   31.0000
```

即 f(－3,2)＝31 为极大值.

本 章 小 结

一、内容纲要

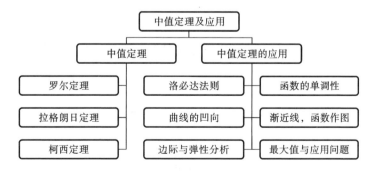

二、部分重难点内容分析

(1) 理解罗尔定理、拉格朗日中值定理的条件、结论,会求 ξ;对简单中值结论,会构造辅助函数,用罗尔定理或拉格朗日中值定理证明.

(2) 熟练掌握洛必达法则:注意适用条件,将各种不定式转化为 $\dfrac{0}{0}$ 或 $\dfrac{\infty}{\infty}$ 型,正确求导,注意化简(如用等价无穷小替换其因式,先求出部分因式的极限).

(3) 掌握用导数判断函数的单调性,利用单调性证明不等式、恒等式,确定极值、根数.

(4) 证明不等式可用单调性、拉格朗日定理、化成最值,或用凹凸性.但最常用单调性,注意不能由 $f'(x)>0$ 直接推出 $f(x)>0$.

(5) 连续函数 $f(x)$ 的极值点 x_0 必是 $f(x)$ 的驻点或不可导点,但这种点却不一定是极值点.

(6) 函数极值概念是局部性的,用以描述函数在一点邻域内的性态,与在闭区间上的最大值、最小值问题不同.

(7) 极值的必要条件和充分条件.

① 函数 $f(x)$ 取得极值的必要条件:若 $f(x)$ 在可导点 x_0 取得极值,则必有 $f'(x_0)=0$,并称 $x=x_0$ 为函数 $f(x)$ 的驻点.

② 函数 $f(x)$ 取得极值的充分条件:极值的两个判定法则(该点导数为零且两侧导数值异号).

(8) 曲线凹凸性和拐点:拐点是曲线凹凸性发生变化的点,且拐点 $(x_0,f(x_0))$ 的 x 坐标必为 $f''(x)$ 的驻点或不可导点,但这种点却不一定是拐点的 x 坐标.

(9) 函数作图:将讨论所得的函数的性态汇入总表,即可看出其图形的走势(变化态势),再加上经过的特殊点(即控制点,如与坐标轴交点、端点、拐点、极值点、补充点等)和渐近线,就不难画图了.

复习题 4

1. 选择题.

(1) 在下列四个函数中,在 $[-1,1]$ 上满足罗尔定理条件的函数是(   ).

(A) $y=8|x|+1$ (B) $y=4x^2+1$ (C) $y=\dfrac{1}{x^2}$ (D) $y=|\sin x|$

(2) 函数 $f(x)=\dfrac{1}{x}$ 满足拉格朗日中值定理条件的区间是(   ).

(A) $[-2,2]$ (B) $[-2,0]$ (C) $[1,2]$ (D) $[0,1]$

(3) 方程 $x^5-5x+1=0$ 在 $(-1,1)$ 内根的个数是(   ).

(A) 没有实根   (B) 有且仅有一个实根

(C) 有两个相异的实根   (D) 有五个实根

(4) 若对任意 $x\in(a,b)$,有 $f'(x)=g'(x)$,则(   ).

(A) 对任意 $x \in (a,b)$，有 $f(x) = g(x)$

(B) 存在 $x_0 \in (a,b)$，使 $f(x_0) = g(x_0)$

(C) 对任意 $x \in (a,b)$，有 $f(x) = g(x) + C_0$（C_0 是某个常数）

(D) 对任意 $x \in (a,b)$，有 $f(x) = g(x) + C$（C 是任意常数）

(5) 函数 $f(x) = \sqrt[3]{8x - x^2}$，则（　　　）.

(A) 在任意闭区间 $[a,b]$ 上罗尔定理一定成立

(B) 在 $[0,8]$ 上罗尔定理不成立

(C) 在 $[0,8]$ 上罗尔定理成立

(D) 在任意闭区间上，罗尔定理都不成立

(6) 下列函数中在 $[1,e]$ 上满足拉格朗日定理条件的是（　　　）.

(A) $\ln(\ln x)$　　　　(B) $\ln x$　　　　(C) $\dfrac{1}{\ln x}$　　　　(D) $\ln(2-x)$

(7) 求极限 $\lim\limits_{x \to 0} \dfrac{x^2 \sin \dfrac{1}{x}}{\sin x}$ 时，下列各种解法正确的是（　　　）.

(A) 用洛必达法则后，求得极限为 0

(B) 因为 $\lim\limits_{x \to 0} \dfrac{1}{x}$ 不存在，所以上述极限不存在

(C) 原式 $= \lim\limits_{x \to 0} \dfrac{x}{\sin x} \cdot x \sin \dfrac{1}{x} = 0$

(D) 因为不能用洛必达法则，故极限不存在

(8) 函数 $f(x) = 3x^5 - 5x^3$ 在 R 上有（　　　）.

(A) 四个极值点　　　(B) 三个极值点　　　(C) 二个极值点　　　(D) 一个极值点

(9) 函数 $f(x) = 2x^3 - 6x^2 - 18x + 7$ 的极大值是（　　　）.

(A) 17　　　　　(B) 11　　　　　(C) 10　　　　　(D) 9

(10) 设函数 $y = \dfrac{2x}{1 + x^2}$，在（　　　）.

(A) $(-\infty, +\infty)$ 单调增加

(B) $(-\infty, +\infty)$ 单调减少

(C) $(-1,1)$ 单调增加，其余区间单调减少

(D) $(-1,1)$ 单调减少，其余区间单调增加

2. 证明下列不等式.

(1) 若 $x > 0$，证明：$e^x > 1 + x$；

(2) 设 $x > 0$，证明：$x - \dfrac{x^2}{2} < \ln(1+x) < x$.

3. 计算下列极限.

(1) $\lim\limits_{x\to 0}\dfrac{x-\ln(1+x)}{x^2}$;

(2) $\lim\limits_{x\to 0}\left(\dfrac{1}{\ln(1+x)}-\dfrac{1}{x}\right)$;

(3) $\lim\limits_{x\to \frac{\pi}{6}}\dfrac{1-2\sin x}{\cos 3x}$;

(4) $\lim\limits_{x\to 0}(1+x^2)^{\frac{1}{x}}$;

(5) $\lim\limits_{x\to 0}\dfrac{\ln(1+x^2)}{\cos 3x}$;

(6) $\lim\limits_{x\to 1}(1-x)\tan\dfrac{\pi x}{2}$.

4. 求函数 $y=x^3-3x^2-9x+14$ 的单调递减区间.

5. 求函数 $y=2\mathrm{e}^x+\mathrm{e}^{-x}$ 的极值.

6. 求函数 $y=2x-\ln(4x)^2$ 的单调区间与极值.

7. 若曲线 $y=x^3+ax^2+bx+c$ 有一拐点$(1,-1)$,且在 $x=0$ 处有极大值1,试求 a,b,c.

8. 求下列函数的最值.

(1) $y=x^4-8x^2+2,[-1,3]$;

(2) $y=\dfrac{x^2}{1+x},\left[-\dfrac{1}{2},1\right]$.

9. 求下列函数图形的拐点及凹凸区间.

(1) $y=x^4(12\ln x-7)$;

(2) $y=\dfrac{1}{3}x^3-x^2+2$.

10. 设工厂 A 到铁路线的垂直距离为 20 km,垂足为 B,铁路线上距离 B 100 km 处有一原料供应站 C,如右图所示. 现在要在铁路 BC 段 D 处修建一个原料中转车站,再由车站 D 向

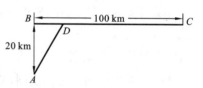

工厂修一条公路. 如果已知每千米的铁路运费与公路运费之比为 3:5,那么,D 应选在何处,才能使从原料供应站 C 运货到工厂 A 所需运费最省?

11. 已知某商品的成本函数为

$$C(Q)=100+\dfrac{1}{4}Q^2 \quad (Q\text{ 表示产量})$$

求:(1) 当 $Q=10$ 时的平均成本及 Q 为多少时,平均成本最小?

(2) 当 $Q=10$ 时的边际成本并解释其经济意义.

12. 设某商品的需求函数为 $Q=f(P)=12-\dfrac{1}{2}P$.

(1) 求需求弹性函数及 $P=6$ 时的需求弹性,并给出经济解释.

(2) 当 P 取什么值时,总收益最大? 最大总收益是多少?

13. 已知在某企业某种产品的需求弹性在 1.3~2.1 之间,如果该企业准备明年将价格降低 10%,问这种商品的需求量预期会增加多少? 总收益预期会增加多少?

第5章 不定积分

在一元函数微分学中,我们讨论了求已知函数的导数(或微分)的问题,但是在科学、技术和经济的许多问题中,常常需要解决相反的问题,就是要由一个函数的导数(或微分)来求出这个函数.这就是积分学的基本问题之———求不定积分.本章主要介绍不定积分的概念与性质,以及基本的积分方法.

5.1 不定积分的概念与性质

5.1.1 不定积分的概念

在微分学中,我们讨论了一元函数的导数(或微分)的问题.例如,变速直线运动中已知位移函数为

$$s = s(t)$$

则质点在时刻 t 的瞬时速度表示为

$$v = s'(t)$$

实际上,在运动学中常常遇到相反的问题,即已知变速直线运动的质点在时刻 t 的瞬时速度

$$v = v(t)$$

求出质点的位移函数

$$s = s(t)$$

即已知函数的导数,求原来的函数.这种问题在自然科学和工程技术问题中普遍存在.为了便于研究,我们引入以下概念.

定义 5.1.1 设 $f(x)$ 是定义在某区间 I 上的已知函数,如果存在一个函数 $F(x)$,对于该区间上每一点都满足

$$F'(x) = f(x) \quad 或 \quad \mathrm{d}F(x) = f(x)\mathrm{d}x$$

则称函数 $F(x)$ 是已知函数 $f(x)$ 在区间 I 上的**原函数**.

例如,在变速直线运动中,$s'(t) = v(t)$,所以位移函数 $s(t)$ 是速度函数 $v(t)$ 的原函数.

再如,$(\sin x)' = \cos x$,所以 $\sin x$ 是 $\cos x$ 在 $(-\infty, +\infty)$ 上的一个原函数. $(\ln x)' = \dfrac{1}{x}$ $(x > 0)$,所以 $\ln x$ 是 $\dfrac{1}{x}$ 在 $(0, +\infty)$ 的一个原函数.

关于原函数,我们自然想到这样两个问题:

(1) 一个函数具备什么样的条件,它的原函数就一定存在?

(2) 如果是在区间内的一个原函数,那么还有没有别的原函数?

对问题(1),我们将在第 6 章中讨论,这里先给出如下结论:

定理 5.1.1 如果函数 $f(x)$ 在区间 I 上连续,则在该区间内它的原函数一定存在,即在区间 I 内一定存在可导函数 $F(x)$,使对任一 $x \in I$ 都有

$$F'(x) = f(x)$$

简言之,连续函数一定有原函数.由于初等函数在其定义区间上都是连续函数,所以初等函数在其定义区间上都有原函数.

对于问题(2),我们给出了如下讨论:

如果 $F(x)$ 是 $f(x)$ 的一个原函数,即 $F'(x) = f(x)$,则对于任意常数 C,$F(x) + C$ 都是 $f(x)$ 的原函数,且包括了 $f(x)$ 的全部原函数.即一个函数如果存在原函数,则有无穷多个.

假设 $F(x)$ 和 $\varphi(x)$ 都是 $f(x)$ 的原函数,则 $[F(x) - \varphi(x)]' = 0$,必有 $F(x) - \varphi(x) = C$,即一个函数的任意两个原函数之间相差一个常数.

由以上分析,给出以下定义:

定义 5.1.2 如果在区间 I 内,函数 $F(x)$ 是函数 $f(x)$ 的一个原函数,则称 $f(x)$ 的原函数的全体 $F(x) + C$(C 为任意常数)为 $f(x)$(或 $f(x)\mathrm{d}x$)在区间 I 上的**不定积分**,记作

$$\int f(x)\mathrm{d}x$$

其中,$\int$ 称为**积分号**,$f(x)$ 称为**被积函数**,$f(x)\mathrm{d}x$ 称为**被积表达式**,x 称为**积分变量**.

由此定义,若 $F(x)$ 是 $f(x)$ 在区间 I 上的一个原函数,则 $f(x)$ 的不定积分可表示为

$$\int f(x)\mathrm{d}x = F(x) + C$$

注:(1) 不定积分和原函数是两个不同的概念,前者是个集合,后者是该集合中的一个元素.

(2) 求不定积分,只需求出它的某一个原函数作为其无限个原函数的代表,再加上一个任意常数 C.

例 5.1.1 求 $\int 3x^2 \mathrm{d}x$.

解 因为 $(x^3)' = 3x^2$,所以 $\int 3x^2 \mathrm{d}x = x^3 + C$.

例 5.1.2 求 $\int \cos x \mathrm{d}x$.

解 因为 $(\sin x)' = \cos x$,所以 $\int \cos x \mathrm{d}x = \sin x + C$.

例 5.1.3 求 $\int \dfrac{1}{x} \mathrm{d}x$.

解 由于 $x > 0$ 时,$(\ln x)' = \dfrac{1}{x}$,所以 $\ln x$ 是 $\dfrac{1}{x}$ 在 $(0, +\infty)$ 上的一个原函数,在 $(0, +\infty)$ 内,$\int \dfrac{1}{x} \mathrm{d}x = \ln x + C$.

又当 $x < 0$ 时,$[\ln(-x)]' = \dfrac{1}{x}$,所以 $\ln(-x)$ 是 $\dfrac{1}{x}$ 在 $(-\infty, 0)$ 上的一个原函数,在 $(-\infty, 0)$ 内,$\int \dfrac{1}{x} \mathrm{d}x = \ln(-x) + C$.

故

$$\int \frac{1}{x} \mathrm{d}x = \ln|x| + C$$

例 5.1.4 求通过点 $\left(1, \dfrac{\pi}{4}\right)$,曲线上任一点切线的斜率为 $\dfrac{1}{1+x^2}$ 的曲线方程.

解 设曲线方程为 $y = f(x)$,则 $f'(x) = \dfrac{1}{1+x^2}$,于是

$$f(x) = \int \frac{1}{1+x^2} \mathrm{d}x = \arctan x + C$$

通过点 $\left(1, \dfrac{\pi}{4}\right)$,则有 $\dfrac{\pi}{4} = \arctan 1 + C$,即 $C = 0$,故所求曲线方程为 $y = \arctan x$.

不定积分的几何意义:

设函数 $f(x)$ 是连续的,函数 $f(x)$ 的原函数的图形称为 $f(x)$ 的积分曲线. 若 $F'(x) = f(x)$,则称曲线 $y = F(x)$ 是函数 $f(x)$ 的一条积分曲线. 因此,不定积分 $\int f(x)\mathrm{d}x = F(x) + C$ 在几何上表示被积函数的一簇积分曲线. 如果我们作出了 $f(x)$ 的任意一条积分曲线,将它沿 y 轴上下平移,就可得到 $f(x)$ 的所有积分曲线. 同时,由于 $(F(x) + C)' = f(x)$,可见这些曲线上的点在横坐标相同时,有相互平行的切线(见图 5.1.1).

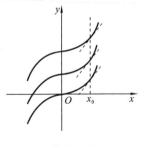

图 5.1.1

5.1.2 不定积分的性质

由不定积分的定义,可以推得不定积分具有如下性质.

性质 5.1.1 求不定积分与求导数或微分互为逆运算.

(1) $\left[\int f(x)\mathrm{d}x\right]' = f(x)$ 或 $\mathrm{d}\left[\int f(x)\mathrm{d}x\right] = f(x)\mathrm{d}x$.

(2) $\int F'(x)\mathrm{d}x = F(x) + C$ 或 $\int \mathrm{d}F(x) = F(x) + C$.

性质 5.1.2 设函数 $f(x)$ 和 $g(x)$ 的原函数存在,则

$$\int [f(x) + g(x)]\mathrm{d}x = \int f(x)\mathrm{d}x + \int g(x)\mathrm{d}x$$

不难把上述公式推广到有限个函数的情形.

性质 5.1.3 设函数 $f(x)$ 的原函数存在,k 为非零的常数,则

$$\int kf(x)\mathrm{d}x = k\int f(x)\mathrm{d}x$$

由以上两条性质,得出不定积分的线性运算性质如下:

$$\int [kf(x) + lg(x)]\mathrm{d}x = k\int f(x)\mathrm{d}x + l\int g(x)\mathrm{d}x$$

5.1.3 基本积分公式

由定义可知,求原函数或不定积分与求导数或微分互为逆运算,因此由基本导数公式表我们可以得到相应的积分公式,通常称这些公式构成**基本积分公式表**.

(1) $\int k\mathrm{d}x = kx + C(k$ 是常数$)$

(2) $\int x^\mu \mathrm{d}x = \frac{1}{\mu+1}x^{\mu+1} + C \quad (\mu \neq -1)$

(3) $\int \frac{1}{x}\mathrm{d}x = \ln|x| + C$

(4) $\int \mathrm{e}^x \mathrm{d}x = \mathrm{e}^x + C$

(5) $\int a^x \mathrm{d}x = \frac{a^x}{\ln a} + C \quad (a > 0, a \neq 1)$

(6) $\int \cos x\mathrm{d}x = \sin x + C$

(7) $\int \sin x\mathrm{d}x = -\cos x + C$

(8) $\int \frac{1}{\cos^2 x}\mathrm{d}x = \int \sec^2 x\mathrm{d}x = \tan x + C$

(9) $\int \frac{1}{\sin^2 x}\mathrm{d}x = \int \csc^2 x\mathrm{d}x = -\cot x + C$

(10) $\int \frac{1}{1+x^2}\mathrm{d}x = \arctan x + C, \int -\frac{1}{1+x^2}\mathrm{d}x = \text{arccot} x + C$

(11) $\displaystyle\int \frac{1}{\sqrt{1-x^2}}\mathrm{d}x = \arcsin x + C, \int -\frac{1}{\sqrt{1-x^2}}\mathrm{d}x = \arccos x + C$

(12) $\displaystyle\int \sec x \tan x \mathrm{d}x = \sec x + C$

(13) $\displaystyle\int \csc x \cot x \mathrm{d}x = -\csc x + C$

以上 13 个基本积分公式,是求不定积分的基础,必须熟记.

例 5.1.5　求不定积分 $\displaystyle\int \frac{\mathrm{d}x}{x^2 \sqrt{x}}$.

解　$\displaystyle\int \frac{\mathrm{d}x}{x^2 \sqrt{x}} = \int x^{-\frac{5}{2}} \mathrm{d}x = -\frac{2}{3} x^{-\frac{3}{2}} + C$

例 5.1.6　求不定积分 $\displaystyle\int \left(\sqrt[3]{x} - \frac{1}{\sqrt{x}} \right) \mathrm{d}x$.

解　$\displaystyle\int \left(\sqrt[3]{x} - \frac{1}{\sqrt{x}} \right) \mathrm{d}x = \int (x^{\frac{1}{3}} - x^{-\frac{1}{2}}) \mathrm{d}x = \int x^{\frac{1}{3}} \mathrm{d}x - \int x^{-\frac{1}{2}} \mathrm{d}x = \frac{3}{4} x^{\frac{4}{3}} - 2x^{\frac{1}{2}} + C$

例 5.1.7　求不定积分 $\displaystyle\int (2^x + x^2) \mathrm{d}x$.

解　$\displaystyle\int (2^x + x^2) \mathrm{d}x = \int 2^x \mathrm{d}x + \int x^2 \mathrm{d}x = \frac{2^x}{\ln 2} + \frac{1}{3} x^3 + C$

例 5.1.8　求不定积分 $\displaystyle\int \frac{3x^4 + 3x^2 + 1}{x^2 + 1} \mathrm{d}x$.

解　$\displaystyle\int \frac{3x^4 + 3x^2 + 1}{x^2 + 1} \mathrm{d}x = \int 3x^2 \mathrm{d}x + \int \frac{1}{1+x^2} \mathrm{d}x = x^3 + \arctan x + C$

例 5.1.9　求不定积分 $\displaystyle\int \left(\frac{3}{1+x^2} - \frac{2}{\sqrt{1-x^2}} \right) \mathrm{d}x$.

解　$\displaystyle\left(\frac{3}{1+x^2} - \frac{2}{\sqrt{1-x^2}} \right) \mathrm{d}x = 3\int \frac{1}{1+x^2} \mathrm{d}x - 2\int \frac{1}{\sqrt{1-x^2}} \mathrm{d}x$

$$= 3\arctan x - 2\arcsin x + C$$

例 5.1.10　求不定积分 $\displaystyle\int \frac{x^2}{1+x^2} \mathrm{d}x$.

解　$\displaystyle\int \frac{x^2}{1+x^2} \mathrm{d}x = \int \mathrm{d}x - \int \frac{1}{1+x^2} \mathrm{d}x = x - \arctan x + C$

例 5.1.11　求不定积分 $\displaystyle\int 2^x \mathrm{e}^x \mathrm{d}x$.

解　$\displaystyle\int 2^x \mathrm{e}^x \mathrm{d}x = \int (2\mathrm{e})^x \mathrm{d}x = \frac{1}{\ln 2\mathrm{e}} (2\mathrm{e})^x + C = \frac{2^x \mathrm{e}^x}{1 + \ln 2} + C$

例 5.1.12　求不定积分 $\displaystyle\int \frac{1}{1+\sin x} \mathrm{d}x$.

解 $\displaystyle\int\dfrac{1}{1+\sin x}\mathrm{d}x=\int\dfrac{1}{(1+\sin x)(1-\sin x)}\mathrm{d}x=\int\dfrac{1-\sin x}{\cos^2 x}\mathrm{d}x$

$$=\int(\sec^2 x-\sec x\tan x)\mathrm{d}x=\tan x-\sec x+C$$

例 5.1.13 求不定积分 $\displaystyle\int\tan^2 x\mathrm{d}x$.

解 $\displaystyle\int\tan^2 x\mathrm{d}x=\int(\sec^2 x-1)\mathrm{d}x=\tan x-x+C$

例 5.1.14 求不定积分 $\displaystyle\int\dfrac{1+\cos^2 x}{1+\cos 2x}\mathrm{d}x$.

解 $\displaystyle\int\dfrac{1+\cos^2 x}{1+\cos 2x}\mathrm{d}x=\dfrac{1}{2}\int\sec^2 x\mathrm{d}x+\dfrac{1}{2}\int\mathrm{d}x=\dfrac{\tan x+x}{2}+C$

注:以上例题中的被积函数在积分过程中,有的可直接利用基本积分公式表和积分性质得到结果,有的需要将函数恒等变形再利用基本积分公式表和积分性质,这种方法称为**直接积分法**.此外,检验积分运算的结果是否正确,只要把结果求导,看求导的结果是否等于被积函数,如果等于则积分结果是正确的,否则就是错误的.

下面再看一个抽象函数的例子.

例 5.1.15 设 $f'(\sin^2 x)=\cos^2 x$,求 $f(x)$.

解 由 $f'(\sin^2 x)=\cos^2 x=1-\sin^2 x$,可得 $f'(x)=1-x$,从而

$$f(x)=x-\dfrac{1}{2}x^2+C$$

习 题 5.1

1. 求下列不定积分.

(1) $\displaystyle\int\dfrac{1}{x^3}\mathrm{d}x$;

(2) $\displaystyle\int x\sqrt{x}\,\mathrm{d}x$;

(3) $\displaystyle\int\dfrac{1}{\sqrt[3]{x}}\mathrm{d}x$;

(4) $\displaystyle\int x^3\sqrt{\sqrt{x}}\,\mathrm{d}x$;

(5) $\displaystyle\int\dfrac{2}{1+x^2}\mathrm{d}x$;

(6) $\displaystyle\int\dfrac{x^4+x^2+3}{x^2+1}\mathrm{d}x$;

(7) $\displaystyle\int\dfrac{x^2+x\sqrt{x}+3}{\sqrt[3]{x}}\mathrm{d}x$;

(8) $\displaystyle\int\left(\dfrac{x}{2}-\dfrac{1}{x}+\dfrac{3}{x^3}-\dfrac{4}{x^4}\right)\mathrm{d}x$;

(9) $\displaystyle\int\left(2\mathrm{e}^x-\dfrac{3}{x}\right)\mathrm{d}x$;

(10) $\displaystyle\int\dfrac{\mathrm{d}x}{x^2(x^2+1)}$;

(11) $\displaystyle\int 3^x\mathrm{e}^x\mathrm{d}x$;

(12) $\displaystyle\int\left(\sqrt{\dfrac{1-x}{1+x}}+\sqrt{\dfrac{1+x}{1-x}}\right)\mathrm{d}x$;

(13) $\displaystyle\int \frac{\sqrt{1+x^2}}{\sqrt{1-x^4}}\mathrm{d}x$;　　　　(14) $\displaystyle\int \frac{\mathrm{e}^{2x}-1}{\mathrm{e}^x-1}\mathrm{d}x$;

(15) $\displaystyle\int \cos^2 \frac{x}{2}\mathrm{d}x$;　　　　(16) $\displaystyle\int \frac{\cos 2x\,\mathrm{d}x}{\cos x-\sin x}$;

(17) $\displaystyle\int \frac{1+\cos^2 x}{1+\cos 2x}\mathrm{d}x$;　　　　(18) $\displaystyle\int \sec x\,(\sec x+\tan x)\mathrm{d}x$;

(19) $\displaystyle\int \frac{2\cdot 3^x-5\cdot 2^x}{3^x}\mathrm{d}x$;　　　　(20) $\displaystyle\int \frac{\sqrt{x}-x^3\mathrm{e}^x+x^2}{x^3}\mathrm{d}x$.

2. 已知某工厂生产某种产品,每日生产的产品的总成本 y 的变化率(即边际成本)是日产量 x 的函数 $y'=7+\dfrac{25}{\sqrt{x}}$,已知固定成本为 1000 元,求总成本与日产量的函数关系.

3. 设曲线通过点 $(1,2)$,且其上任一点处的切线斜率等于这点横坐标的两倍,求此曲线方程.

4. 验证 $\displaystyle\int \frac{\mathrm{d}x}{\sqrt{x-x^2}} = \arcsin(2x-1)+C_1 = \arccos(1-2x)+C_2$

$$= 2\arctan\sqrt{\frac{x}{1-x}}+C_3.$$

5. 设 $\displaystyle\int f'(x^3)\mathrm{d}x = x^3+C$,求 $f(x)$.

5.2　换元积分法

利用基本积分公式表和不定积分的性质,所能计算的不定积分是非常有限的.因此,有必要进一步研究不定积分的求法.这一节把复合函数的微分法反过来用于求不定积分,得到一种重要的积分方法——换元积分法,简称换元法.其基本思想是:利用变量替换,使得被积表达式变形为基本积分公式表中的形式,从而计算不定积分.

换元法通常分为两类,下面首先讨论第一类换元积分法.

5.2.1　第一类换元积分法(凑微分法)

定理 5.2.1　设 $f(u)$ 具有原函数,$u=\varphi(x)$ 可微,则有换元公式

$$\int f[\varphi(x)]\varphi'(x)\mathrm{d}x = \left[\int f(u)\mathrm{d}u\right]_{u=\varphi(x)} \tag{5.2.1}$$

证　不妨令 $F(u)$ 为 $f(u)$ 的一个原函数,则 $\left[\int f(u)\mathrm{d}u\right]_{u=\varphi(x)} = F[\varphi(x)]+C$.由不定积分的定义只需证明 $(F[\varphi(x)])' = f[\varphi(x)]\varphi'(x)$,利用复合函数的求导法则显然成立.

由此定理可见,虽然不定积分 $\int f[\varphi(x)]\varphi'(x)\mathrm{d}x$ 是一个整体的记号,但从形式上看,被积表达式中的 $\mathrm{d}x$ 也可以当作自变量 x 的微分来对待,从而微分等式 $\varphi'(x)\mathrm{d}x = \mathrm{d}u$ 可以方便地应用到被积表达式中.

定理 5.2.1 提供了一种非常重要的积分方法,基本思路是:若积分 $\int g(x)\mathrm{d}x$ 不易求出,而被积表达式 $g(x)\mathrm{d}x$ 可化为 $f(\varphi(x))\varphi'(x)\mathrm{d}x$ 的形式,令 $\varphi(x) = u$,则有

$$\int g(x)\mathrm{d}x = \int f(\varphi(x))\varphi'(x)\mathrm{d}x = \int f(\varphi(x))\mathrm{d}\varphi(x) = \int f(u)\mathrm{d}u$$

这样就将对 $g(x)$ 的积分转化为对 $f(u)$ 的积分,若函数 $f(u)$ 的不定积分容易求得,就只需要将结果中的 u 用 $\varphi(x)$ 代替就能得到 $g(x)$ 的积分结果了. 当然这需要 $f(u)$ 的积分容易求得,也就是 $\int f(u)\mathrm{d}u$ 能用直接积分法求得. 由于这一积分方法的关键是将被积分表达式进行变形,从中凑出微分,故又把这种积分方法称为**凑微分法**. 这种方法能最大限度扩展基本积分公式表的使用范围,是最基本也是应用最广的一种积分方法.具体步骤如下:

$$\int g(x)\mathrm{d}x \xrightarrow{\text{凑微分}} \int f(\varphi(x))\varphi'(x)\mathrm{d}x \xrightarrow{\text{令}\varphi(x)=u} \int f(u)\mathrm{d}u = F(u) + C$$

$$\xrightarrow{\text{将}u=\varphi(x)\text{代回}} F(\varphi(x)) + C$$

例 5.2.1 求 $\int 3\mathrm{e}^{3x}\mathrm{d}x$.

解 $\int 3\mathrm{e}^{3x}\mathrm{d}x = \int \mathrm{e}^{3x} \cdot (3x)'\mathrm{d}x = \int \mathrm{e}^{3x}\mathrm{d}(3x) = \int \mathrm{e}^u\mathrm{d}u = \mathrm{e}^u + C$

最后,将变量 $u=3x$ 代入,即得

$$\int 3\mathrm{e}^{3x}\mathrm{d}x = \mathrm{e}^{3x} + C$$

例 5.2.2 求不定积分 $\int \mathrm{e}^{2x+1}\mathrm{d}x$.

解 被积函数 e^{2x+1} 是复合函数,中间变量 $u=2x+1$,$(2x+1)'=2$,这里缺少了中间变量 u 的导数 2,可以通过改变系数凑出这个因子:

$$\int \mathrm{e}^{2x+1}\mathrm{d}x = \int \frac{1}{2} \cdot \mathrm{e}^{2x+1} \cdot (2x+1)'\mathrm{d}x = \frac{1}{2}\int \mathrm{e}^{2x+1}\mathrm{d}(2x+1) = \frac{1}{2}\int \mathrm{e}^u\mathrm{d}u$$

$$= \frac{1}{2}\mathrm{e}^u + C = \frac{1}{2}\mathrm{e}^{2x+1} + C$$

例 5.2.3 求不定积分 $\int \frac{x}{x^2 + a^2}\mathrm{d}x$.

解 $\frac{1}{x^2 + a^2}$ 为复合函数,$u=x^2+a^2$ 是中间变量,且 $(x^2+a^2)'=2x$,

$$\int \frac{x}{x^2+a^2}\mathrm{d}x = \frac{1}{2}\int \frac{1}{x^2+a^2} \cdot (x^2+a^2)'\mathrm{d}x = \frac{1}{2}\int \frac{1}{x^2+a^2}\mathrm{d}(x^2+a^2)$$

$$= \frac{1}{2}\int \frac{1}{u}\mathrm{d}u = \frac{1}{2}\ln|u| + C = \frac{1}{2}\ln(x^2+a^2) + C$$

当我们对变量代换比较熟悉之后,在积分过程中可以不必将中间变量 u 写出,从而简化步骤.

例 5.2.4　求不定积分 $\displaystyle\int (3-5x)^3\mathrm{d}x$.

解　$\displaystyle\int (3-5x)^3\mathrm{d}x = -\frac{1}{5}\int (3-5x)^3\mathrm{d}(3-5x) = -\frac{1}{20}(3-5x)^4 + C$

例 5.2.5　求不定积分 $\displaystyle\int \frac{1}{3-2x}\mathrm{d}x$.

解　$\displaystyle\int \frac{1}{3-2x}\mathrm{d}x = -\frac{1}{2}\int \frac{1}{3-2x}\mathrm{d}(3-2x) = -\frac{1}{2}\ln|3-2x| + C$

例 5.2.6　求不定积分 $\displaystyle\int \frac{1}{\sqrt[3]{5-3x}}\mathrm{d}x$.

解　$\displaystyle\int \frac{1}{\sqrt[3]{5-3x}}\mathrm{d}x = -\frac{1}{3}\int \frac{1}{\sqrt[3]{5-3x}}\mathrm{d}(5-3x) = -\frac{1}{3}\int (5-3x)^{-\frac{1}{3}}\mathrm{d}(5-3x)$

$$= -\frac{1}{2}(5-3x)^{\frac{2}{3}} + C$$

例 5.2.7　求不定积分 $\displaystyle\int x\sqrt{1-x^2}\mathrm{d}x$.

解　$\displaystyle\int x\sqrt{1-x^2}\mathrm{d}x = -\frac{1}{2}\int \sqrt{1-x^2}\mathrm{d}(1-x^2) = -\frac{1}{3}(1-x^2)^{\frac{3}{2}} + C$

例 5.2.8　求不定积分 $\displaystyle\int \frac{x\mathrm{d}x}{\sqrt{2-3x^2}}$.

解　$\displaystyle\int \frac{x\mathrm{d}x}{\sqrt{2-3x^2}} = -\frac{1}{6}\int \frac{\mathrm{d}(2-3x^2)}{\sqrt{2-3x^2}} = -\frac{1}{6}\int (2-3x^2)^{-\frac{1}{2}}\mathrm{d}(2-3x^2)$

$$= -\frac{1}{3}\sqrt{2-3x^2} + C$$

注:如果被积表达式中出现 $f(ax+b)\mathrm{d}x, f(ax^n+b) \cdot x^{n-1}\mathrm{d}x$,通常作如下相应的凑微分:

$$f(ax+b)\mathrm{d}x = \frac{1}{a}f(ax+b)\mathrm{d}(ax+b)$$

$$f(ax^n+b)x^{n-1}\mathrm{d}x = \frac{1}{a} \cdot \frac{1}{n}f(ax^n+b)\mathrm{d}(ax^n+b)$$

例 5.2.9　求不定积分 $\displaystyle\int \frac{1}{x(1+2\ln x)}\mathrm{d}x$.

解 因为 $\dfrac{1}{x}\mathrm{d}x = \mathrm{d}\ln x$,亦即 $\dfrac{1}{x}\mathrm{d}x = \dfrac{1}{2}\mathrm{d}(1+2\ln x)$,所以

$$\int \frac{1}{x(1+2\ln x)}\mathrm{d}x = \int \frac{1}{1+2\ln x}\mathrm{d}\ln x = \frac{1}{2}\int \frac{1}{1+2\ln x}\mathrm{d}(1+2\ln x)$$

$$= \frac{1}{2}\ln|1+2\ln x|+C$$

例 5.2.10 求不定积分 $\displaystyle\int \frac{\cos\sqrt{t}}{\sqrt{t}}\mathrm{d}t$.

解 $\displaystyle\int \frac{\cos\sqrt{t}}{\sqrt{t}}\mathrm{d}t = 2\int \cos\sqrt{t}\,\mathrm{d}(\sqrt{t}) = 2\sin\sqrt{t}+C$

例 5.2.11 求不定积分 $\displaystyle\int \frac{\mathrm{d}x}{\sin x\cos x}$.

解 方法一:倍角公式 $\sin 2x = 2\sin x\cos x$.

$$\int \frac{\mathrm{d}x}{\sin x\cos x} = \int \frac{2\mathrm{d}x}{\sin 2x} = \int \csc 2x\,\mathrm{d}2x = \ln|\csc 2x - \cot 2x|+C$$

方法二:将被积函数凑出 $\tan x$ 的函数和 $\tan x$ 的导数.

$$\int \frac{\mathrm{d}x}{\sin x\cos x} = \int \frac{\cos x}{\sin x\cos^2 x}\mathrm{d}x = \int \frac{1}{\tan x}\sec^2 x\,\mathrm{d}x = \int \frac{1}{\tan x}\mathrm{d}\tan x$$

$$= \ln|\tan x|+C$$

方法三:三角公式 $\sin^2 x + \cos^2 x = 1$,然后凑微分.

$$\int \frac{\mathrm{d}x}{\sin x\cos x} = \int \frac{\sin^2 x + \cos^2 x}{\sin x\cos x}\mathrm{d}x = \int \frac{\sin x}{\cos x}\mathrm{d}x + \int \frac{\cos x}{\sin x}\mathrm{d}x = -\int \frac{\mathrm{d}\cos x}{\cos x} + \int \frac{\mathrm{d}\sin x}{\sin x}$$

$$= -\ln|\cos x|+\ln|\sin x|+C = \ln|\tan x|+C$$

在例 5.2.4 至例 5.2.11 中,没有引入中间变量,而是直接凑微分.下面是根据基本微分公式推导出的常用的凑微分公式.

(1) $\mathrm{d}x = \mathrm{d}(x+b) = \dfrac{1}{a}\mathrm{d}(ax+b)$($a$、$b$ 为常数,$a\neq 0$).

(2) $x^a\mathrm{d}x = \dfrac{1}{a+1}\mathrm{d}(x^{a+1}+b) = \dfrac{1}{(a+1)a}\mathrm{d}(ax^{a+1}+b)$($a$、$b$ 均为常数,且 $a\neq 0, a\neq -1$).

(3) $\dfrac{1}{x}\mathrm{d}x = \mathrm{d}\ln x = \dfrac{1}{a}\mathrm{d}(a\ln x+b)$($a$、$b$ 为常数,$a\neq 0$).

(4) $\mathrm{e}^x\mathrm{d}x = \mathrm{d}\mathrm{e}^x$,$a^x\mathrm{d}x = \dfrac{\mathrm{d}(a^x)}{\ln a}$($a>0$,且 $a\neq 1$).

(5) $\sin x\mathrm{d}x = -\mathrm{d}(\cos x)$,$\cos x\mathrm{d}x = \mathrm{d}(\sin x)$.

(6) $\sec^2 x\mathrm{d}x = \dfrac{1}{\cos^2 x}\mathrm{d}x = \mathrm{d}(\tan x)$,$\csc^2 x\mathrm{d}x = \dfrac{1}{\sin^2 x}\mathrm{d}x = \mathrm{d}(-\cot x)$.

(7) $\dfrac{1}{1+x^2}\mathrm{d}x=\mathrm{d}(\arctan x)$.

(8) $\dfrac{1}{\sqrt{1-x^2}}\mathrm{d}x=\mathrm{d}(\arcsin x)$.

例 5.2.12　求不定积分 $\displaystyle\int\dfrac{1}{a^2-x^2}\mathrm{d}x\,(a>0)$.

解
$$\int\dfrac{1}{a^2-x^2}\mathrm{d}x=\dfrac{1}{2a}\int\left(\dfrac{1}{a-x}+\dfrac{1}{a+x}\right)\mathrm{d}x=\dfrac{1}{2a}\left[\int\dfrac{1}{a-x}\mathrm{d}x+\int\dfrac{1}{a+x}\mathrm{d}x\right]$$
$$=\dfrac{1}{2a}\left[-\int\dfrac{1}{a-x}\mathrm{d}(a-x)+\int\dfrac{1}{a+x}\mathrm{d}(a+x)\right]$$
$$=\dfrac{1}{2a}(-\ln|a-x|+\ln|a+x|)+C=\dfrac{1}{2a}\ln\left|\dfrac{a+x}{a-x}\right|+C$$

例 5.2.13　求不定积分 $\displaystyle\int\dfrac{1}{a^2+x^2}\mathrm{d}x$.

解　将函数变形 $\dfrac{1}{a^2+x^2}=\dfrac{1}{a^2}\cdot\dfrac{1}{1+\left(\frac{x}{a}\right)^2}$，由 $\mathrm{d}x=a\mathrm{d}\dfrac{x}{a}$，所以得到
$$\int\dfrac{1}{a^2+x^2}\mathrm{d}x=\dfrac{1}{a}\int\dfrac{1}{1+\left(\frac{x}{a}\right)^2}\mathrm{d}\dfrac{x}{a}=\dfrac{1}{a}\arctan\dfrac{x}{a}+C$$

例 5.2.14　求不定积分 $\displaystyle\int\dfrac{1}{\sqrt{a^2-x^2}}\mathrm{d}x\,(a>0)$.

解
$$\int\dfrac{1}{\sqrt{a^2-x^2}}\mathrm{d}x=\dfrac{1}{a}\int\dfrac{1}{\sqrt{1-\left(\frac{x}{a}\right)^2}}\mathrm{d}x=\int\dfrac{1}{\sqrt{1-\left(\frac{x}{a}\right)^2}}\mathrm{d}\left(\dfrac{x}{a}\right)$$
$$=\arcsin\dfrac{x}{a}+C.$$

例 5.2.15　求不定积分 $\displaystyle\int\dfrac{\mathrm{d}x}{e^x+e^{-x}}$.

解
$$\int\dfrac{\mathrm{d}x}{e^x+e^{-x}}=\int\dfrac{e^x\mathrm{d}x}{e^{2x}+1}=\int\dfrac{\mathrm{d}e^x}{1+(e^x)^2}=\arctan e^x+C$$

在积分的运算中，有时需要先将被积函数化简变形，再来凑微分，然后根据基本积分公式表得到所要的结果.

例 5.2.16　求不定积分 $\displaystyle\int\tan x\mathrm{d}x$.

解
$$\int\tan x\mathrm{d}x=\int\dfrac{\sin x\mathrm{d}x}{\cos x}=\int\dfrac{-\mathrm{d}\cos x}{\cos x}=-\ln|\cos x|+C$$

类似可得 $\displaystyle\int\cot x\mathrm{d}x=\ln|\sin x|+C$.

例 5.2.17 求不定积分 $\int \sin^3 x \mathrm{d}x$.

解 $\int \sin^3 x \mathrm{d}x = \int \sin^2 x \sin x \mathrm{d}x = -\int \sin^2 x \mathrm{d}\cos x = -\int (1-\cos^2 x)\mathrm{d}\cos x$

$$= -\cos x + \frac{1}{3}\cos^3 x + C$$

例 5.2.18 求不定积分 $\int \sin^2 x \cos^3 x \mathrm{d}x$.

解 $\int \sin^2 x \cos^3 x \mathrm{d}x = \int \sin^2 x \cos^2 x \cos x \mathrm{d}x = \int \sin^2 x \cos^2 x \mathrm{d}\sin x$

$$= \int \sin^2 x(1-\sin^2 x)\mathrm{d}\sin x = \int (\sin^2 x - \sin^4 x)\mathrm{d}\sin x$$

$$= \frac{1}{3}\sin^3 x - \frac{1}{5}\sin^5 x + C$$

例 5.2.19 求不定积分 $\int \sin^2 x \mathrm{d}x$.

解 $\int \sin^2 x \mathrm{d}x = \int \frac{1-\cos 2x}{2}\mathrm{d}x = \frac{1}{2}x - \frac{1}{4}\sin 2x + C$

例 5.2.20 求不定积分 $\int \sec x \mathrm{d}x$.

解 $\int \sec x \mathrm{d}x = \int \frac{1}{\cos x}\mathrm{d}x = \int \cos^{-1} x \mathrm{d}x = \int \cos^{-2} x \mathrm{d}\sin x = \int \frac{1}{1-\sin^2 x}\mathrm{d}\sin x$

$$= \frac{1}{2}\ln\left|\frac{\sin x + 1}{\sin x - 1}\right| + C = \ln|\sec x + \tan x| + C$$

同理,我们可以推得 $\int \csc x \mathrm{d}x = \ln|\csc x - \cot x| + C$

还有其他方法可以计算 $\int \sec x \mathrm{d}x, \int \csc x \mathrm{d}x$,读者可以自己去做一下.

注 在积分的运算中,当被积函数为三角函数时,要特别注意三角函数的恒等变形.若不能直接积分时,不妨先将三角函数作恒等变形,然后再观察.

例 5.2.21 求不定积分 $\int \sin 2x \cos 3x \mathrm{d}x$.

解 $\int \sin 2x \cos 3x \mathrm{d}x = \frac{1}{2}\int \sin 5x \mathrm{d}x - \frac{1}{2}\int \sin x \mathrm{d}x = -\frac{1}{10}\cos 5x + \frac{1}{2}\cos x + C$

$$= \frac{1}{2}\cos x - \frac{1}{10}\cos 5x + C$$

一般的,对于形如下列形式

$$\int \sin mx \cos nx \mathrm{d}x, \quad \int \sin mx \sin nx \mathrm{d}x, \quad \int \cos mx \cos nx \mathrm{d}x$$

的积分($m \neq n$),先将被积函数用三角函数积化和差公式进行恒等变形后,再逐项积分.

例 5.2.22　求不定积分 $\displaystyle\int \frac{x+3}{x^2-5x+6}\mathrm{d}x$.

解　先将有理真分式的分母 x^2-5x+6 因式分解,得 $x^2-5x+6=(x-2)(x-3)$;然后利用待定系数法将被积函数进行分拆.

设　　　$\displaystyle\frac{x+3}{x^2-5x+6}=\frac{A}{x-2}+\frac{B}{x-3}=\frac{A(x-3)+B(x-2)}{(x-2)(x-3)}$

从而　　　　　　　　$x+3=A(x-3)+B(x-2)$

分别将 $x=3,x=2$ 代入 $x+3=A(x-3)+B(x-2)$ 中,易得 $\begin{cases}A=-5\\ B=6\end{cases}$.

故原式 $=\displaystyle\int\left(\frac{-5}{x-2}+\frac{6}{x-3}\right)\mathrm{d}x=-5\ln|x-2|+6\ln|x-3|+C$

例 5.2.23　求不定积分 $\displaystyle\int \frac{3}{x^3+1}\mathrm{d}x$.

解　由 $x^3+1=(x+1)(x^2-x+1)$,令

$$\frac{3}{x^3+1}=\frac{A}{x+1}+\frac{Bx+C}{x^2-x+1}$$

两边同乘以 x^3+1,得

$$3=A(x^2-x+1)+(Bx+C)(x+1)$$

令 $x=-1$,得 $A=1$;令 $x=0$,得 $C=2$;令 $x=1$,得 $B=-1$.所以

$$\frac{3}{x^3+1}=\frac{1}{x+1}+\frac{-x+2}{x^2-x+1}$$

故

$$\int\frac{3}{x^3+1}\mathrm{d}x=\int\left(\frac{1}{x+1}+\frac{-x+2}{x^2-x+1}\right)\mathrm{d}x=\ln|x+1|-\frac{1}{2}\int\frac{2x-1-3}{x^2-x+1}\mathrm{d}x$$

$$=\ln|x+1|-\frac{1}{2}\int\frac{\mathrm{d}(x^2-x+1)}{x^2-x+1}+\frac{3}{2}\int\frac{\mathrm{d}\left(x-\frac{1}{2}\right)}{\left(x-\frac{1}{2}\right)^2+\frac{3}{4}}$$

$$=\ln|x+1|-\frac{1}{2}\ln(x^2-x+1)+\sqrt{3}\arctan\frac{2x-1}{\sqrt{3}}+C$$

这是关于有理函数(形如 $\dfrac{P(x)}{Q(x)}$ 的函数称为有理函数,$P(x)$、$Q(x)$ 均为多项式)的积分,将有理函数分解成更简单的部分分式的形式,然后逐项积分,是这种函数常用的变形方法.

5.2.2　第二类换元积分方法

第一类换元积分法是通过变量代换 $u=\varphi(x)$ 将不易积分的 $\displaystyle\int g(x)\mathrm{d}x$ 化为易积分

的 $\int f(u)\mathrm{d}u$.

$$\int g(x)\mathrm{d}x \xlongequal{\text{凑微分}} \int f(\varphi(x))\varphi'(x)\mathrm{d}x \xlongequal{\text{令 }\varphi(x)=u} \int f(u)\mathrm{d}u$$

但在有的时候,我们会遇到相反的情形,选择适当的变量代换 $x=\psi(t)$,将 $g(x)\mathrm{d}x$ 化为

$$g(x)\mathrm{d}x = g(\psi(t)) \cdot \psi(t)\mathrm{d}t$$

如果 $\int g(x)\mathrm{d}x = \int g(\psi(t)) \cdot \psi'(t)\mathrm{d}t = \int f(t)\mathrm{d}t$ 易求出,则可进行这样的换元,得到 $\int f(t)\mathrm{d}t$ 的结果后,只需将 $x=\psi(t)$ 的反函数 $t=\varphi(x)$ 代回即可. 为保证该反函数存在,我们可假定直接函数 $x=\psi(t)$ 在某区间 I_t 内是单调、可导的,且 $\psi'(t) \neq 0$.

定理 5.2.2 设 $x=\psi(t)$ 是单调的可导函数,且 $\psi'(t) \neq 0$. 又设 $f[\psi(t)]\psi'(t)$ 具有原函数,则有换元公式:

$$\int f(x)\mathrm{d}x = \left[\int f[\psi(t)]\psi'(t)\mathrm{d}t\right]_{t=\psi^{-1}(x)}$$

其中,$\psi^{-1}(x)$ 是 $x=\psi(t)$ 的反函数.

证 设 $f[\psi(t)]\psi'(t)$ 的原函数为 $\phi(t)$. 记 $\phi[\psi^{-1}(x)]=F(x)$,利用复合函数及反函数求导法则得

$$F'(x)=\frac{\mathrm{d}\phi}{\mathrm{d}t} \cdot \frac{\mathrm{d}t}{\mathrm{d}x}=f[\psi(t)]\psi'(t) \cdot \frac{1}{\psi'(t)}=f[\psi(t)]=f(x)$$

则 $F(x)$ 是 $f(x)$ 的原函数. 所以

$$\int f(x)\mathrm{d}x = F(x)+C = \phi[\psi^{-1}(x)]+C = \left[\int f[\psi(t)]\psi'(x)\mathrm{d}t\right]_{t=\psi^{-1}(x)}$$

利用第二类换元法进行积分,关键是找到恰当的变量代换 $x=\psi(t)$ 代入被积函数中,将不定积分化简成较容易的积分,并且在求出原函数后将 $t=\psi^{-1}(x)$ 还原. 应用第二类换元积分法的具体步骤如下:

$$\int g(x)\mathrm{d}x \xlongequal{x=\psi(t)} \int g(\psi(x))\psi'(t)\mathrm{d}t = \int f(t)\mathrm{d}t = F(t)+C$$

$$\xlongequal{\text{将 }t=\varphi(x)\text{ 代回}} F(\varphi(x))+C$$

例 5.2.24 求不定积分 $\int \dfrac{\mathrm{d}x}{\sqrt{x^2+a^2}}(a>0)$.

解 这个积分的麻烦之处在于有根式,首先想到去根式:

令 $x=a\tan t, t\in\left(-\dfrac{\pi}{2},\dfrac{\pi}{2}\right),\mathrm{d}x=a\sec^2 t\mathrm{d}t$,

$$\int \frac{\mathrm{d}x}{\sqrt{x^2+a^2}} = \int \frac{1}{a}\cos t \cdot a\sec^2 t\mathrm{d}t = \int \sec t\mathrm{d}t = \ln|\sec t+\tan t|+C$$

利用 $\tan t=\dfrac{x}{a}$ 作辅助三角形(见图 5.2.1),求得 $\sec t=\dfrac{\sqrt{x^2+a^2}}{a}$, $t\in\left(-\dfrac{\pi}{2},\dfrac{\pi}{2}\right)$. 所以

$$\int \frac{\mathrm{d}x}{\sqrt{x^2+a^2}}=\ln\left(\frac{x}{a}+\frac{\sqrt{x^2+a^2}}{a}\right)+C_1=\ln(x+\sqrt{x^2+a^2})+C\ (C=C_1-\ln a)$$

例 5.2.25　求不定积分 $\displaystyle\int \frac{\mathrm{d}x}{\sqrt{x^2-a^2}}(a>0)$.

解　当 $x>a$ 时,令 $x=a\sec t$, $t\in\left(0,\dfrac{\pi}{2}\right)$, $\mathrm{d}x=a\sec t\cdot\tan t\mathrm{d}t$,

$$\int \frac{\mathrm{d}x}{\sqrt{x^2-a^2}}=\int \frac{1}{a}\cdot\cot t\cdot a\sec t\cdot\tan t\mathrm{d}t=\int \sec t\mathrm{d}t=\ln|\sec t+\tan t|+C_1$$

利用 $\cos t=\dfrac{a}{x}$ 作辅助三角形(见图 5.2.2),求得 $\tan t=\dfrac{\sqrt{x^2-a^2}}{a}$. 所以

$$\int \frac{\mathrm{d}x}{\sqrt{x^2-a^2}}=\ln\left|\frac{x}{a}+\frac{\sqrt{x^2-a^2}}{a}\right|+C_1$$

$$=\ln(x+\sqrt{x^2-a^2})+C\quad (C=C_1-\ln a)$$

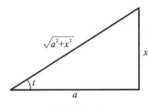
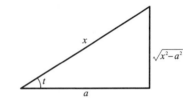

图 5.2.1　　　　　　　　　　图 5.2.2

当 $x<-a$ 时,令 $x=-u$,则 $u>a$,由上面的结果,得

$$\int \frac{\mathrm{d}x}{\sqrt{x^2-a^2}}=-\int \frac{\mathrm{d}u}{\sqrt{u^2-a^2}}=-\ln(u+\sqrt{u^2-a^2})+C_1$$

$$=-\ln(-x+\sqrt{x^2-a^2})+C_1$$

$$=\ln\left|(-x-\sqrt{x^2-a^2})\right|+C\quad (C=C_1-2\ln a)$$

综上,

$$\int \frac{\mathrm{d}x}{\sqrt{x^2-a^2}}=\ln\left|x+\sqrt{x^2-a^2}\right|+C$$

例 5.2.26　求不定积分 $\displaystyle\int \sqrt{a^2-x^2}\mathrm{d}x(a>0)$.

解　设 $x=a\sin t$, $t\in\left(-\dfrac{\pi}{2},\dfrac{\pi}{2}\right)$, $\sqrt{a^2-x^2}=a\cos t$, $\mathrm{d}x=a\cos t\mathrm{d}t$,
于是

$$\int \sqrt{a^2-x^2}\mathrm{d}x=\int a\cos t\cdot a\cos t\mathrm{d}t=a^2\int \cos^2 t\mathrm{d}t=\frac{a^2}{2}t+\frac{a^2}{2}\sin t\cos t+C$$

因为 $x = a\sin t, t \in \left(-\dfrac{\pi}{2}, \dfrac{\pi}{2}\right)$，所以 $t = \arcsin \dfrac{x}{a}$.

为求出 $\cos t$，利用 $\sin t = \dfrac{x}{a}$ 作辅助三角形(见图 5.2.3)，

求得 $\cos t = \dfrac{\sqrt{a^2 - x^2}}{a}$，所以

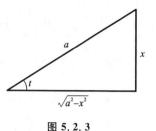

图 5.2.3

$$\int \sqrt{a^2 - x^2}\, dx = \int \sqrt{a^2 - x^2}\, dx$$

$$= \frac{a^2}{2}\arcsin \frac{x}{a} + \frac{1}{2}x\sqrt{a^2 - x^2} + C$$

例 5.2.27 求不定积分 $\displaystyle\int \dfrac{dx}{1 + \sqrt{1 - x^2}}$.

解 令 $x = \sin t, |t| < \dfrac{\pi}{2}$，则 $dx = \cos t\, dt$. 所以

$$\int \frac{dx}{1 + \sqrt{1 - x^2}} = \int \frac{\cos t\, dt}{1 + \cos t} = \int dt - \int \frac{dt}{1 + \cos t} = t - \int \frac{dt}{2\cos^2 \dfrac{t}{2}}$$

$$= t - \int \sec^2 \frac{t}{2}\, d\frac{t}{2} = t - \tan \frac{t}{2} + C$$

$$= \arcsin x - \frac{x}{1 + \sqrt{1 - x^2}} + C$$

$$\left(\text{或 } \arcsin x - \frac{1 - \sqrt{1 - x^2}}{x} + C\right)$$

注 当不定积分的被积表达式中含有形如 $\sqrt{a^2 - x^2}$、$\sqrt{x^2 + a^2}$、$\sqrt{x^2 - a^2}$ 的根式时，如果第一类换元积分法不可用或用起来较麻烦时，可考虑用三角代换来求解. 各自的代换式分别是：

(1) 含 $\sqrt{a^2 - x^2}$：设 $x = a\sin t$(或 $x = a\cos t$)，则 $dx = a\cos t\, dt$(或 $dx = -a\sin t\, dt$)；

(2) 含 $\sqrt{x^2 - a^2}$：设 $x = a\sec t$(或 $x = a\csc t$)，则

$$dx = a\sec t \cdot \tan t\, dt (\text{或 } dx = -a\csc t \cdot \cot t\, dt);$$

(3) 含 $\sqrt{x^2 + a^2}$：设 $x = a\tan t$(或 $x = a\cot t$)，则 $dx = a\sec^2 t\, dt$(或 $dx = -\csc^2 t\, dt$).

在具体解题时，要根据被积函数的具体情况，选取尽可能简捷的代换，不能只局限于以上三种代换.

若被积函数是 $\sqrt[n_1]{x}, \sqrt[n_2]{x}, \cdots, \sqrt[n_k]{x}$ 的有理式时，设 n 为 $n_i (1 \leqslant i \leqslant k)$ 的最小公倍数，作代换 $t = \sqrt[n]{x}$，有 $x = t^n, dx = nt^{n-1} dt$，可化被积函数为 t 的有理函数.

例 5.2.28 求不定积分 $\displaystyle\int \dfrac{1}{1 + \sqrt{x}} dx$.

解　令 $\sqrt{x}=t$,$x=t^2$,$\mathrm{d}x=2t\mathrm{d}t$,则

$$\int \frac{1}{1+\sqrt{x}}\mathrm{d}x = \int \frac{1}{1+t}\cdot 2t\mathrm{d}t = 2\int\left(1-\frac{1}{1+t}\right)\mathrm{d}t = 2(t-\ln|1+t|)+C$$

$$= 2(\sqrt{x}-\ln|1+\sqrt{x}|)+C$$

例 5.2.29　求不定积分 $\displaystyle\int \frac{\mathrm{d}x}{(1+\sqrt[3]{x})\sqrt{x}}$.

解　被积函数中出现了两个不同的根式,为了同时消去这两个根式,可以作如下代换:令 $t=\sqrt[6]{x}$,则 $x=t^6$,$\mathrm{d}x=6t^5\mathrm{d}t$,从而

$$\int \frac{\mathrm{d}x}{(1+\sqrt[3]{x})\sqrt{x}} = \int \frac{6t^5}{(1+t^2)t^3}\mathrm{d}t = 6\int \frac{t^2}{1+t^2}\mathrm{d}t = 6\int\left(1-\frac{1}{1+t^2}\right)\mathrm{d}t$$

$$= 6(t-\arctan t)+C = 6(\sqrt[6]{x}-\arctan\sqrt[6]{x})+C$$

若被积函数中只有一种根式 $\sqrt[n]{ax+b}$ 或 $\sqrt[n]{\dfrac{ax+b}{cx+e}}$,可试作代换 $t=\sqrt[n]{ax+b}$ 或 $t=\sqrt[n]{\dfrac{ax+b}{cx+e}}$,从中解出 x 来.

例 5.2.30　求不定积分 $\displaystyle\int \frac{1}{x^2}\sqrt{\frac{1+x}{x}}\mathrm{d}x$.

解　为了去掉根式,作如下代换:$t=\sqrt{\dfrac{1+x}{x}}$,则 $x=\dfrac{1}{t^2-1}$,$\mathrm{d}x=-\dfrac{2t}{(t^2-1)^2}\mathrm{d}t$,从而

$$\int \frac{1}{x^2}\sqrt{\frac{1+x}{x}}\mathrm{d}x = \int (t^2-1)^2 t\cdot\frac{-2t}{(t^2-1)^2}\mathrm{d}t = -2\int t^2\mathrm{d}t = -\frac{2}{3}t^3+C$$

$$= -\frac{2}{3}\left(\frac{1+x}{x}\right)^{\frac{3}{2}}+C$$

在被积函数中如果出现分式函数,而且分母的次数大于分子的次数,可以尝试利用倒代换,即令 $x=\dfrac{1}{t}$,利用此代换,常常可以消去被积函数中分母中的变量因子 x.

例 5.2.31　求不定积分 $\displaystyle\int \frac{\mathrm{d}x}{x(x^6+1)}$.

解　令

$$x=\frac{1}{t},\quad \mathrm{d}x=-\frac{1}{t^2}\mathrm{d}t$$

$$\int \frac{\mathrm{d}x}{x(x^6+1)} = \int \frac{-\dfrac{1}{t^2}\mathrm{d}t}{\dfrac{1}{t}\cdot\left(\dfrac{1}{t^6}+1\right)} = -\int \frac{t^5}{1+t^6}\mathrm{d}t = -\frac{1}{6}\int \frac{\mathrm{d}(t^6+1)}{1+t^6}$$

$$= -\frac{1}{6}\ln|1+t^6|+C = -\frac{1}{6}\ln\left(1+\frac{1}{x^6}\right)+C$$

另外本例也可用第一换元积分法：

$$\int \frac{\mathrm{d}x}{x(x^6+1)} = \int \frac{x^5}{x^6(x^6+1)}\mathrm{d}x = \frac{1}{6}\int \frac{1}{x^6(x^6+1)}\mathrm{d}x^6 = \frac{1}{6}\int \left(\frac{1}{x^6} - \frac{1}{x^6+1}\right)\mathrm{d}x^6$$

$$= \frac{1}{6}\int \frac{1}{x^6}\mathrm{d}x^6 - \frac{1}{6}\int \frac{1}{x^6+1}\mathrm{d}(x^6+1)$$

$$= \frac{1}{6}\ln(x^6) - \frac{1}{6}\ln(x^6+1) + C = \frac{1}{6}\ln \frac{x^6}{x^6+1} + C$$

$$= -\frac{1}{6}\ln\left(1+\frac{1}{x^6}\right) + C$$

例 5.2.32　求不定积分 $\int \frac{\sqrt{a^2-x^2}}{x^4}\mathrm{d}x$.

解　设 $x=\frac{1}{t}$，则 $\mathrm{d}x=-\frac{1}{t^2}\mathrm{d}t$，于是

$$\int \frac{\sqrt{a^2-x^2}}{x^4}\mathrm{d}x = \int \frac{\sqrt{a^2-\frac{1}{t^2}}}{\frac{1}{t^4}}\left(-\frac{1}{t^2}\right)\mathrm{d}t = -\int (a^2t^2-1)^{\frac{1}{2}}|t|\,\mathrm{d}t$$

当 $x>0$ 时，有

$$\int \frac{\sqrt{a^2-x^2}}{x^4}\mathrm{d}x = -\frac{1}{2a^2}\int (a^2t^2-1)^{\frac{1}{2}}\mathrm{d}(a^2t^2-1) = -\frac{(a^2-x^2)^{\frac{3}{2}}}{3a^2x^3} + C$$

当 $x<0$ 时，结果相同.

本例也可用三角代换法，请读者自行求解.

第二类换元积分法是一种很灵活的方法，我们应该根据被积函数的特征去探索变量代换的方法.

注：本节例题中，有些积分以后会经常遇到，通常也被当作公式使用. 这样常用的积分公式，除了基本积分公式表中那些以外，将再添加以下几个（$a>0$）：

(14) $\int \tan x\mathrm{d}x = -\ln|\cos x| + C$;

(15) $\int \cot x\mathrm{d}x = \ln|\sin x| + C$;

(16) $\int \sec x\mathrm{d}x = \ln|\sec x+\tan x| + C$;

(17) $\int \csc x\mathrm{d}x = \ln|\csc x-\cot x| + C$;

(18) $\int \frac{1}{a^2+x^2}\mathrm{d}x = \frac{1}{a}\arctan \frac{x}{a} + C$;

(19) $\int \frac{1}{x^2-a^2}\mathrm{d}x = \frac{1}{2a}\ln\left|\frac{x-a}{x+a}\right| + C$;

(20) $\int \dfrac{1}{\sqrt{a^2-x^2}}\mathrm{d}x = \arcsin\dfrac{x}{a} + C;$

(21) $\int \dfrac{\mathrm{d}x}{\sqrt{x^2+a^2}} = \ln(x+\sqrt{x^2+a^2}) + C;$

(22) $\int \dfrac{\mathrm{d}x}{\sqrt{x^2-a^2}} = \ln| x+\sqrt{x^2-a^2} |+C.$

习　题　5.2

1. 求下列不定积分.

(1) $\int (1-2x)^5 \mathrm{d}x;$

(2) $\int \dfrac{2}{3+2x}\mathrm{d}x;$

(3) $\int \dfrac{1}{\sqrt{4-5x}}\mathrm{d}x;$

(4) $\int \cos 3x\mathrm{d}x;$

(5) $\int \sin(2x+1)\mathrm{d}x;$

(6) $\int \tan 5x\mathrm{d}x;$

(7) $\int x^2 \sqrt{x^3+1}\mathrm{d}x;$

(8) $\int 10^{2x}\mathrm{d}x;$

(9) $\int \dfrac{1}{x^2}\mathrm{e}^{\frac{1}{x}}\mathrm{d}x;$

(10) $\int \dfrac{\mathrm{d}x}{1+9x^2};$

(11) $\int \dfrac{\mathrm{d}x}{\sin^2\left(2x+\dfrac{\pi}{4}\right)};$

(12) $\int x \sqrt{1-x^2}\mathrm{d}x;$

(13) $\int \dfrac{(2x-3)\mathrm{d}x}{x^2-3x+8};$

(14) $\int \sec^4 x\mathrm{d}x;$

(15) $\int \dfrac{\ln x}{x \sqrt{1+\ln x}}\mathrm{d}x;$

(16) $\int \dfrac{\mathrm{d}x}{(\mathrm{e}^x+\mathrm{e}^{-x})^4};$

(17) $\int \dfrac{\mathrm{d}x}{\sqrt{4-x^2}\arcsin\dfrac{x}{2}};$

(18) $\int \dfrac{\arctan\dfrac{1}{x}}{1+x^2}\mathrm{d}x;$

(19) $\int \dfrac{\tan x}{\sqrt{\cos x}}\mathrm{d}x;$

(20) $\int \dfrac{\ln\tan x}{\sin x\cos x}\mathrm{d}x.$

2. 求下列不定积分.

(1) $\int \dfrac{\mathrm{d}x}{x^2 \sqrt{x^2-9}};$

(2) $\int \dfrac{x^3\mathrm{d}x}{(1+x^2)^{\frac{3}{2}}};$

(3) $\int \dfrac{1}{1+\sqrt[3]{x+1}}\mathrm{d}x;$

(4) $\int \dfrac{\sqrt{x^2-9}}{x}\mathrm{d}x;$

(5) $\displaystyle\int \frac{\mathrm{d}x}{x^2 \sqrt{1+x^2}}$;

(6) $\displaystyle\int \frac{1}{\sqrt{x}+\sqrt[4]{x}}\mathrm{d}x$;

(7) $\displaystyle\int \frac{\mathrm{d}x}{(1-x^2)^{\frac{3}{2}}}$;

(8) $\displaystyle\int \frac{\mathrm{d}x}{x(x^2+1)}$;

(9) $\displaystyle\int \frac{x^2}{\sqrt{a^2-x^2}}\mathrm{d}x$;

(10) $\displaystyle\int \frac{\mathrm{d}x}{\sqrt{4x^2-9}}$.

3. 求下列不定积分.

(1) $\displaystyle\int \big[f(x)\big]^3 f'(x)\mathrm{d}x$;

(2) $\displaystyle\int \frac{f'(x)}{1+f^2(x)}\mathrm{d}x$.

5.3 分部积分法

前面我们在复合函数求导法则的基础上,得到了换元积分法. 现在我们利用"两个函数乘积的求导法则"来推导求积分的另一种基本方法——**分部积分法**.

设 $u=u(x),v=v(x)$,则有

$$(uv)' = u'v + uv'$$

或

$$\mathrm{d}(uv) = v\mathrm{d}u + u\mathrm{d}v$$

两端求不定积分,得

$$\int (uv)'\mathrm{d}x = \int vu'\mathrm{d}x + \int uv'\mathrm{d}x$$

或

$$\int \mathrm{d}(uv) = \int v\mathrm{d}u + \int u\mathrm{d}v$$

即

$$\int u\mathrm{d}v = uv - \int v\mathrm{d}u \qquad\qquad (5.3.1)$$

或

$$\int uv'\mathrm{d}x = uv - \int vu'\mathrm{d}x \qquad\qquad (5.3.2)$$

式(5.3.1)或式(5.3.2)称为不定积分的分部积分公式.

例 5.3.1 求不定积分 $\displaystyle\int x\cos x\mathrm{d}x$.

解 这个积分用直接积分法和换元积分法都不能求得结果,我们尝试用分部积分公式.

根据分部积分公式,需要选取 u 和 $\mathrm{d}v$,这里显然有两种选择,不妨设 $u=x$,$\cos x\mathrm{d}x=\mathrm{d}v$, 即 $v=\sin x$,则

$$\int x \cos \mathrm{d}x = \int x \mathrm{d}\sin x = x \sin x - \int \sin x \mathrm{d}x = x \sin x + \cos x + C$$

如果我们选择另外一种方式:设 $u = \cos x, x \mathrm{d}x = \mathrm{d}v$, 即 $v = \dfrac{1}{2}x^2$, 则

$$\int x \cos x \mathrm{d}x = \frac{1}{2}\int \cos x \mathrm{d}x^2 = \frac{1}{2}x^2 \cos x - \frac{1}{2}\int x^2 \sin x \mathrm{d}x$$

发现上式右端的积分变得更加不易解出.

由此可见利用分部积分公式的关键是恰当地选取 u 和 $\mathrm{d}v$. 如果选择不当,就会使原来的积分变得更加复杂.

在选取 u 和 $\mathrm{d}v$ 时一般考虑下面两点:

(1) v 要容易求得;

(2) $\int v \mathrm{d}u$ 要比 $\int u \mathrm{d}v$ 容易求出.

例 5.3.2　求不定积分 $\int x \mathrm{e}^x \mathrm{d}x$.

解　令 $u = x, \mathrm{e}^x \mathrm{d}x = \mathrm{d}v, v = \mathrm{e}^x$, 则

$$\int x \mathrm{e}^x \mathrm{d}x = \int x \mathrm{d}\mathrm{e}^x = x \mathrm{e}^x - \int \mathrm{e}^x \mathrm{d}x = x \mathrm{e}^x - \mathrm{e}^x + C$$

例 5.3.3　求不定积分 $\int x^2 \mathrm{e}^x \mathrm{d}x$.

解　令 $u = x^2, \mathrm{e}^x \mathrm{d}x = \mathrm{d}v, v = \mathrm{e}^x$, 则利用分部积分公式得

$$\int x^2 \mathrm{e}^x \mathrm{d}x = \int x^2 \mathrm{d}\mathrm{e}^x = x^2 \mathrm{e}^x - \int \mathrm{e}^x \mathrm{d}x^2 = x^2 \mathrm{e}^x - 2\int x \mathrm{e}^x \mathrm{d}x$$

使用一次分部积分公式后,虽然没有直接将积分积出,但发现 $\int x \mathrm{e}^x \mathrm{d}x$ 显然比 $\int x^2 \mathrm{e}^x \mathrm{d}x$ 容易积出,根据例 5.3.2,再使用一次分部积分公式,得

$$\int x^2 \mathrm{e}^x \mathrm{d}x = x^2 \mathrm{e}^x - 2\int x \mathrm{e}^x \mathrm{d}x = x^2 \mathrm{e}^x - 2\int x \mathrm{d}\mathrm{e}^x = x^2 \mathrm{e}^x - 2(x \mathrm{e}^x - \mathrm{e}^x) + C$$
$$= \mathrm{e}^x(x^2 - 2x + 2) + C$$

注:当被积函数是幂函数与正(余)弦或指数函数的乘积时,一般选取幂函数作为式(5.3.1)或式(5.3.2)中的 u.

例 5.3.4　求不定积分 $\int x \arctan x \mathrm{d}x$.

解
$$\int x \arctan x \mathrm{d}x = \frac{1}{2}\int \arctan x \mathrm{d}x^2 = \frac{1}{2}\left(x^2 \arctan x - \int \frac{x^2}{1 + x^2} \mathrm{d}x\right)$$
$$= \frac{1}{2}(x^2 \arctan x - x + \arctan x) + C$$

在分部积分公式运用比较熟练后,就不必具体写出 u 和 $\mathrm{d}v$,只要把被积表达式

写成 $\int u\mathrm{d}v$ 的形式,直接套用分部积分公式即可.

例 5.3.5 求不定积分 $\int x\ln x\mathrm{d}x$.

解 令 $u=\ln x,x\mathrm{d}x=\dfrac{1}{2}\mathrm{d}x^2,v=\dfrac{1}{2}x^2$,则

$$\int x\ln x\mathrm{d}x = \int \frac{1}{2}\ln x\mathrm{d}x^2 = \frac{1}{2}\left(x^2\ln x - \int x^2 \cdot \frac{1}{x}\mathrm{d}x\right) = \frac{1}{2}\left(x^2\ln x - \frac{1}{2}x^2\right) + C$$

$$= \frac{x^2\ln x}{2} - \frac{1}{4}x^2 + C$$

注:当被积函数是幂函数与对数函数或反三角函数的乘积时,一般选取对数函数或反三角函数作为式(5.3.1)或式(5.3.2)中的 u.

下面我们来看一下被积函数中不含幂函数时的几个例子.

例 5.3.6 求不定积分 $\int \mathrm{e}^x\sin x\mathrm{d}x$.

解 方法一: $\int \mathrm{e}^x\sin x\mathrm{d}x = \int \sin x\,\mathrm{d}\mathrm{e}^x = \mathrm{e}^x\sin x - \int \mathrm{e}^x\cos x\mathrm{d}x$

$$= \mathrm{e}^x\sin x - \int \cos x\,\mathrm{d}\mathrm{e}^x$$

$$= \mathrm{e}^x\sin x - \mathrm{e}^x\cos x - \int \mathrm{e}^x\sin x\mathrm{d}x$$

所以 $\qquad\qquad \int \mathrm{e}^x\sin x\mathrm{d}x = \dfrac{1}{2}\mathrm{e}^x(\sin x - \cos x) + C$

方法二: $\int \mathrm{e}^x\sin x\mathrm{d}x = \int \mathrm{e}^x\mathrm{d}(-\cos x) = \mathrm{e}^x(-\cos x) + \int \cos x\mathrm{d}\mathrm{e}^x$

$$= -\mathrm{e}^x\cos x + \int \cos x\mathrm{e}^x\mathrm{d}x = -\mathrm{e}^x\cos x + \int \mathrm{e}^x\mathrm{d}\sin x$$

$$= -\mathrm{e}^x\cos x + \mathrm{e}^x\sin x - \int \sin x\mathrm{d}\mathrm{e}^x$$

$$= -\mathrm{e}^x\cos x + \mathrm{e}^x\sin x - \int \mathrm{e}^x\sin x\mathrm{d}x$$

所以 $\qquad\qquad \int \mathrm{e}^x\sin x\mathrm{d}x = \dfrac{1}{2}\mathrm{e}^x(\sin x - \cos x) + C$

当被积函数是指数函数与正(余)弦函数的乘积时,我们发现不管选取哪个函数为式(5.3.1)或式(5.3.2)中的 u,都不能直接解出结果,经过两次分部积分后,会得到所要求的积分形式,我们往往称它为"循环法",但要注意两次选取 u 的函数类型(每次都选三角函数为 u 或每次都选指数函数为 u)要一致.

例 5.3.7 求不定积分 $\int \sec^3 x\mathrm{d}x$.

解 $\displaystyle\int \sec^3 x \mathrm{d}x = \int \sec x \mathrm{d}\tan x = \sec x \cdot \tan x - \int \sec x \cdot \tan^2 x \mathrm{d}x$

$$= \sec x \cdot \tan x + \int \sec x \mathrm{d}x - \int \sec^3 x \mathrm{d}x$$

利用 $\displaystyle\int \sec x \mathrm{d}x = \ln|\sec x + \tan x| + C_1$ 并解方程得

$$\int \sec^3 x \mathrm{d}x = \frac{1}{2}(\sec x \cdot \tan x + \ln|\sec x + \tan x|) + C$$

例 5.3.8 求不定积分 $\displaystyle\int \arctan x \mathrm{d}x$.

解 $\displaystyle\int \arctan x \mathrm{d}x = x\arctan x - \int x \frac{\mathrm{d}x}{1+x^2} = x\arctan x - \frac{1}{2}\int \frac{\mathrm{d}(1+x^2)}{1+x^2}$

$$= x\arctan x - \frac{1}{2}\ln(1+x^2) + C$$

在求不定积分的过程中,有时需要同时使用换元法和分部积分法.

例 5.3.9 求不定积分 $\displaystyle\int \mathrm{e}^{\sqrt[3]{x}} \mathrm{d}x$.

解 令 $t = \sqrt[3]{x}$,则 $x = t^3$,$\mathrm{d}x = 3t^2 \mathrm{d}t$,所以

$$\int \mathrm{e}^{\sqrt[3]{x}} \mathrm{d}x = \int \mathrm{e}^t 3t^2 \mathrm{d}t = 3\int \mathrm{e}^t t^2 \mathrm{d}t = 3\int t^2 \mathrm{d}\mathrm{e}^t = 3t^2 \mathrm{e}^t - 3\int 2t\mathrm{e}^t \mathrm{d}t$$

$$= 3t^2 \mathrm{e}^t - 3\int 2t \mathrm{d}\mathrm{e}^t = 3t^2 \mathrm{e}^t - 6\mathrm{e}^t t + 6\int \mathrm{e}^t \mathrm{d}t$$

$$= 3t^2 \mathrm{e}^t - 6\mathrm{e}^t t + 6\mathrm{e}^t + C = 3 \sqrt[3]{x^2} \mathrm{e}^{\sqrt[3]{x}} - 6\mathrm{e}^{\sqrt[3]{x}} \sqrt[3]{x} + 6\mathrm{e}^{\sqrt[3]{x}} + C$$

$$= 3\mathrm{e}^{\sqrt[3]{x}}(\sqrt[3]{x^2} - 2\sqrt[3]{x} + 2) + C$$

例 5.3.10 求不定积分 $\displaystyle\int \cos(\ln x) \mathrm{d}x$.

解 方法一:令 $t = \ln x$,$x = \mathrm{e}^t$,$\mathrm{d}x = \mathrm{e}^t \mathrm{d}t$,

$$\int \cos(\ln x) \mathrm{d}x = \int \cos t \cdot \mathrm{e}^t \mathrm{d}t = \frac{1}{2}\mathrm{e}^t(\sin t + \cos t) + C = \frac{x}{2}[\sin(\ln x) + \cos(\ln x)] + C$$

方法二:因为 $\displaystyle\int \cos\ln x \mathrm{d}x = x\cos(\ln x) + \int x\sin(\ln x) \cdot \frac{1}{x} \mathrm{d}x$

$$= x\cos(\ln x) + \int \sin(\ln x) \mathrm{d}x$$

$$= x\cos(\ln x) + x\sin(\ln x) - \int x\cos(\ln x) \cdot \frac{1}{x} \mathrm{d}x$$

$$= x\cos(\ln x) + x\sin(\ln x) - \int \cos(\ln x) \mathrm{d}x$$

所以 $$\int \cos(\ln x) \mathrm{d}x = \frac{x}{2}[\cos(\ln x) + \sin(\ln x)] + C$$

注:有时,在计算一个积分问题的过程中要用到多种积分方法,同一个积分问题也往往会有多种解题思路.

我们再来看一个抽象函数的例子.

例 5.3.11 已知 $f(x)=\dfrac{\mathrm{e}^x}{x}$,求 $\displaystyle\int xf''(x)\mathrm{d}x$.

解 因为

$$\int xf''(x)\mathrm{d}x = \int x\mathrm{d}(f'(x)) = xf'(x)-\int f'(x)\mathrm{d}x = xf'(x)-f(x)+C$$

又因为 $f(x)=\dfrac{\mathrm{e}^x}{x}$,所以 $f'(x)=\dfrac{x\mathrm{e}^x-\mathrm{e}^x}{x^2}=\dfrac{\mathrm{e}^x(x-1)}{x^2}$,$xf'(x)=\dfrac{\mathrm{e}^x(x-1)}{x}$;

即

$$\int xf''(x)\mathrm{d}x = \frac{\mathrm{e}^x(x-1)}{x}-\frac{\mathrm{e}^x}{x}+C = \frac{\mathrm{e}^x(x-2)}{x}+C$$

习 题 5.3

1. 求下列不定积分.

(1) $\displaystyle\int x\cos 2x\mathrm{d}x$;

(2) $\displaystyle\int x\mathrm{e}^{3x}\mathrm{d}x$;

(3) $\displaystyle\int x\sec^2 x\mathrm{d}x$;

(4) $\displaystyle\int x\arcsin x\mathrm{d}x$;

(5) $\displaystyle\int \ln x\mathrm{d}x$;

(6) $\displaystyle\int \frac{\ln x}{x^2}\mathrm{d}x$;

(7) $\displaystyle\int x\cos^2 x\mathrm{d}x$;

(8) $\displaystyle\int \arccos x\mathrm{d}x$;

(9) $\displaystyle\int \mathrm{e}^{\sqrt{x}}\mathrm{d}x$;

(10) $\displaystyle\int \frac{\arcsin\sqrt{x}}{\sqrt{x}}\mathrm{d}x$;

(11) $\displaystyle\int \ln(1+x^2)\mathrm{d}x$;

(12) $\displaystyle\int \frac{\ln\cos x}{\cos^2 x}\mathrm{d}x$.

2. 已知 $f(x)$ 的一个原函数是 $\dfrac{\sin x}{x}$,求 $\displaystyle\int xf'(x)\mathrm{d}x$.

*5.4 有理函数的积分

5.4.1 有理函数的积分

形如

$$\frac{P(x)}{Q(x)}=\frac{a_0x^n+a_1x^{n-1}+\cdots+a_{n-1}x+a_n}{b_0x^m+b_1x^{m-1}+\cdots+b_{m-1}x+a_m} \tag{5.4.1}$$

的函数称为有理函数. 其中, $a_0, a_1, a_2, \cdots, a_n$ 及 $b_0, b_1, b_2, \cdots, b_m$ 为常数, 且 $a_0 \neq 0$, $b_0 \neq 0$.

如果分子多项式 $P(x)$ 的次数 n 小于分母多项式 $Q(x)$ 的次数 m, 称分式为真分式; 如果分子多项式 $P(x)$ 的次数 n 大于分母多项式 $Q(x)$ 的次数 m, 称分式为假分式. 利用多项式除法可得, 任一假分式可转化为多项式与真分式之和. 例如:

$$\frac{x^3 + x + 1}{x^2 + 1} = x + \frac{1}{x^2 + 1}$$

因此, 我们仅讨论真分式的积分.

根据多项式理论, 任一多项式 $Q(x)$ 在实数范围内能分解为一次因式和二次质因式的乘积, 即

$$Q(x) = b_0 (x-a)^\alpha \cdots (x-b)^\beta (x^2 + px + q)^\lambda \cdots (x^2 + rx + s)^\mu \qquad (5.4.2)$$

其中, $p^2 - 4q < 0, \cdots, r^2 - 4s < 0$.

如果式(5.4.1)的分母多项式分解为式(5.4.2), 则式(5.4.1)可分解为

$$\frac{P(x)}{Q(x)} = \frac{A_1}{(x-a)^\alpha} + \frac{A_2}{(x-a)^{\alpha-1}} + \cdots + \frac{A_\alpha}{(x-a)}$$

$$\cdots$$

$$+ \frac{B_1}{(x-b)^\beta} + \frac{B_2}{(x-b)^{\beta-1}} + \cdots + \frac{B_\beta}{(x-b)}$$

$$\cdots$$

$$+ \frac{M_1 x + N_1}{(x^2 + px + q)^\lambda} + \frac{M_2 x + N_2}{(x^2 + px + q)^{\lambda-1}} + \cdots + \frac{M_\lambda x + N_\lambda}{(x^2 + px + q)}$$

$$\cdots$$

$$+ \frac{R_1 x + NS_1}{(x^2 + rx + s)^\mu} + \frac{R_2 x + S_2}{(x^2 + rx + s)^{\mu-1}} + \cdots + \frac{R_\mu x + S_\mu}{(x^2 + rx + s)} \qquad (5.4.3)$$

例 5.4.1　求 $\displaystyle\int \frac{x+3}{x^2 - 5x + 6} \mathrm{d}x$.

解　因为

$$\frac{x+3}{x^2 - 5x + 6} = \frac{x+3}{(x-2)(x-3)} = \frac{-5}{x-2} + \frac{6}{x-3}$$

得

$$\int \frac{x+3}{x^2 - 5x + 6} \mathrm{d}x = \int \left(\frac{-5}{x-2} + \frac{6}{x-3} \right) \mathrm{d}x = -5 \int \frac{1}{x-2} \mathrm{d}x + 6 \int \frac{1}{x-3} \mathrm{d}x$$

$$= -5\ln|x-2| + 6\ln|x-3| + C$$

例 5.4.2　求 $\displaystyle\int \frac{x-2}{x^2 + 2x + 3} \mathrm{d}x$.

解　由于分母已为二次质因式, 分子可写为

$$x - 2 = \frac{1}{2}(2x + 2) - 3$$

得

$$\int \frac{x-2}{x^2+2x+3} dx = \int \frac{\frac{1}{2}(2x+2)-3}{x^2+2x+3} dx = \frac{1}{2}\int \frac{2x+2}{x^2+2x+3} dx - 3\int \frac{dx}{x^2+2x+3}$$

$$= \frac{1}{2}\int \frac{d(x^2+2x+3)}{x^2+2x+3} - 3\int \frac{d(x+1)}{(x+1)^2+(\sqrt{2})^2}$$

$$= \frac{1}{2}\ln(x^2+2x+3) - \frac{3}{\sqrt{2}}\arctan\frac{x+1}{\sqrt{2}} + C$$

例 5.4.3 求 $\int \frac{1}{(1+2x)(1+x^2)} dx$.

解 根据分解式(5.4.3),计算得

$$\frac{1}{(1+2x)(1+x^2)} = \frac{\frac{4}{5}}{1+2x} + \frac{-\frac{2}{5}x+\frac{1}{5}}{1+x^2}$$

因此得

$$\int \frac{1}{(1+2x)(1+x^2)} dx = \int \left(\frac{\frac{4}{5}}{1+2x} + \frac{-\frac{2}{5}x+\frac{1}{5}}{1+x^2} \right) dx$$

$$= \frac{2}{5}\int \frac{2}{1+2x} dx - \frac{1}{5}\int \frac{2x}{1+x^2} dx + \frac{1}{5}\int \frac{1}{1+x^2} dx$$

$$= \frac{2}{5}\int \frac{1}{1+2x} d(1+2x) - \frac{1}{5}\int \frac{1}{1+x^2} d(1+x^2) + \frac{1}{5}\int \frac{1}{1+x^2} dx$$

$$= \frac{2}{5}\ln|1+2x| - \frac{1}{5}\ln(1+x^2) + \frac{1}{5}\arctan x + C$$

5.4.2 三角函数有理式的积分

如果 $R(u,v)$ 为关于 u,v 的有理式,则 $R(\sin x, \cos x)$ 称为三角函数有理式. 我们不深入讨论,仅举几个例子说明这类函数的积分方法.

例 5.4.4 求 $\int \frac{1+\sin x}{\sin x(1+\cos x)} dx$.

解 如果作变量代换 $u = \tan\frac{x}{2}$,可得

$$\sin x = \frac{2u}{1+u^2}, \quad \cos x = \frac{1-u^2}{1+u^2}, \quad dx = \frac{2}{1+u^2} du$$

因此,得

$$\int \frac{1+\sin x}{\sin x(1+\cos x)}dx = \int \frac{1+\frac{2u}{1+u^2}}{\frac{2u}{1+u^2}\left(1+\frac{1-u^2}{1+u^2}\right)} \frac{2}{1+u^2}du = \frac{1}{2}\int\left(u+2+\frac{1}{u}\right)du$$

$$= \frac{1}{2}\left(\frac{u^2}{2}+2u+\ln|u|\right)+C$$

$$= \frac{1}{4}\tan^2\frac{x}{2}+\tan\frac{x}{2}+\frac{1}{2}\ln|\tan\frac{x}{2}|+C$$

5.4.3　简单无理式的积分

例 5.4.5　求 $\int \frac{dx}{1+\sqrt[3]{x+2}}$.

解　令 $\sqrt[3]{x+2}=u$，得 $x=u^3-2$，$dx=3u^2du$，代入得

$$\int \frac{dx}{1+\sqrt[3]{x+2}} = \int \frac{3u^2}{1+u}du = 3\int \frac{u^2-1+1}{1+u}du = 3\int\left(u-1+\frac{1}{1+u}\right)du$$

$$= 3\left(\frac{u^2}{2}-u+\ln|1+u|\right)+C$$

$$= \frac{3}{2}\sqrt[3]{(x+2)^2}-3\sqrt[3]{x+2}+3\ln|1+\sqrt[3]{x+2}|+C$$

例 5.4.6　求 $\int \frac{\sqrt{x+1}-1}{1+\sqrt{x+1}}dx$.

解　令 $t=\sqrt{x+1}$，则 $x+1=t^2$，$dx=2tdx$，代入得

$$\int \frac{\sqrt{x+1}-1}{1+\sqrt{x+1}}dx = \int \frac{t-1}{1+t}2tdt = 2\int \frac{t^2-t}{1+t}dt = 2\int \frac{t^2-t}{1+t}dt$$

$$= 2\int\left(t-2+\frac{2}{1+t}\right)dt$$

$$= 2\int tdt - 4\int dt + 4\int \frac{1}{1+t}dt$$

$$= t^2-4t+4\ln|t+1|+C$$

$$= x-4\sqrt{x+1}+4\ln(\sqrt{x+1}+1)+C$$

习　题　5.4

求下列不定积分.

(1) $\int \frac{1}{x(x^2+1)}dx$；

(2) $\int \frac{x^5+x^4-8}{x^3-x}dx$；

(3) $\int \dfrac{x^3}{x+3}\mathrm{d}x$;　　　　　　　　(4) $\int \dfrac{2x+3}{x^2+3x-10}\mathrm{d}x$;

(5) $\int \dfrac{1+\sin^2 x}{\cos^4 x}\mathrm{d}x$;　　　　　　(6) $\int \tan^4 x\mathrm{d}x$;

(7) $\int \dfrac{x+1}{x\sqrt{x-2}}\mathrm{d}x$;　　　　　　(8) $\int \dfrac{1}{x^4-1}\mathrm{d}x$.

5.5　积分表的使用

前面我们讨论了关于不定积分的相关内容,可以看出:积分的计算要比导数的计算灵活且复杂,也困难很多.为了使用方便,往往把常用的积分公式汇集成表,这种表称为积分表.积分表是按照被积函数的类型来排列的,求积分时,有的可根据被积函数的特点在积分表中直接查到积分结果,有的则需要先作适当的代换,才能在积分表中查到.本书附录 C 有一个较简单的积分表,一般常见的积分都可以在表中查到.下面举例说明积分表的用法.

例 5.5.1　求不定积分 $\int \dfrac{x}{(3x+4)^2}\mathrm{d}x$.

解　被积函数中含有 $ax+b$,在积分表(一)中查得公式(7),即

$$\int \frac{x}{(ax+b)^2}\mathrm{d}x = \frac{1}{a^2}\left(\ln|ax+b|+\frac{b}{ax+b}\right)+C$$

现在 $a=3,b=4$,于是

$$\int \frac{x}{(3x+4)^2}\mathrm{d}x = \frac{1}{9}\left[\ln|3x+4|+\frac{4}{3x+4}\right]+C$$

例 5.5.2　求不定积分 $\int \dfrac{x^2}{\sqrt{x^2+1}}\mathrm{d}x$.

解　被积函数中含有 $\sqrt{x^2+a^2}$,在积分表(六)中查得公式(35),即

$$\int \frac{x^2}{\sqrt{x^2+a^2}}\mathrm{d}x = \frac{x}{2}\sqrt{x^2+a^2}-\frac{a^2}{2}\ln(x+\sqrt{x^2+a^2})+C$$

现在 $a=1$,于是

$$\int \frac{x^2}{\sqrt{x^2+1}}\mathrm{d}x = \frac{x}{2}\sqrt{x^2+1}-\frac{1}{2}\ln(x+\sqrt{x^2+1})+C$$

例 5.5.3　求不定积分 $\int \dfrac{1}{5-4\cos x}\mathrm{d}x$.

解　被积函数中含有三角函数,在积分表(十一)中查得公式(105)与(106),即因为 $a=5,b=-4,a^2>b^2$,选公式(105),有

$$\int \frac{\mathrm{d}x}{a+b\cos x} = \frac{2}{a+b}\sqrt{\frac{a+b}{a-b}}\arctan\left(\sqrt{\frac{a-b}{a+b}}\tan\frac{x}{2}\right)+C$$

将 $a=5$，　$b=-4$ 代入得

$$\int \frac{1}{5-4\cos x}\mathrm{d}x = \frac{2}{3}\arctan\left(3\tan\frac{x}{2}\right)+C$$

例 5.5.4　求不定积分 $\displaystyle\int \frac{\mathrm{d}x}{x\sqrt{4x^2+9}}$.

解　积分表中不能直接查出，需先进行变量代换.

令 $2x=u \Rightarrow \sqrt{4x^2+9}=\sqrt{u^2+3^2}$.

$$\int \frac{\mathrm{d}x}{x\sqrt{4x^2+9}} = \int \frac{\frac{1}{2}\mathrm{d}u}{\frac{u}{2}\sqrt{u^2+3^2}} = \int \frac{\mathrm{d}u}{u\sqrt{u^2+3^2}}$$

被积函数中含有 $\sqrt{u^2+3^2}$，在积分表（六）中查得公式（37），即

$$\int \frac{\mathrm{d}x}{x\sqrt{x^2+a^2}} = \frac{1}{a}\ln\frac{|x|}{a+\sqrt{x^2+a^2}}+C$$

所以

$$\int \frac{\mathrm{d}u}{u\sqrt{u^2+3^2}} = \frac{1}{3}\ln\frac{|u|}{3+\sqrt{u^2+3^2}}+C$$

将 $u=2x$ 代入得

$$\int \frac{\mathrm{d}x}{x\sqrt{4x^2+9}} = \frac{1}{3}\ln\frac{2|x|}{3+\sqrt{4x^2+9}}+C$$

例 5.5.5　求不定积分 $\displaystyle\int \sqrt{\frac{x+1}{x-2}}\mathrm{d}x$.

解　被积函数中含有 $\sqrt{\dfrac{x-a}{x-b}}$，在积分表（十）中查得公式（79），即

$$\int \sqrt{\frac{x-a}{x-b}}\mathrm{d}x = (x-b)\sqrt{\frac{x-a}{x-b}}+(b-a)\ln(\sqrt{|x-a|}+\sqrt{|x-b|})+C$$

现在 $a=-1,b=2$，于是

$$\int \sqrt{\frac{x+1}{x-2}}\mathrm{d}x = (x-2)\sqrt{\frac{x+1}{x-2}}+3\ln(\sqrt{|x+1|}+\sqrt{|x-2|})+C$$

例 5.5.6　求不定积分 $\displaystyle\int \sin^4 x\,\mathrm{d}x$.

解　在积分表（十一）中查得公式（95），即

$$\int \sin^n x\,\mathrm{d}x = -\frac{\sin^{n-1}x\cos x}{n}+\frac{n-1}{n}\int \sin^{n-2}x\,\mathrm{d}x$$

利用此公式可使正弦的幂次减少两次，重复使用可使正弦的幂次继续减少，直到求出结果. 这个公式称为**递推公式**.

现在 $n=4$，于是

$$\int \sin^4 x \mathrm{d}x = -\frac{\sin^3 x \cos x}{4} + \frac{3}{4}\int \sin^2 x \mathrm{d}x$$

对积分 $\int \sin^2 x \mathrm{d}x$ 使用公式(93),即

$$\int \sin^2 x \mathrm{d}x = \frac{x}{2} - \frac{1}{4}\sin 2x + C$$

所以

$$\int \sin^4 x \mathrm{d}x = -\frac{\sin^3 x \cos x}{4} + \frac{3}{4}\left(\frac{x}{2} - \frac{1}{4}\sin 2x\right) + C$$

从上述例子可以看出,利用积分表可以大大节省计算积分的时间,但是,只有掌握了前面学过的各种积分方法,才能灵活使用积分表,对于一些简单的积分,应用前面学过的积分方法直接计算,不能全部依赖积分表,或许直接计算比查表更快些.

注:初等函数在其定义区间内原函数一定存在,但原函数不一定都是初等函数,如 $\int \mathrm{e}^{-x^2}\mathrm{d}x, \int \frac{\sin x}{x}\mathrm{d}x, \int \frac{1}{\ln x}\mathrm{d}x$.

习 题 5.5

利用积分表求下列不定积分.

(1) $\int \frac{1}{x(3+2x)^2}\mathrm{d}x$;

(2) $\int \frac{1}{\cos^3 x}\mathrm{d}x$;

(3) $\int \frac{1}{x^2\sqrt{2x-1}}\mathrm{d}x$;

(4) $\int \frac{1}{2+3\sin x}\mathrm{d}x$;

(5) $\int x\arcsin 3x\mathrm{d}x$;

(6) $\int \sin x \sin 5x \mathrm{d}x$;

(7) $\int \mathrm{e}^{2x}\cos 2x\mathrm{d}x$;

(8) $\int \sqrt{4x^2+9}\mathrm{d}x$;

(9) $\int \frac{\sqrt{x-1}}{x}\mathrm{d}x$;

(10) $\int \ln^3 x\mathrm{d}x$.

*5.6 Matlab 软件简单应用

在高等数学中,经常利用函数图形研究函数的性质,在此,我们应用 Matlab 命令来实现这一操作. Matlab 符号运算工具箱提供了 int 函数来求函数的不定积分,该函数的调用格式为(Matlab 软件具体使用方法可参考附录 A):

Int(fx,x)　　　%求函数 $f(x)$ 关于 x 的不定积分

参数说明:fx 是函数的符号表达式,x 是符号自变量,当 fx 只含一个变量时,x 可省略.

例 5.6.1　用函数 int()分别计算 $\int x\sin x \mathrm{d}x, \int y\sin x \mathrm{d}x, \int 4\mathrm{d}x.$

解　在命令窗口输入:

```
>> I1= int('x* sin(x)')
>> I2= int('y* sin(x)',x)
>> I3= int('4')
```

回车得到:

```
I1 = sin(x)- x* cos(x),I2 = - y* cos(x),I3 = 4* x
```

说明:由上述运行结果可知,int 函数求取的不定积分是不带常数项的,要得到一般形式的不定积分,可以编写以下语句:

```
>> syms  x  c
>> fx= f(x);
>> int(fx,x)+ c
```

以 $I = \int x\sin x \mathrm{d}x$ 为例,编写如下语句可以得到其不定积分:

```
>> syms  x  c
>> fx= (x* sin(x))
>> I= int(fx,x)+ c
```

回车得到:

```
I= C+ sin(x)- x* cos(x)
```

在上述语句的基础上再编写如下语句即可观察函数的积分曲线簇:

```
>> ezplot(fx,[- 2,2])
>> hf= ezplot(fx,[- 2,2]);
>> xx= linspace(- 2,2);
>> plot(xx,subs(fx,xx),'k','LineWidth',2)
>> hold  on
>> for  c= 0:6
>> Y= inline(subs(I,C,c));
>> Plot(xx,y(xx),'LineStyle','- - ');
End
legend('函数曲线','积分曲线族',4).
```

本 章 小 结

一、内容纲要

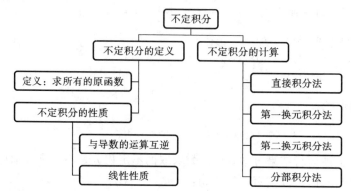

二、部分重难点内容分析

1. 理解原函数与不定积分的联系

$\int f(x)\mathrm{d}x = F(x) + C$ 是 $f(x)$ 在区间 I 上原函数的一般表达式.

2. 两类换元积分法的区别与联系

(1) 第一类换元积分法(即凑微分法)中的代换 $u = \varphi(x)$ 是从不定积分的被积函数中分离出来的,在凑微分的过程中逐步明确的;而第二类换元积分法中的代换 $x = \psi(t)$ 是根据被积函数的特点一开始就选定的.

(2) 第二类换元积分法(即变量代换法)中的代换 $x = \psi(t)$ 必须具有单值反函数,而第一类换元积分法中的代换 $u = \varphi(x)$ 却无此限制.

(3) 原积分变量 x 在第一类换元积分法中的代换 $u = \varphi(x)$ 中是自变量,而在第二类换元积分法中的代换 $x = \psi(t)$ 中却处于因变量的地位.

(4) 第二类换元积分法常用的代换(或替换).

① 三角代换:$x = a\sin t, x = a\tan t, x = a\sec t \quad \left(-\dfrac{\pi}{2} < t < \dfrac{\pi}{2}\right).$

② 无理代换:$x = \sqrt[n]{ax+b} \quad \left(0 < t < \dfrac{\pi}{2}\right).$

③ 倒代换:$x = \dfrac{1}{t}.$

*④ 万能代换:$t = \tan\dfrac{x}{2}, \sin x = \dfrac{2t}{1+t^2}, \cos x = \dfrac{1-t^2}{1+t^2}, \mathrm{d}x = \dfrac{1}{1+t^2}\mathrm{d}t.$

3. 不定积分分部积分法

不定积分分部积分法的关键是:正确选择 u 和 v',使得转换后的不定积分

$\int v\mathrm{d}u$(或$\int u'v\mathrm{d}x$) 比原先的不定积分 $\int u\mathrm{d}v$(或$\int uv'\mathrm{d}x$) 容易计算时,可使用分部积分法. 一般选取 μ 的优先原则是"仅三角函数 → 对数函数 → 幂函数 → 指数函数 → 三角函数",可简证为"反 → 对 → 幂 → 指 → 三".

* 4. 特殊类型函数的积分

(1) 任何有理函数的积分总可积出:任何有理函数总可用多项式除法(长除法)化为多项式与真分式之和,其中多项极易积分. 由代数学定理,真分式又可以化为四类简单分式之和,它们总可积出.

(2) 三角函数有理式的积分:根据具体题目,可作万能代换或三角代换解之.

(3) 简单无理函数的积分:根据具体题目,可作根式代换或三角代换解之.

复习题 5

1. 填空题.

(1) 如果 e^{-x} 是函数 $f(x)$ 的一个原函数,则 $\int f(x)\mathrm{d}x = $ _____.

(2) 设 $f(x) = \dfrac{1}{x}$,则 $\int f'(x)\mathrm{d}x = $ _____.

(3) 已知 $f(x)$ 的一个原函数为 $\cos x$,$g(x)$ 的一个原函数为 x^2,则 $f(g(x))$ 的一个原函数为_____.

(4) $\int \dfrac{1}{x^2}\cos\dfrac{2}{x}\mathrm{d}x = $ _____.

(5) $\int \left(1 - \sin^2\dfrac{x}{2}\right)\mathrm{d}x = $ _____.

(6) $\int \dfrac{(\arctan x)^2}{1 + x^2}\mathrm{d}x = $ _____.

(7) 设 $F'(x) = f(x)$,则 $\int f'(ax + b)\mathrm{d}x \, (a \neq 0) = $ _____.

(8) 设 $\int x f(x)\mathrm{d}x = \arcsin x + C$,则 $\int \dfrac{1}{f(x)}\mathrm{d}x = $ _____.

(9) $\int \dfrac{f'(x)}{f^2(x)}\mathrm{d}x = $ _____$(f(x) \neq 0)$.

(10) 若 $\int f(x)\mathrm{d}x = x^2 + C$,则 $\int x f(1 - x^2)\mathrm{d}x = $ _____.

2. 选择题.

(1) 设 $F_1(x)$,$F_2(x)$ 是区间 I 内连续函数 $f(x)$ 的两个不同的原函数,且 $f(x) \neq 0$,则在区间 I 内必有( ).

(A) $F_1(x) - F_2(x) = C$ (B) $F_1(x) \cdot F_2(x) = C$

(C) $F_1(x) = CF_2(x)$ (D) $F_1(x) + F_2(x) = C$

(2) 若 $F'(x) = f(x)$,则 $\int \mathrm{d}F(x) = ($).

(A) $f(x)$ (B) $F(x)$ (C) $f(x) + C$ (D) $F(x) + C$

(3) $f(x)$ 在某区间内具备了(   ),就可保证它的原函数一定存在.

(A) 有极限存在   (B) 连续

(C) 有界   (D) 有有限个间断点

(4) 函数 $f(x) = (x + |x|)^2$ 的一个原函数 $F(x) = ($).

(A) $\dfrac{4}{3}x^3$ (B) $\dfrac{4}{3}|x|x^2$

(C) $\dfrac{2}{3}x(x^2 + |x|^2)$ (D) $\dfrac{2}{3}x^2(x + |x|)$

(5) 已知一个函数的导数为 $y' = 2x$,且 $x = 1$ 时 $y = 2$,这个函数是(   ).

(A) $y = x^2 + C$ (B) $y = x^2 + 1$

(C) $y = \dfrac{x^2}{2} + C$ (D) $y = x + 1$

(6) 下列积分能用初等函数表出的是(   ).

(A) $\displaystyle\int \mathrm{e}^{-x^2}\,\mathrm{d}x$ (B) $\displaystyle\int \dfrac{\mathrm{d}x}{\sqrt{1 + x^3}}$

(C) $\displaystyle\int \dfrac{1}{\ln x}\,\mathrm{d}x$ (D) $\displaystyle\int \dfrac{\ln x}{x}\,\mathrm{d}x$

(7) $\displaystyle\int \dfrac{\ln x}{x^2}\,\mathrm{d}x = ($).

(A) $\dfrac{1}{x}\ln x + \dfrac{1}{x} + C$ (B) $-\dfrac{1}{x}\ln x - \dfrac{1}{x} + C$

(C) $\dfrac{1}{x}\ln x - \dfrac{1}{x} + C$ (D) $-\dfrac{1}{x}\ln x + \dfrac{1}{x} + C$

(8) $\displaystyle\int \dfrac{\mathrm{d}x}{(4x + 1)^{10}} = ($).

(A) $\dfrac{1}{9}\dfrac{1}{(4x + 1)^9} + C$ (B) $\dfrac{1}{36}\dfrac{1}{(4x + 1)^9} + C$

(C) $-\dfrac{1}{36}\dfrac{1}{(4x + 1)^9} + C$ (D) $-\dfrac{1}{36}\dfrac{1}{(4x + 1)^{11}} + C$

(9) $\displaystyle\int \dfrac{1}{1 - 2x}\,\mathrm{d}x = ($).

(A) $-\dfrac{1}{2}\ln|1 - 2x| + C$ (B) $2\ln|1 - 2x| + C$

(C) $\dfrac{1}{2}\ln|1 - 2x| + C$ (D) $\ln|1 - 2x| + C$

(10) 设 e^{-x} 是 $f(x)$ 的一个原函数,则 $\int xf(x)\mathrm{d}x = (\qquad)$.

(A) $\mathrm{e}^{-x}(1-x)+C$　　　　(B) $\mathrm{e}^{-x}(x+1)+C$

(C) $\mathrm{e}^{-x}(x-1)+C$　　　　(D) $-\mathrm{e}^{-x}(x+1)+C$

3. 计算下列各题.

(1) $\displaystyle\int \frac{1}{\mathrm{e}^x-1}\mathrm{d}x$;　　　　(2) $\displaystyle\int \frac{2^x}{\sqrt{1-4^x}}\mathrm{d}x$;

(3) $\displaystyle\int \frac{\mathrm{d}x}{x^2+2x+3}$;　　　　(4) $\displaystyle\int \sqrt{x}\sin\sqrt{x}\,\mathrm{d}x$;

(5) $\displaystyle\int \mathrm{e}^{\sin x}\cos x\,\mathrm{d}x$;　　　　(6) $\displaystyle\int \sin^4\frac{x}{2}\mathrm{d}x$;

(7) $\displaystyle\int \mathrm{e}^{1-2x}\mathrm{d}x$;　　　　(8) $\displaystyle\int \frac{\mathrm{d}x}{\sqrt{5-2x+x^2}}$;

(9) $\displaystyle\int x\ln(1+x^2)\mathrm{d}x$;　　　　(10) $\displaystyle\int \frac{\ln(x+1)}{\sqrt{x+1}}\mathrm{d}x$;

(11) $\displaystyle\int \frac{\mathrm{e}^x}{\sqrt{1+\mathrm{e}^x}}\mathrm{d}x$;　　　　(12) $\displaystyle\int \frac{1}{\mathrm{e}^x+\mathrm{e}^{-x}}\mathrm{d}x$;

(13) $\displaystyle\int \frac{\tan x\cos^6 x}{\sin^4 x}\mathrm{d}x$;　　　　(14) $\displaystyle\int \frac{\mathrm{d}x}{\sqrt{x}+\sqrt[3]{x}}$;

(15) $\displaystyle\int x\sqrt{2x+3}\,\mathrm{d}x$;　　　　(16) $\displaystyle\int \frac{\mathrm{d}x}{\sqrt{9-16x^2}}$;

(17) $\displaystyle\int \frac{\mathrm{d}x}{x\sqrt{1+x^2}}$;　　　　(18) $\displaystyle\int \frac{x^7\,\mathrm{d}x}{(1+x^4)^2}$;

(19) $\displaystyle\int \frac{\ln(\ln x)}{x}\mathrm{d}x$;　　　　(20) $\displaystyle\int \frac{x^3}{\sqrt{1-x^2}}\mathrm{d}x$;

(21) $\displaystyle\int \tan^5 t\sec^4 t\,\mathrm{d}t$;　　　　(22) $\displaystyle\int \frac{\mathrm{d}x}{\sin^4 x\cos^4 x}$;

(23) $\displaystyle\int \frac{2\sqrt{x}}{1+x}\mathrm{d}x$;　　　　(24) $\displaystyle\int \cos\sqrt{x}\,\mathrm{d}x$.

4. 已知生产某商品 x 单位时,边际收益函数为 $R'(x)=100-\dfrac{x}{20}$(元/单位),求生产 x 单位时总收益 $R(x)$ 以及平均单位收益 $\overline{R(x)}$,并求生产这种产品 1000 单位时的总收益和平均单位收益.

第 6 章   定积分及其应用

第5章从微分运算的逆运算引出了不定积分的概念,并讨论了关于不定积分的性质以及计算方法.本章开始讨论积分学中的另一个基本问题——定积分.首先从几何学与运动学问题出发引入定积分的定义,然后讨论它的性质与计算方法,最后介绍定积分的应用.

6.1   定积分的概念与性质

6.1.1   定积分问题举例

1. 曲边梯形的面积

在初等数学中,我们会计算矩形、三角形、平面四边形、圆、扇形等图形的面积.但对于有曲线边围成区域的面积问题,就无法解决了,所以需要寻找新的解决方法.我们先来研究一种简单图形——曲边梯形的面积.

曲边梯形:设函数 $y=f(x)$ 在区间 $[a,b]$ 上非负且连续. 由直线 $x=a$,$x=b$,$y=0$ 及曲线 $y=f(x)$ 所围成的图形称为**曲边梯形**,其中曲线弧 $y=f(x)$ 称为**曲边**.

在不能使用梯形面积计算公式直接求得曲边梯形面积的情况下,我们可以采取"化整为零"的思想.先将区间 $[a,b]$ 分成 n 个小区间(见图 6.1.1)(任意划分,可以相等,也可以不等),即插入 $n-1$ 个分点:

$$a=x_0<x_1<x_2<\cdots<x_{n-1}<x_n=b$$

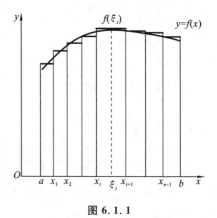

图 6.1.1

将曲边梯形分割成 n 个小的曲边梯形,每个小曲边梯形的面积都用小矩形的面积来近似,则所有小矩形面积的和就是曲边梯形面积的近似值.显然,划分越细,近似程度越好.若把区间无限细分,则所有小矩形面积之和的极限就是曲边梯形的面积.

上述分析可按如下步骤来完成.

(1)分割(化整为零)   在区间 $[a,b]$ 内任意添加 $n-1$ 个分点:

$$a = x_0 < x_1 < x_2 < \cdots < x_{i-1} < x_i < \cdots < x_{n-1} < x_n = b$$

将区间$[a,b]$分成 n 个子区间$[x_{i-1},x_i]$（$i=1,2,\cdots,n$），这些子区间的长度记为 $\Delta x_i = x_i - x_{i-1}$（$i=1,2,\cdots,n$），并用符号 $\lambda = \max\{\Delta x_i\}$ 表示这些子区间的最大长度. 过 $n-1$ 个分点作 x 轴的垂线，于是将曲边梯形分割成 n 个小曲边梯形，它们的面积记作 ΔS_i（$i=1,2,\cdots,n$）. 显然 $S = \sum\limits_{i=1}^{n} \Delta S_i$.

（2）近似代替（以直代曲） 在第 i 个子区间$[x_{i-1},x_i]$上任取一点 ξ_i，作以 $f(\xi_i)$ 为高，$[x_{i-1},x_i]$为底的第 i 个小矩形，小矩形的面积为 $f(\xi_i)\Delta x_i$（$i=1,2,\cdots,n$），第 i 个小曲边梯形的面积 $\Delta S_i \approx f(\xi_i)\Delta x_i$（$i=1,2,\cdots,n$）.

（3）求和（求曲边梯形面积的近似值） 将 n 个小矩形的面积加起来，便得到原曲边梯形面积的近似值 $S \approx \sum\limits_{i=1}^{n} f(\xi_i)\Delta x_i$.

（4）取极限（积零为整） 不难想到，当分割越来越细（即 n 越来越大，同时最长的子区间长度 λ 越来越小时），n 个矩形的面积和就越来越接近原曲边梯形的面积. 于是当 $\lambda \to 0$ 时，矩形面积之和的极限就是原曲边梯形的面积 S，即

$$S = \lim_{\lambda \to 0} \sum_{i=1}^{n} f(\xi_i)\Delta x_i$$

2. 变速直线运动的路程

设某个质点作直线运动，已知速度 $v = v(t)$ 是时间间隔$[T_1,T_2]$上 t 的连续函数，且$v(t) \geqslant 0$，试计算在$[T_1,T_2]$时间内该质点所经过的路程 s.

如果物体做匀速直线运动，即速度是常量，那么

$$路程 = 速度 \times 时间$$

现在质点运动的速度是变量，我们可以采取与计算曲边梯形面积相似的方法来计算所要求的路程.

（1）分割（化整为零） 在时间区间$[T_1,T_2]$内任意添加 $n-1$ 个分点：

$$T_1 = t_0 < t_1 < t_2 < \cdots < t_{i-1} < t_i < \cdots < t_{n-1} < t_n = T_2$$

将区间$[T_1,T_2]$分成 n 个子区间$[t_{i-1},t_i]$（$i=1,2,\cdots,n$），这些子区间的长度记为 $\Delta t_i = t_i - t_{i-1}$（$i=1,2,\cdots,n$），并用符号 $\lambda = \max\{\Delta t_i\}$ 表示这些子区间的最大长度. 这样就把路程 s 分割成 n 段路程 Δs_i（$i=1,2,\cdots,n$）. 显然

$$s = \sum_{i=1}^{n} \Delta s_i$$

（2）近似代替（以匀代变） 在第 i 个子区间$[t_{i-1},t_i]$上任取一点 ξ_i，则 $v(\xi_i)\Delta t_i$ 表示物体在时间段$[t_{i-1},t_i]$上以匀速 $v(\xi_i)$ 运动时所经过的路程. 当 Δt_i 很小时，速度 $v(t)$ 的变化也很小，可以近似地看作不变，即在时间段$[t_{i-1},t_i]$上物体近似地以匀速 $v(\xi_i)$ 运动，于是有 $\Delta s_i \approx v(\xi_i)\Delta t_i$（$i=1,2,\cdots,n$）.

(3) 求和(求总路程的近似值) 把 n 个子区间 $[t_{i-1}, t_i]$ 上按匀速运动计算出的路程加起来,就得到 $s \approx \sum\limits_{i=1}^{n} v(\xi_i) \Delta t_i$.

(4) 取极限(积零为整) 不难想到,当对时间间隔 $[T_1, T_2]$ 的分割越来越细,小区段上看作匀速运动时的路程之和就越来越接近 s. 于是当 $\lambda \to 0$ 时,和式的极限即为 s 的精确值,即

$$s = \lim_{\lambda \to 0} \sum_{i=1}^{n} v(\xi_i) \Delta t_i$$

上述两个问题中一个是几何问题,另一个是物理问题,但从数学的角度来考察,所要解决的数学问题相同:求与某个变化范围内的变量有关的总量. 数学结构相同:求 n 个乘积 $f(\xi_i) \Delta x_i$ 之和 $\sum\limits_{i=1}^{n} f(\xi_i) \Delta x_i$,当 $\lambda = \max\{\Delta x_i\} \to 0$ 时的极限. 这类广泛的实际问题的数学模型,可引出定积分的概念.

6.1.2 定积分的概念

定义 6.1.1 设函数 $f(x)$ 是定义在区间 $[a,b]$ 上的有界函数,在 $[a,b]$ 中任意插入若干个分点 $a = x_0 < x_1 < x_2 < \cdots < x_{i-1} < x_i < \cdots < x_n = b$,将区间 $[a,b]$ 任意分成 n 个子区间 $[x_{i-1}, x_i](i = 1, 2, \cdots, n)$,这些子区间的长度记为 $\Delta x_i = x_i - x_{i-1}(i = 1, 2, \cdots, n)$. 在每个子区间 $[x_{i-1}, x_i]$ 上任取一点 ξ_i,作 n 个乘积 $f(\xi_i) \Delta x_i$ 的和式 $\sum\limits_{i=1}^{n} f(\xi_i) \Delta x_i$. 如果当最大子区间长度 $\lambda = \max\{\Delta x_i\} \to 0$ 时,和式 $\sum\limits_{i=1}^{n} f(\xi_i) \Delta x_i$ 的极限存在,并且极限值与区间 $[a,b]$ 的分法以及 ξ_i 的取法无关,则该极限值称为函数 $f(x)$ 在区间 $[a,b]$ 上的定积分,记作 $\int_a^b f(x) \mathrm{d}x$,即

$$\int_a^b f(x) \mathrm{d}x = \lim_{\substack{n \to \infty \\ (\lambda \to 0)}} \sum_{i=1}^{n} f(\xi_i) \Delta x_i$$

式中:右端的 $f(\xi_i) \Delta x_i$ 称为**积分元素**;$\sum\limits_{i=1}^{n} f(\xi_i) \Delta x_i$ 称为**积分和**(或**和式**);左端的符号 "$\int$" 称为积分号;$f(x)$ 称为**被积函数**;$f(x) \mathrm{d}x$ 称为**被积表达式**;x 称为**积分变量**;$[a,b]$ 称为**积分区间**,a 称为**积分下限**,b 称为**积分上限**.

若定积分存在,则称函数 $f(x)$ 在区间 $[a,b]$ 上可积,否则称为不可积.

按照定积分的定义,前面两个问题可以分别表示为

曲边梯形的面积:$S = \int_a^b f(x) \mathrm{d}x$.

变速直线运动的物体所经过的路程:$s = \int_a^b v(t) \mathrm{d}t$.

说明:

(1) 定积分 $\int_a^b f(x)\mathrm{d}x$ 只与被积函数 $f(x)$ 的积分区间 $[a,b]$ 有关,而与表示积分变量的字母无关,即

$$\int_a^b f(x)\mathrm{d}x = \int_a^b f(t)\mathrm{d}t = \int_a^b f(u)\mathrm{d}u$$

(2) 定积分 $\int_a^b f(x)\mathrm{d}x$ 的实质是一种特殊和式(n 个乘积 $f(\xi_i)\Delta x_i$ 之和)的特殊极限($\lambda = \max\{\Delta x_i\} \to 0$)(该极限与 $[a,b]$ 的分法无关,与 ξ_i 的取法无关).

(3) 对 $[a,b]$ 的不同分法及对 ξ_i 在区间 $[x_{i-1}, x_i]$ 的不同取法,将有不同的 $\sum_{i=1}^n f(\xi_i)\Delta x_i$,定积分要求所有和有相同的极限值.

(4) $n \to \infty \nRightarrow \lambda \to 0$,但 $\lambda \to 0 \Rightarrow n \to \infty$. 只有当把 $[a,b]$ 作等分时,$\lambda \to 0 \Leftrightarrow n \to \infty$.

函数 $f(x)$ 在 $[a,b]$ 上满足什么条件时,$f(x)$ 在 $[a,b]$ 上可积呢?

定理 6.1.1　设 $f(x)$ 在区间 $[a,b]$ 上连续,则 $f(x)$ 在 $[a,b]$ 上可积.

定理 6.1.2　设 $f(x)$ 在区间 $[a,b]$ 上有界,且只有有限个间断点,则 $f(x)$ 在 $[a,b]$ 上可积.

定积分的几何意义:设 $f(x)$ 是 $[a,b]$ 上的连续函数,由曲线 $y = f(x)$ 及直线 $x = a, x = b, y = 0$ 所围成的曲边梯形的面积记为 A. 由定积分的定义易知道定积分有如下几何意义:

(1) 当 $f(x) \geqslant 0$ 时,$\int_a^b f(x)\mathrm{d}x = A$;

(2) 当 $f(x) \leqslant 0$ 时,$\int_a^b f(x)\mathrm{d}x = -A$;

(3) 如果 $f(x)$ 在 $[a,b]$ 上有时取正值,有时取负值时,那么以 $[a,b]$ 为底边,以曲线 $y = f(x)$ 为曲边的曲边梯形可分成几个部分,使得每一部分都位于 x 轴的上方或下方. 这时定积分在几何上表示上述这些部分曲边梯形面积的代数和. 如图 6.1.2 所示,有

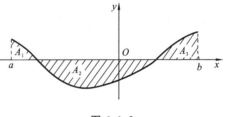

图 6.1.2

$$\int_a^b f(x)\mathrm{d}x = A_1 - A_2 + A_3$$

其中,A_1, A_2, A_3 分别是图 6.1.2 中三部分曲边梯形的面积,它们都是正数.

例 6.1.1　利用定积分定义计算定积分 $\int_0^1 x\mathrm{d}x$.

解 因 $y=x$ 在区间 $[0,1]$ 内是连续的,故 $\int_0^1 x\mathrm{d}x$ 是存在的. $\int_0^1 x\mathrm{d}x$ 是一常数,且此数的大小与 $[0,1]$ 的分法及对 ξ_i 在区间 $[x_{i-1},x_i]$ 的取法无关. 为了方便计算,把区间 $[0,1]$ 分成 n 等份,分点和小区间长度分别为

$$x_i=\frac{i}{n} \quad (i=1,2,\cdots,n-1), \quad \Delta x_i=\frac{1}{n} \quad (i=1,2,\cdots,n)$$

取 $\xi_i=\frac{i}{n}(i=1,2,\cdots,n)$,作积分和

$$\sum_{i=1}^n f(\xi_i)\Delta x_i = \sum_{i=1}^n \xi_i \Delta x_i = \sum_{i=1}^n \frac{i}{n} \cdot \frac{1}{n} = \frac{1}{n^2}\sum_{i=1}^n i$$

$$= \frac{1}{n^2} \cdot \frac{1}{2}n(n+1) = \frac{1}{2}\left(1+\frac{1}{n}\right)$$

因为 $\lambda=\frac{1}{n}$,当 $\lambda\to 0$ 时,$n\to\infty$,有

$$\int_0^1 x\mathrm{d}x = \lim_{\lambda\to 0}\sum_{i=1}^n f(\xi_i)\Delta x_i = \lim_{n\to\infty}\frac{1}{2}\left(1+\frac{1}{n}\right) = \frac{1}{2}$$

例 6.1.2 利用定积分的几何意义,求 $\int_{-1}^1 \sqrt{1-x^2}\,\mathrm{d}x$.

解 令 $y=\sqrt{1-x^2}$,$x\in[-1,1]$,显然 $y\geqslant 0$,则由 $y=\sqrt{1-x^2}$ 和直线 $x=-1$,$x=1$,$y=0$ 所围成的曲边梯形是单位圆位于 x 轴上方的半圆,如图 6.1.3 所示.

因为单位圆的面积 $A=\pi$,所以半圆的面积为 $\frac{\pi}{2}$.

由定积分的几何意义知:$\int_{-1}^1 \sqrt{1-x^2}\,\mathrm{d}x = \frac{\pi}{2}$.

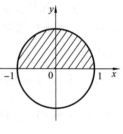

图 6.1.3

6.1.3 定积分的性质

对定积分作以下两点规定:

(1) 当 $a=b$ 时,$\int_a^b f(x)\mathrm{d}x = 0$;

(2) 当 $a>b$ 时,$\int_a^b f(x)\mathrm{d}x = -\int_b^a f(x)\mathrm{d}x$.

下面给出的定积分的性质中,如无特别说明,均对积分的上、下限的大小不加限制,且假定所给的定积分都是存在的.

性质 6.1.1 函数的和(或差)的定积分等于它们的定积分的和(或差),即

$$\int_a^b [f(x)\pm g(x)]\mathrm{d}x = \int_a^b f(x)\mathrm{d}x \pm \int_a^b g(x)\mathrm{d}x$$

证 $\displaystyle\int_a^b \left[f(x)\pm g(x)\right]\mathrm{d}x = \lim_{\lambda\to 0}\sum_{i=1}^n \left[f(\xi_i)\pm g(\xi_i)\right]\Delta x_i$

$\displaystyle = \lim_{\lambda\to 0}\sum_{i=1}^n f(\xi_i)\Delta x_i \pm \lim_{\lambda\to 0}\sum_{i=1}^n g(\xi_i)\Delta x_i$

$\displaystyle = \int_a^b f(x)\mathrm{d}x \pm \int_a^b g(x)\mathrm{d}x$

性质 6.1.2 $\displaystyle\int_a^b kf(x)\mathrm{d}x = k\int_a^b f(x)\mathrm{d}x\,(k\text{ 为常数}).$

这是因为 $\displaystyle\int_a^b kf(x)\mathrm{d}x = \lim_{\lambda\to 0}\sum_{i=1}^n kf(\xi_i)\Delta x_i = k\lim_{\lambda\to 0}\sum_{i=1}^n f(\xi_i)\Delta x_i = k\int_a^b f(x)\mathrm{d}x.$

性质 6.1.3   若 $a<c<b$，则

$$\int_a^b f(x)\mathrm{d}x = \int_a^c f(x)\mathrm{d}x + \int_c^b f(x)\mathrm{d}x$$

这个性质表明，定积分对于积分区间具有可加性.

这个性质可以推广到不论 a,b,c 的相对大小如何，总有等式

$$\int_a^b f(x)\mathrm{d}x = \int_a^c f(x)\mathrm{d}x + \int_c^b f(x)\mathrm{d}x$$

成立. 例如，当 $a<b<c$ 时，由于

$$\int_a^c f(x)\mathrm{d}x = \int_a^b f(x)\mathrm{d}x + \int_b^c f(x)\mathrm{d}x$$

于是有 $\displaystyle\int_a^b f(x)\mathrm{d}x = \int_a^c f(x)\mathrm{d}x - \int_b^c f(x)\mathrm{d}x = \int_a^c f(x)\mathrm{d}x + \int_c^b f(x)\mathrm{d}x$

例 6.1.3   已知 $f(x)=\begin{cases}1+x, & x<0 \\ 1-\dfrac{x}{2}, & x\geqslant 0\end{cases}$，求 $\displaystyle\int_{-1}^2 f(x)\mathrm{d}x.$

解   由于被积函数是分段函数，所以定积分应分段积分. 根据性质 6.1.3，有

$$\int_{-1}^2 f(x)\mathrm{d}x = \int_{-1}^0 f(x)\mathrm{d}x + \int_0^2 f(x)\mathrm{d}x$$

$$= \int_{-1}^0 (1+x)\mathrm{d}x + \int_0^2 \left(1-\frac{x}{2}\right)\mathrm{d}x$$

利用定积分的几何意义，可分别求出

$$\int_{-1}^0 (1+x)\mathrm{d}x = \frac{1}{2};\quad \int_0^2 \left(1-\frac{x}{2}\right)\mathrm{d}x = 1$$

于是 $\displaystyle\int_{-1}^2 f(x)\mathrm{d}x = \frac{1}{2}+1 = \frac{3}{2}$

性质 6.1.4   如果被积函数 $f(x)=c$（c 为常数），则

$$\int_a^b c\,\mathrm{d}x = c(b-a)$$

特别地，当 $c=1$ 时，有 $\displaystyle\int_a^b \mathrm{d}x = b-a.$

性质 6.1.5 如果在区间 $[a,b]$ 上 $f(x) \geqslant 0$,则

$$\int_a^b f(x)\mathrm{d}x \geqslant 0 (a < b)$$

证 因 $f(x) \geqslant 0$,故 $f(\xi_i) \geqslant 0 (i=1,2,3,\cdots,n)$,又因 $\Delta x_i \geqslant 0 (i=1,2,\cdots,n)$,故

$$\sum_{i=1}^n f(\xi_i)\Delta x_i \geqslant 0$$

设 $\lambda = \max\{\Delta x_1, \Delta x_2, \cdots, \Delta x_n\}$,$\lambda \to 0$ 时,便得欲证的不等式.

推论 6.1.1 如果在区间 $[a,b]$ 上 $f(x) \leqslant g(x)$ 则

$$\int_a^b f(x)\mathrm{d}x \leqslant \int_a^b g(x)\mathrm{d}x \quad (a < b)$$

这是因为 $g(x) - f(x) \geqslant 0$,从而

$$\int_a^b g(x)\mathrm{d}x - \int_a^b f(x)\mathrm{d}x = \int_a^b [g(x) - f(x)]\mathrm{d}x \geqslant 0$$

所以

$$\int_a^b f(x)\mathrm{d}x \leqslant \int_a^b g(x)\mathrm{d}x$$

例 6.1.4 比较定积分 $\int_0^1 x^2\mathrm{d}x$ 与 $\int_0^1 x^3\mathrm{d}x$ 的大小.

解 因为在区间 $[0,1]$ 上,有 $x^2 \geqslant x^3$,由推论 6.1.1,得

$$\int_0^1 x^2\mathrm{d}x \geqslant \int_0^1 x^3\mathrm{d}x$$

推论 6.1.2 $\left|\int_a^b f(x)\mathrm{d}x\right| \leqslant \int_a^b |f(x)|\mathrm{d}x \quad (a < b).$

这是因为 $-|f(x)| \leqslant f(x) \leqslant |f(x)|$,所以

$$-\int_a^b |f(x)|\mathrm{d}x \leqslant \int_a^b f(x)\mathrm{d}x \leqslant \int_a^b |f(x)|\mathrm{d}x$$

即

$$\left|\int_a^b f(x)\mathrm{d}x\right| \leqslant \int_a^b |f(x)|\mathrm{d}x.$$

性质 6.1.6(积分估值定理) 设 M 及 m 分别是函数 $f(x)$ 在区间 $[a,b]$ 上的最大值及最小值,则

$$m(b-a) \leqslant \int_a^b f(x)\mathrm{d}x \leqslant M(b-a) \quad (a < b)$$

证 因为 $m \leqslant f(x) \leqslant M$,所以

$$\int_a^b m\mathrm{d}x \leqslant \int_a^b f(x)\mathrm{d}x \leqslant \int_a^b M\mathrm{d}x$$

从而

$$m(b-a) \leqslant \int_a^b f(x)\mathrm{d}x \leqslant M(b-a)$$

例 6.1.5 估计定积分 $\int_{-1}^1 \mathrm{e}^{-x^2}\mathrm{d}x$ 的值.

解　设 $f(x)=\mathrm{e}^{-x^2}$，$f'(x)=-2x\mathrm{e}^{-x^2}$，令 $f'(x)=0$，得驻点 $x=0$，比较 $x=0$ 及区间端点 $x=\pm 1$ 的函数值，有

$$f(0)=\mathrm{e}^0=1，\quad f(\pm 1)=\mathrm{e}^{-1}=\frac{1}{\mathrm{e}}$$

显然 $f(x)=\mathrm{e}^{-x^2}$ 在区间 $[-1,1]$ 上连续，则 $f(x)$ 在 $[-1,1]$ 上的最小值为 $m=\dfrac{1}{\mathrm{e}}$，最大值为 $M=1$，由定积分的估值性质，得

$$\frac{2}{\mathrm{e}}\leqslant\int_{-1}^{1}\mathrm{e}^{-x^2}\mathrm{d}x\leqslant 2$$

性质 6.1.7（定积分中值定理）　如果函数 $f(x)$ 在闭区间 $[a,b]$ 上连续，则在积分区间 $[a,b]$ 上至少存在一个点 ξ，使下式成立：

$$\int_{a}^{b}f(x)\mathrm{d}x=f(\xi)(b-a)$$

这个公式称为积分中值公式.

证　由性质 6.1.6，有

$$m(b-a)\leqslant\int_{a}^{b}f(x)\mathrm{d}x\leqslant M(b-a)$$

各项分别除以 $b-a$ 得

$$m\leqslant\frac{1}{b-a}\int_{a}^{b}f(x)\mathrm{d}x\leqslant M$$

根据闭区间上连续函数的介值定理，在 $[a,b]$ 上至少存在一点 ξ，使得

$$f(\xi)=\frac{1}{b-a}\int_{a}^{b}f(x)\mathrm{d}x$$

即

$$\int_{a}^{b}f(x)\mathrm{d}x=f(\xi)(b-a)$$

注：不论 $a<b$ 还是 $a>b$，积分中值公式都成立. 它的几何意义是：若 $y=f(x)$ 是 $[a,b]$ 上的一条连续曲线，则由曲线 $y=f(x)$，直线 $x=a$，$x=b$ 和 x 轴所围成的曲边梯形的面积一定等于区间 $[a,b]$ 上某个矩形的面积，这个矩形的底是区间 $[a,b]$，矩形的高为区间 $[a,b]$ 内某一点 ξ 处的函数值 $f(\xi)$，如图 6.1.4 所示.

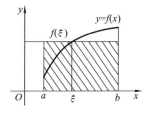

图 6.1.4

如果函数 $f(x)$ 在闭区间 $[a,b]$ 上连续，则称

$$\frac{\displaystyle\int_{a}^{b}f(x)\mathrm{d}x}{b-a}$$

为 $f(x)$ 在 $[a,b]$ 上的**平均值**.

例如，物体以变速 $v(t)$ 作直线运动，在时间区间 $[T_1,T_2]$ 上经过的路程为

$\int_{T_1}^{T_2} v(t)\mathrm{d}t$，因此

$$v(\xi) = \frac{1}{T_2 - T_1}\int_{T_1}^{T_2} v(t)\mathrm{d}t, \quad \xi \in [T_1, T_2]$$

便是运动物体在$[T_1, T_2]$这段时间内的平均速度.

习　题　6.1

1. 利用定积分的定义计算下列积分.

(1) $\displaystyle\int_0^1 (x-1)\mathrm{d}x$；　　　　　　　　　　(2) $\displaystyle\int_0^1 x^2\mathrm{d}x$.

2. 用定积分定义表示下列极限.

(1) $\displaystyle\lim_{n\to\infty}\left(\frac{1}{n+1} + \frac{1}{n+2} + \cdots + \frac{1}{n+1}\right)$；

(2) $\displaystyle\lim_{n\to\infty}\left(\frac{n}{n^2+1} + \frac{n}{n^2+2^2} + \cdots + \frac{n}{n^2+n^2}\right)$.

3. 利用定积分的几何意义，证明下列等式.

(1) $\displaystyle\int_0^1 2x\mathrm{d}x = 1$；　　　　　　　　　(2) $\displaystyle\int_0^1 \sqrt{1-x^2}\,\mathrm{d}x = \frac{\pi}{4}$；

(3) $\displaystyle\int_{-\pi}^{\pi} \sin x\mathrm{d}x = 0$；　　　　　　　(4) $\displaystyle\int_1^2 |x-2|\,\mathrm{d}x = \frac{1}{2}$.

4. 不经计算比较下列定积分的大小.

(1) $\displaystyle\int_0^1 x^2\mathrm{d}x$ 与 $\displaystyle\int_0^1 x^3\mathrm{d}x$；　　　　　　(2) $\displaystyle\int_0^{\frac{\pi}{4}} \sin x\mathrm{d}x$ 与 $\displaystyle\int_0^{\frac{\pi}{4}} \cos x\mathrm{d}x$；

(3) $\displaystyle\int_0^1 x\mathrm{d}x$ 与 $\displaystyle\int_0^1 \ln(1+x)\mathrm{d}x$；　　(4) $\displaystyle\int_1^2 x\mathrm{d}x$ 与 $\displaystyle\int_1^2 x^2\mathrm{d}x$.

5. 估计下列各积分的值.

(1) $\displaystyle\int_0^1 \mathrm{e}^x\mathrm{d}x$；　　　　　　　　　　(2) $\displaystyle\int_1^2 (2x^3 - x^4)\mathrm{d}x$.

6. 设 $f(x)$ 为区间$[a, b]$上单调增加的连续函数，证明：

$$f(a)(b-a) \leqslant \int_a^b f(x)\mathrm{d}x \leqslant f(b)(b-a)$$

6.2　微积分基本公式

我们在 6.1 节介绍了定积分的定义和性质，但并未给出一个有效的计算方法. 即使被积函数很简单，如果利用定义计算其定积分也是十分麻烦的. 因此，必须寻求计算定积分的新方法. 在此我们将寻找定积分和不定积分之间的关系，这个关系为定积

分的计算提供了一个有效的方法.先来看一个前面介绍过的例子.

若质点从某定点开始作变速直线运动,在 t 时刻所经过的路程为 $s(t)$,速度为 $v(t)(v(t)\geqslant 0)$,那么在时间间隔 $[T_1,T_2]$ 内物体所经过的路程 s 可表示为

$$s(T_2)-s(T_1) \quad \text{或} \quad \int_{T_1}^{T_2}v(t)\mathrm{d}t$$

即

$$\int_{T_1}^{T_2}v(t)\mathrm{d}t = s(T_2)-s(T_1)$$

由于 $s'(t)=v(t)$,即 $s(t)$ 是 $v(t)$ 的原函数,这也相当于表明,速度函数 $v(t)$ 在区间 $[T_1,T_2]$ 上的定积分等于 $v(t)$ 的原函数 $s(t)$ 在区间 $[T_1,T_2]$ 上的增量.

那么对于一般的函数 $f(x)$ 而言,若 $F'(x)=f(x)$,是否也有

$$\int_a^b f(x)\mathrm{d}x = F(b)-F(a)$$

若上式成立,我们就找到了一种相对定积分的定义而言计算定积分的简单方法,从而也揭示了定积分与不定积分之间的内在联系.

6.2.1 积分上限函数及其导数

设函数 $f(x)$ 在区间 $[a,b]$ 上连续,并且设 x 为 $[a,b]$ 上的一点,则函数 $f(x)$ 在部分区间 $[a,x]$ 上显然连续,则定积分 $\int_a^x f(x)\mathrm{d}x$ 一定存在,这是一个上限为变量的定积分.由于定积分的值与积分变量的符号无关,为了区别积分上限和积分变量,不妨将积分变量符号用 t 表示,则前述定积分变为 $\int_a^x f(t)\mathrm{d}t$,对于给定的每一个 $x(a\leqslant x\leqslant b)$,$\int_a^x f(t)\mathrm{d}t$ 就有一个确定的值与之对应,所以该积分在区间 $[a,b]$ 上就定义了一个新的函数,称为积分上限函数,记为

$$\Phi(x)=\int_a^x f(x)\mathrm{d}x \quad \text{或} \quad \Phi(x)=\int_a^x f(t)\mathrm{d}t \quad (a\leqslant x\leqslant b)$$

这个函数具有以下重要性质.

定理 6.2.1 如果函数 $f(x)$ 在区间 $[a,b]$ 上连续,则积分上限函数

$$\Phi(x)=\int_a^x f(t)\mathrm{d}t$$

在 $[a,b]$ 上具有导数,并且它的导数为

$$\Phi'(x)=\frac{\mathrm{d}}{\mathrm{d}x}\int_a^x f(t)\mathrm{d}t=f(x) \quad (a\leqslant x\leqslant b)$$

证 若 $x\in(a,b)$,取 Δx 使 $x+\Delta x\in(a,b)$. 由此得函数的增量

$$\Delta\Phi=\Phi(x+\Delta x)-\Phi(x)=\int_a^{x+\Delta x}f(t)\mathrm{d}t-\int_a^x f(t)\mathrm{d}t$$

$$=\int_a^{x+\Delta x}f(t)\mathrm{d}t+\int_x^a f(t)\mathrm{d}t=\int_x^{x+\Delta x}f(t)\mathrm{d}t$$

应用积分中值定理,有

$$\Delta\Phi = \int_x^{x+\Delta x} f(t)\mathrm{d}t = f(\xi)\Delta x$$

其中,ξ 在 x 与 $x+\Delta x$ 之间,$\Delta x \to 0$ 时,$\xi \to x$. 于是

$$\lim_{\Delta x \to 0}\frac{\Delta\Phi}{\Delta x} = \lim_{\Delta x \to 0} f(\xi) = \lim_{\xi \to x} f(\xi) = f(x)$$

即

$$\Phi'(x) = f(x)$$

若 $x=a$,取 $\Delta x > 0$,则同理可证 $\Phi'_+(x) = f(a)$;若 $x=b$,取 $\Delta x < 0$,则同理可证 $\Phi'_-(x) = f(b)$.

例 6.2.1 计算 $\dfrac{\mathrm{d}}{\mathrm{d}x}\displaystyle\int_0^x \mathrm{e}^{-t}\sin t\,\mathrm{d}t$.

解 $\dfrac{\mathrm{d}}{\mathrm{d}x}\displaystyle\int_0^x \mathrm{e}^{-t}\sin t\,\mathrm{d}t = \left(\displaystyle\int_0^x \mathrm{e}^{-t}\sin t\,\mathrm{d}t\right)' = \mathrm{e}^{-x}\sin x$

例 6.2.2 求极限 $\displaystyle\lim_{x\to 0}\dfrac{\displaystyle\int_0^x (\mathrm{e}^{t^2}-1)\mathrm{d}t}{x^3}$.

解 因为 $\displaystyle\lim_{x\to 0} x^3 = 0$,$\displaystyle\lim_{x\to 0}\int_0^x (\mathrm{e}^{t^2}-1)\mathrm{d}t = \int_0^0 (\mathrm{e}^{t^2}-1)\mathrm{d}t = 0$,所以这个极限是 $\dfrac{0}{0}$ 型的未定式,利用洛必达法则得

$$\lim_{x\to 0}\frac{\displaystyle\int_0^x (\mathrm{e}^{t^2}-1)\mathrm{d}t}{x^3} = \lim_{x\to 0}\frac{\mathrm{e}^{x^2}-1}{3x^2} = \lim_{x\to 0}\frac{x^2}{3x^2} = \frac{1}{3}$$

$$(x\to 0, \mathrm{e}^{x^2}-1 \sim x^2)$$

例 6.2.3 求 $\dfrac{\mathrm{d}}{\mathrm{d}x}\displaystyle\int_1^{x^2} (t^2+1)\mathrm{d}t$.

解 此处的变上限积分的上限是 x^2,若记 $u=x^2$,则函数 $\displaystyle\int_1^{x^2} (t^2+1)\mathrm{d}t$ 可以看成是由 $y=\displaystyle\int_1^u (t^2+1)\mathrm{d}t$ 与 $u=x^2$ 复合而成的,根据复合函数的求导法则得

$$\frac{\mathrm{d}}{\mathrm{d}x}\int_1^{x^2} (t^2+1)\mathrm{d}t = \left[\frac{\mathrm{d}}{\mathrm{d}u}\int_1^u (t^2+1)\mathrm{d}t\right]\frac{\mathrm{d}u}{\mathrm{d}x} = (u^2+1)2x$$

$$= (x^4+1)2x = 2x^5+2x$$

一般有如下结论:

推论 6.2.1 如果 $\varphi(x)$ 可导,则

$$\frac{\mathrm{d}}{\mathrm{d}x}\left[\int_a^{\varphi(x)} f(t)\mathrm{d}t\right] = \left[\int_a^{\varphi(x)} f(t)\mathrm{d}t\right]'_x = f[\varphi(x)]\varphi'(x)$$

更一般地有 $\displaystyle\int_{\psi(x)}^{\varphi(x)} f(t)\mathrm{d}t = f[\varphi(x)]\varphi'(x) - f[\psi(x)]\psi'(x)$.

由原函数的定义,从定理 6.2.1 可知 $\Phi(x) = \displaystyle\int_a^x f(t)\mathrm{d}t$ 是连续函数 $f(x)$ 的一个

原函数.因此,给出如下的原函数的存在定理.

定理 6.2.2　如果函数 $f(x)$ 在区间 $[a,b]$ 上连续,则积分上限函数

$$\Phi(x) = \int_a^x f(t)\mathrm{d}t$$

就是 $f(x)$ 在 $[a,b]$ 上的一个原函数.

定理的重要意义:肯定了连续函数的原函数一定存在,也初步揭示了积分学中的定积分与原函数之间的联系.

6.2.2　微积分基本定理(牛顿-莱布尼茨公式)

定理 6.2.3　设 $f(x)$ 在 $[a,b]$ 上连续,函数 $F(x)$ 是函数 $f(x)$ 在区间 $[a,b]$ 上的一个原函数,则

$$\int_a^b f(x)\mathrm{d}x = F(b) - F(a) \xrightarrow{\text{记作}} [F(x)]_a^b$$

此公式称为**牛顿-莱布尼茨公式**,也称为**微积分基本公式**.

证　已知函数 $F(x)$ 是连续函数 $f(x)$ 的一个原函数,又根据定理 6.2.2,积分上限函数 $\Phi(x) = \int_a^x f(t)\mathrm{d}t$ 也是 $f(x)$ 的一个原函数.

故存在一常数 C,使 $F(x) - \Phi(x) = C(a \leqslant x \leqslant b)$.

当 $x = a$ 时,有 $F(a) - \Phi(a) = C$,而 $\Phi(a) = \int_a^a f(t)\mathrm{d}t = 0$,所以 $C = F(a)$.

当 $x = b$ 时,$F(b) - \Phi(b) = F(a)$,所以 $\Phi(b) = \int_a^b f(t)\mathrm{d}t = F(b) - F(a)$,即

$$\int_a^b f(x)\mathrm{d}x = F(b) - F(a)$$

该公式进一步揭示了定积分与被积函数的原函数或不定积分之间的联系.

例 6.2.4　计算 $\int_0^1 x^3 \mathrm{d}x$.

解　由于 $\frac{1}{4}x^4$ 是 x^3 的一个原函数,所以

$$\int_0^1 x^3 \mathrm{d}x = \left[\frac{1}{4}x^4\right]_0^1 = \frac{1}{4} \times 1^4 - \frac{1}{4} \cdot 0^4 = \frac{1}{4}$$

例 6.2.5　计算 $\int_{-2}^{-1} \frac{1}{x}\mathrm{d}x$.

解　由于 $\ln|x|$ 是 $\frac{1}{x}$ 的一个原函数,所以

$$\int_{-2}^{-1} \frac{1}{x}\mathrm{d}x = [\ln|x|]_{-2}^{-1} = \ln 1 - \ln 2 = -\ln 2$$

例 6.2.6　计算 $\int_{-\frac{1}{2}}^{\frac{\sqrt{3}}{2}} \frac{\mathrm{d}x}{\sqrt{1-x^2}}$.

解 由于 arcsin$x$ 是 $\dfrac{1}{\sqrt{1-x^2}}$ 的一个原函数, 所以

$$\int_{-\frac{1}{2}}^{\frac{\sqrt{3}}{2}} \frac{\mathrm{d}x}{\sqrt{1-x^2}} = \left[\arcsin x\right]_{-\frac{1}{2}}^{\frac{\sqrt{3}}{2}} = \arcsin\frac{\sqrt{3}}{2} - \arcsin\left(-\frac{1}{2}\right)$$

$$= \frac{\pi}{3} - \left(-\frac{\pi}{6}\right) = \frac{\pi}{2}$$

例 6.2.7 求 $\displaystyle\int_{-1}^{3} |2-x|\,\mathrm{d}x$.

解 $\displaystyle\int_{-1}^{3} |2-x|\,\mathrm{d}x = \int_{-1}^{2} |2-x|\,\mathrm{d}x + \int_{2}^{3} |2-x|\,\mathrm{d}x$

$$= \int_{-1}^{2} (2-x)\,\mathrm{d}x + \int_{2}^{3} (x-2)\,\mathrm{d}x$$

$$= \left[2x - \frac{1}{2}x^2\right]_{-1}^{2} + \left[\frac{1}{2}x^2 - 2x\right]_{2}^{3}$$

$$= \frac{9}{2} + \frac{1}{2} = 5$$

例 6.2.8 计算正弦曲线 $y=\sin x$ 在 $[0,\pi]$ 上与 x 轴所围成的平面图形的面积.

解 该图形是曲边梯形的一个特例. 它的面积

$$A = \int_{0}^{\pi} \sin x\,\mathrm{d}x = \left[-\cos x\right]_{0}^{\pi} = -(-1)-(-1) = 2$$

习 题 6.2

1. 设 $\varphi(x) = \displaystyle\int_{0}^{x} \ln(1+t^2)\,\mathrm{d}t$, 求 $\varphi'(0)$, $\varphi'(1)$.

2. 设 $F(x) = \displaystyle\int_{1}^{x} (t-1)\mathrm{e}^{-t^2}\,\mathrm{d}t$, 求 $F(x)$ 的极值.

3. 求下列函数的导数.

(1) $f(x) = \displaystyle\int_{1}^{x} \sqrt{1+t^2}\,\mathrm{d}t$;

(2) $f(x) = \displaystyle\int_{x^2}^{-1} \mathrm{e}^{t^2}\,\mathrm{d}t$;

(3) $f(\theta) = \displaystyle\int_{\sin\theta}^{\cos\theta} t^2\,\mathrm{d}t$;

(4) $f(x) = \displaystyle\int_{\sqrt{x}}^{x^3} \frac{1}{\sqrt{1+t^2}}\,\mathrm{d}t$.

4. 设 $f(x)$ 在 $[0,+\infty)$ 内连续且 $f(x)>0$. 证明:函数 $F(x) = \dfrac{\displaystyle\int_{0}^{x} tf(t)\,\mathrm{d}t}{\displaystyle\int_{0}^{x} f(t)\,\mathrm{d}t}$ 在 $(0,$

$+\infty)$ 内为单调增加函数.

5. 求下列极限.

$$(1)\ \lim_{x\to 0}\frac{\displaystyle\int_0^x \cos^2 t\,dt}{x};\qquad\qquad (2)\ \lim_{x\to 0}\frac{\left(\displaystyle\int_0^x e^{t^2}\,dt\right)^2}{\displaystyle\int_0^x t e^{2t^2}\,dt}.$$

6. 求由方程 $\displaystyle\int_0^y e^t\,dt + \int_0^x \cos t\,dt = 0$ 所确定的隐函数 $y=y(x)$ 的导数.

7. 计算下列定积分.

$$(1)\ \int_{-1}^2 (x^3 + 2x^2 - 1)\,dx;\qquad\qquad (2)\ \int_0^1 \frac{1}{3x+1}\,dx;$$

$$(3)\ \int_1^2 \frac{1}{2\sqrt{x}}\,dx;\qquad\qquad (4)\ \int_0^{\frac{\pi}{6}} \sec^2 2x\,dx;$$

$$(5)\ \int_0^2 \frac{1}{\sqrt{4-x^2}}\,dx;\qquad\qquad (6)\ \int_0^1 \sqrt{2x+1}\,dx;$$

$$(7)\ \int_0^1 (2-3\cos x)\,dx;\qquad\qquad (8)\ \int_0^1 \frac{x^2-1}{x^2+1}\,dx;$$

$$(9)\ \int_0^\pi \sqrt{1-\cos 2x}\,dx;\qquad\qquad (10)\ \int_1^4 \sqrt{x}(1+\sqrt{x})\,dx;$$

$$(11)\ \int_{\frac{1}{\sqrt 3}}^{\sqrt 3} \frac{1}{1+x^2}\,dx;\qquad\qquad (12)\ \int_0^{2\pi} |\sin x|\,dx;$$

$$(13)\ \int_1^2 \left(x+\frac{1}{x}\right)^2\,dx;\qquad\qquad (14)\ \int_0^2 e^{\frac{x}{2}}\,dx;$$

$$(15)\ \int_0^1 \max\{x, 1-x\}\,dx.$$

8. 设 $f(x)=\begin{cases} x+1, & x\leqslant 1 \\ \dfrac{1}{2}x^2, & x>1 \end{cases}$ ，求 $\displaystyle\int_0^2 f(x)\,dx$.

6.3　定积分的计算

我们在第 5 章介绍了不定积分的换元积分法和分部积分法，利用这两种方法能较简捷地求出一些函数的原函数. 因此，可以利用这两种方法来计算定积分.

6.3.1　定积分的换元积分法

定理 6.3.1　假设函数 $f(x)$ 在区间 $[a,b]$ 上连续，函数 $x=\varphi(t)$ 满足条件：

(1) $\varphi(\alpha)=a$，$\varphi(\beta)=b$；

(2) $\varphi(t)$ 在 $[\alpha,\beta]$（或 $[\beta,\alpha]$）上具有连续导数，且其值域不越出 $[a,b]$，则有

$$\int_a^b f(x)\,dx = \int_\alpha^\beta f[\varphi(t)]\varphi'(t)\,dt$$

这个公式称为**定积分的换元公式**.

证 由假设知,$f(x)$在区间$[a,b]$上连续,因此 $f(x)$在区间$[a,b]$上的原函数一定存在,记为 $F(x)$.由牛顿-莱布尼兹公式,有

$$\int_a^b f(x)\mathrm{d}x = \left[F(x)\right]_a^b = F(b) - F(a)$$

因而是可积的.

假设 $F(x)$是$f(x)$的一个原函数,由于 $f(\varphi(t))\varphi'(t)$在区间$[\alpha,\beta]$（或$[\beta,\alpha]$）上也是连续的,且

$$\{F(\varphi(t))\}' = F'(\varphi(t))\varphi'(t) = f(\varphi(t))\varphi'(t)$$

因此,$F(\varphi(t))$是 $f(\varphi(t))\varphi'(t)$的一个原函数,从而

$$\int_\alpha^\beta f(\varphi(t))\varphi'(t)\mathrm{d}t = \left[F(\varphi(x))\right]_\alpha^\beta = F(\varphi(\beta)) - F(\varphi(\alpha)) = F(b) - F(a)$$

因此

$$\int_a^b f(x)\mathrm{d}x = \int_\alpha^\beta f(\varphi(t))\varphi'(t)\mathrm{d}t$$

注:(1) 从左到右应用公式,相当于不定积分的第二换元法.计算时,用 $x=\varphi(t)$ 把原积分变量 x 换成新变量 t,积分限也必须由原来的积分限 a 和 b 相应地换为新变量 t 的积分限 α 和 β,而不必代回原来的变量 x,这与不定积分的第二换元法是完全不同的.

(2) 从右到左应用公式,相当于不定积分的第一换元法(即凑微分法).一般不用设新的积分变量,这时,原积分的上、下限不需改变,只要求出被积函数的一个原函数,就可以直接应用牛顿-莱布尼兹公式求出定积分的值.

(3) 由 $\varphi(\alpha)=a,\varphi(\beta)=b$,确定的 α,β,可能 $\alpha<\beta$,也可能 $\alpha>\beta$,但对新变量 t 的积分来说一定是 α 对应于 $x=a$ 的位置,β 对应于 $x=b$ 的位置.

例 6.3.1 求 $\displaystyle\int_0^a \sqrt{a^2-x^2}\mathrm{d}x(a>0)$.

解 令 $x=a\sin t$,则$\sqrt{a^2-x^2}=\sqrt{a^2-a^2\sin^2 t}=a\cos t$,$\mathrm{d}x=a\cos t\mathrm{d}t$.

当 $x=0$ 时,$t=0$;当 $x=a$ 时,$t=\dfrac{\pi}{2}$.

$$\int_0^a \sqrt{a^2-x^2}\mathrm{d}x \xrightarrow{\diamondsuit x=a\sin t} \int_0^{\frac{\pi}{2}} a\cos t \cdot a\cos t\mathrm{d}t = a^2 \int_0^{\frac{\pi}{2}} \cos^2 t\mathrm{d}t$$

$$= \frac{a^2}{2}\int_0^{\frac{\pi}{2}}(1+\cos 2t)\mathrm{d}t = \frac{a^2}{2}\left[t+\frac{1}{2}\sin 2t\right]_0^{\frac{\pi}{2}} = \frac{1}{4}\pi a^2$$

例 6.3.2 $\displaystyle\int_{-1}^1 \frac{x\mathrm{d}x}{\sqrt{5-4x}}$.

解 令 $\sqrt{5-4x}=t$,则 $x=\dfrac{5-t^2}{4}$,$\mathrm{d}x=-\dfrac{t}{2}\mathrm{d}t$.当 $x=-1$ 时,$t=3$;当 $x=1$ 时,$t=1$.于是

$$\int_{-1}^{1} \frac{x\mathrm{d}x}{\sqrt{5-4x}} = \int_{3}^{1} \frac{\dfrac{5-t^2}{4}\left(-\dfrac{t}{2}\right)}{t}\mathrm{d}t = \int_{3}^{1} \frac{t^2-5}{8}\mathrm{d}t = \frac{1}{8}\left[\frac{t^3}{3}-5t\right]_{3}^{1} = \frac{1}{6}$$

例 6.3.3　求 $\displaystyle\int_{0}^{\frac{\pi}{2}} \cos^3 x \sin x \mathrm{d}x$.

解　方法一:设 $t=\cos x$,则 $\mathrm{d}t=-\sin x\mathrm{d}x$. 当 $x=0$ 时,$t=1$;当 $x=\dfrac{\pi}{2}$ 时,$t=0$. 于是

$$\int_{0}^{\frac{\pi}{2}} \cos^3 x \sin x \mathrm{d}x = \int_{1}^{0} t^3 \cdot (-\mathrm{d}t) = \int_{0}^{1} t^3 \mathrm{d}t = \left[\frac{1}{4}t^4\right]_{0}^{1} = \frac{1}{4}$$

方法二: $\displaystyle\int_{0}^{\frac{\pi}{2}} \cos^3 x \sin x \mathrm{d}x = -\int_{0}^{\frac{\pi}{2}} \cos^3 x \mathrm{d}\cos x = \left[-\frac{1}{4}\cos^4 x\right]_{0}^{\frac{\pi}{2}} = \frac{1}{4}$

方法一是变量替换法,上、下限都要改变;方法二是凑微分法,上、下限都不改变.

例 6.3.4　求 $\displaystyle\int_{0}^{3} \frac{x}{\sqrt{1+x}}\mathrm{d}x$.

解　令 $\sqrt{1+x}=t$,则 $x=t^2-1$,$\mathrm{d}x=2t\mathrm{d}t$. 当 $x=0$ 时,$t=1$;当 $x=3$ 时,$t=2$. 于是

$$\int_{0}^{3} \frac{x}{\sqrt{1+x}}\mathrm{d}x = \int_{1}^{2} \frac{t^2-1}{t}\cdot 2t\mathrm{d}t = 2\int_{1}^{2}(t^2-1)\mathrm{d}t$$

$$= 2\left[\frac{1}{3}t^3-t\right]_{1}^{2} = \frac{8}{3}$$

例 6.3.5　计算 $\displaystyle\int_{0}^{\pi} \sqrt{\sin^3 x - \sin^5 x}\,\mathrm{d}x$.

解　$\displaystyle\int_{0}^{\pi} \sqrt{\sin^3 x - \sin^5 x}\,\mathrm{d}x = \int_{0}^{\pi} \sin^{\frac{3}{2}} x \mid \cos x \mid \mathrm{d}x$

$$= \int_{0}^{\frac{\pi}{2}} \sin^{\frac{3}{2}} x \cos x \mathrm{d}x - \int_{\frac{\pi}{2}}^{\pi} \sin^{\frac{3}{2}} x \cos x \mathrm{d}x$$

$$= \int_{0}^{\frac{\pi}{2}} \sin^{\frac{3}{2}} x \mathrm{d}\sin x - \int_{\frac{\pi}{2}}^{\pi} \sin^{\frac{3}{2}} x \mathrm{d}\sin x$$

$$= \left[\frac{2}{5}\sin^{\frac{5}{2}} x\right]_{0}^{\frac{\pi}{2}} - \left[\frac{2}{5}\sin^{\frac{5}{2}} x\right]_{\frac{\pi}{2}}^{\pi}$$

$$= \frac{2}{5} - \left(-\frac{2}{5}\right) = \frac{4}{5}$$

注意: $\sqrt{\sin^3 x - \sin^5 x} = \sqrt{\sin^3 x(1-\sin^2 x)} = \sin^{\frac{3}{2}} x \mid \cos x \mid$.

在 $\left[0,\dfrac{\pi}{2}\right]$ 上 $\mid \cos x \mid = \cos x$,在 $\left[\dfrac{\pi}{2},\pi\right]$ 上 $\mid \cos x \mid = -\cos x$.

例 6.3.6　计算 $\displaystyle\int_{0}^{4} \frac{x+2}{\sqrt{2x+1}}\mathrm{d}x$.

解 令 $\sqrt{2x+1}=t$，则 $x=\dfrac{t^2-1}{2}$，$\mathrm{d}x=t\mathrm{d}t$. 当 $x=0$ 时，$t=1$；当 $x=4$ 时，$t=3$.
于是

$$\int_0^4 \frac{x+2}{\sqrt{2x+1}}\mathrm{d}x \xrightarrow{\text{令} \sqrt{2x+1}=t} \int_1^3 \frac{\dfrac{t^2-1}{2}+2}{t}\cdot t\mathrm{d}t = \frac{1}{2}\int_1^3 (t^2+3)\mathrm{d}t$$

$$= \frac{1}{2}\left[\frac{1}{3}t^3+3t\right]_1^3 = \frac{1}{2}\left[\left(\frac{27}{3}+9\right)-\left(\frac{1}{3}+3\right)\right]=\frac{22}{3}$$

例 6.3.7 设 $f(x)$ 在区间 $[-a,a]$ 上连续，证明：

(1) 若 $f(x)$ 为偶函数，则 $\displaystyle\int_{-a}^{a} f(x)\mathrm{d}x = 2\int_0^a f(x)\mathrm{d}x$；

(2) 若 $f(x)$ 为奇函数，则 $\displaystyle\int_{-a}^{a} f(x)\mathrm{d}x = 0$.

证 由定积分积分区间的可加性知

$$\int_{-a}^{a} f(x)\mathrm{d}x = \int_{-a}^{0} f(x)\mathrm{d}x + \int_0^a f(x)\mathrm{d}x$$

对于定积分 $\displaystyle\int_{-a}^{0} f(x)\mathrm{d}x$，作代换令 $x=-t$，则 $\mathrm{d}x=-\mathrm{d}t$.

当 $x=-a$ 时，$t=a$；当 $x=0$ 时，$t=0$.

得

$$\int_{-a}^{0} f(x)\mathrm{d}x = -\int_a^0 f(-t)\mathrm{d}t = \int_0^a f(-t)\mathrm{d}t = \int_0^a f(-x)\mathrm{d}x$$

所以
$$\int_{-a}^{a} f(x)\mathrm{d}x = \int_0^a f(-x)\mathrm{d}x + \int_0^a f(x)\mathrm{d}x$$

$$= \int_0^a \left[f(x)+f(-x)\right]\mathrm{d}x$$

(1) 如果 $f(x)$ 为偶函数，即 $f(-x)=f(x)$，$f(x)+f(-x)=f(x)+f(x)=2f(x)$. 于是

$$\int_{-a}^{a} f(x)\mathrm{d}x = 2\int_0^a f(x)\mathrm{d}x$$

(2) 如果 $f(x)$ 为奇函数，即 $f(-x)=-f(x)$，则 $f(x)+f(-x)=0$. 于是

$$\int_{-a}^{a} f(x)\mathrm{d}x = 0$$

例 6.3.7 的结论可用于简化计算偶函数、奇函数在对称于原点的区间上的定积分.

例 6.3.8 若 $f(x)$ 在 $[0,1]$ 上连续，证明：

(1) $\displaystyle\int_0^{\frac{\pi}{2}} f(\sin x)\mathrm{d}x = \int_0^{\frac{\pi}{2}} f(\cos x)\mathrm{d}x$；

(2) $\displaystyle\int_0^{\pi} x f(\sin x)\,\mathrm{d}x = \frac{\pi}{2}\int_0^{\pi} f(\sin x)\,\mathrm{d}x.$

证　(1) 令 $x=\dfrac{\pi}{2}-t$，则

$$\int_0^{\frac{\pi}{2}} f(\sin x)\,\mathrm{d}x = -\int_{\frac{\pi}{2}}^0 f\left[\sin\left(\frac{\pi}{2}-t\right)\right]\mathrm{d}t = \int_0^{\frac{\pi}{2}} f\left[\sin\left(\frac{\pi}{2}-t\right)\right]\mathrm{d}t$$

$$= \int_0^{\frac{\pi}{2}} f(\cos t)\,\mathrm{d}t = \int_0^{\frac{\pi}{2}} f(\cos x)\,\mathrm{d}x$$

(2) 令 $x=\pi-t$，则

$$\int_0^{\pi} x f(\sin x)\,\mathrm{d}x = -\int_{\pi}^0 (\pi-t) f(\sin(\pi-t))\,\mathrm{d}t = \int_0^{\pi} (\pi-t) f(\sin(\pi-t))\,\mathrm{d}t$$

$$= \int_0^{\pi} (\pi-t) f(\sin t)\,\mathrm{d}t = \pi\int_0^{\pi} f(\sin t)\,\mathrm{d}t - \int_0^{\pi} t f(\sin t)\,\mathrm{d}t$$

$$= \pi\int_0^{\pi} f(\sin x)\,\mathrm{d}x - \int_0^{\pi} x f(\sin x)\,\mathrm{d}x$$

所以
$$\int_0^{\pi} x f(\sin x)\,\mathrm{d}x = \frac{\pi}{2}\int_0^{\pi} f(\sin x)\,\mathrm{d}x$$

例 6.3.9　求 $\displaystyle\int_{-\sqrt{3}}^{\sqrt{3}} \frac{x^2\sin x}{1+x^4}\,\mathrm{d}x.$

解　因为被积函数 $f(x)=\dfrac{x^2\sin x}{1+x^4}$ 是奇函数，且积分区间 $[-\sqrt{3},\sqrt{3}]$ 是对称区间，
所以

$$\int_{-\sqrt{3}}^{\sqrt{3}} \frac{x^2\sin x}{1+x^4}\,\mathrm{d}x = 0$$

例 6.3.10　设函数 $f(x)=\begin{cases} x\mathrm{e}^{-x^2}, & x\geqslant 0 \\[2mm] \dfrac{1}{1+\cos x}, & -1<x<0 \end{cases}$，计算 $\displaystyle\int_1^4 f(x-2)\,\mathrm{d}x.$

解　设 $x-2=t$，则 $\mathrm{d}x=\mathrm{d}t$. 当 $x=1$ 时，$t=-1$；当 $x=4$ 时，$t=2$. 于是

$$\int_1^4 f(x-2)\,\mathrm{d}x = \int_{-1}^2 f(t)\,\mathrm{d}t = \int_{-1}^0 \frac{1}{1+\cos t}\,\mathrm{d}t + \int_0^2 t\mathrm{e}^{-t^2}\,\mathrm{d}t$$

$$= \left[\tan\frac{t}{2}\right]_{-1}^0 - \left[\frac{1}{2}\mathrm{e}^{-t^2}\right]_0^2 = \tan\frac{1}{2} - \frac{1}{2}\mathrm{e}^{-4} + \frac{1}{2}$$

6.3.2　定积分的分部积分法

设函数 $u(x)$、$v(x)$ 在区间 $[a,b]$ 上具有连续导数 $u'(x)$、$v'(x)$，则
$$(uv)' = u'v + uv'$$
或
$$uv' = (uv)' - u'v$$
将上式两端在区间 $[a,b]$ 上积分得

$$\int_a^b uv'\mathrm{d}x = [uv]_a^b - \int_a^b u'v\mathrm{d}x, \quad 或 \quad \int_a^b u\mathrm{d}v = [uv]_a^b - \int_a^b v\mathrm{d}u$$

这个公式称为**定积分的分部积分公式**.

分部积分过程如下：

$$\int_a^b uv'\mathrm{d}x = \int_a^b u\mathrm{d}v = [uv]_a^b - \int_a^b v\mathrm{d}u = [uv]_a^b - \int_a^b u'v\mathrm{d}x = \cdots$$

例 6.3.11 求 $\displaystyle\int_1^2 x\ln x\mathrm{d}x$.

解 $\displaystyle\int_1^2 x\ln x\mathrm{d}x = \frac{1}{2}\int_1^2 \ln x\mathrm{d}(x^2) = \frac{1}{2}[x^2\ln x]_1^2 - \frac{1}{2}\int_1^2 x^2\mathrm{d}(\ln x)$

$$= 2\ln 2 - \frac{1}{2}\int_1^2 x\mathrm{d}x = 2\ln 2 - \frac{1}{4}[x^2]_1^2 = 2\ln 2 - \frac{3}{4}$$

例 6.3.12 计算 $\displaystyle\int_0^{\frac{1}{2}} \arccos x\mathrm{d}x$.

解 $\displaystyle\int_0^{\frac{1}{2}} \arccos x\mathrm{d}x = [x\arccos x]_0^{\frac{1}{2}} - \int_0^{\frac{1}{2}} x\mathrm{d}\arccos x = \frac{1}{2}\cdot\frac{\pi}{3} + \int_0^{\frac{1}{2}} \frac{x}{\sqrt{1-x^2}}\mathrm{d}x$

$$= \frac{\pi}{6} - \frac{1}{2}\int_0^{\frac{1}{2}} \frac{1}{\sqrt{1-x^2}}\mathrm{d}(1-x^2) = \frac{\pi}{6} - [\sqrt{1-x^2}]_0^{\frac{1}{2}}$$

$$= \frac{\pi}{6} - \frac{\sqrt{3}}{2} + 1$$

例 6.3.13 求 $\displaystyle\int_0^1 e^{\sqrt{x}}\mathrm{d}x$.

解 令 $\sqrt{x}=t$，则 $x=t^2$，$\mathrm{d}x=2t\mathrm{d}t$. 当 $x=0$ 时，$t=0$；当 $x=1$ 时，$t=1$. 于是

$$\int_0^1 e^{\sqrt{x}}\mathrm{d}x = 2\int_0^1 e^t t\mathrm{d}t = 2\int_0^1 t\mathrm{d}e^t = 2[te^t]_0^1 - 2\int_0^1 e^t\mathrm{d}t = 2e - 2[e^t]_0^1 = 2$$

例 6.3.14 求 $\displaystyle\int_0^\pi x\cos x\mathrm{d}x$.

解 $\displaystyle\int_0^\pi x\cos x\mathrm{d}x = \int_0^\pi x\mathrm{d}\sin x = [x\sin x]_0^\pi - \int_0^\pi \sin x\mathrm{d}x = 0 + [\cos x]_0^\pi = -2$

例 6.3.15 设 $I_n = \displaystyle\int_0^{\frac{\pi}{2}} \sin^n x\mathrm{d}x$，证明：

(1) 当 n 为正偶数时，$I_n = \dfrac{n-1}{n}\cdot\dfrac{n-3}{n-2}\cdots\dfrac{3}{4}\cdot\dfrac{1}{2}\cdot\dfrac{\pi}{2}$；

(2) 当 n 为大于 1 的正奇数时，$I_n = \dfrac{n-1}{n}\cdot\dfrac{n-3}{n-2}\cdots\dfrac{4}{5}\cdot\dfrac{2}{3}$.

证 $I_n = \displaystyle\int_0^{\frac{\pi}{2}} \sin^n x\mathrm{d}x = -\int_0^{\frac{\pi}{2}} \sin^{n-1} x\mathrm{d}\cos x$

$$= -[\cos x\,\sin^{n-1} x]_0^{\frac{\pi}{2}} + \int_0^{\frac{\pi}{2}} \cos x\mathrm{d}\sin^{n-1} x = (n-1)\int_0^{\frac{\pi}{2}} \cos^2 x\,\sin^{n-2} x\mathrm{d}x$$

$$= (n-1)\int_0^{\frac{\pi}{2}}(\sin^{n-2}x - \sin^n x)\mathrm{d}x$$

$$= (n-1)\int_0^{\frac{\pi}{2}}\sin^{n-2}x\mathrm{d}x - (n-1)\int_0^{\frac{\pi}{2}}\sin^n x\mathrm{d}x$$

$$= (n-1)I_{n-2} - (n-1)I_n$$

由此得

$$I_n = \frac{n-1}{n}I_{n-2}$$

$$I_{2m} = \frac{2m-1}{2m} \cdot \frac{2m-3}{2m-2} \cdot \frac{2m-5}{2m-4}\cdots\frac{3}{4}\cdot\frac{1}{2}I_0$$

$$I_{2m+1} = \frac{2m}{2m+1} \cdot \frac{2m-2}{2m-1} \cdot \frac{2m-4}{2m-3}\cdots\frac{4}{5}\cdot\frac{2}{3}I_1$$

而 $I_0 = \int_0^{\frac{\pi}{2}}\mathrm{d}x = \frac{\pi}{2}$, $I_1 = \int_0^{\frac{\pi}{2}}\sin x\mathrm{d}x = 1$,因此

(1) $I_{2m} = \dfrac{2m-1}{2m} \cdot \dfrac{2m-3}{2m-2} \cdot \dfrac{2m-5}{2m-4}\cdots\dfrac{3}{4}\cdot\dfrac{1}{2}\cdot\dfrac{\pi}{2}$

(2) $I_{2m+1} = \dfrac{2m}{2m+1} \cdot \dfrac{2m-2}{2m-1} \cdot \dfrac{2m-4}{2m-3}\cdots\dfrac{4}{5}\cdot\dfrac{2}{3}$

* 6.3.3   定积分的近似计算

虽然牛顿-莱布尼兹公式解决了定积分的计算问题,但它的使用是有一定局限性的. 对于被积函数的原函数不能用初等函数表达的情形或其原函数虽能用初等函数表达但很复杂的情形,我们就有必要考虑近似计算的方法.

定积分的近似计算的基本思想是,根据定积分的几何意义找出求曲边梯形面积的近似方法. 下面介绍三种常用的方法:矩形法、梯形法及抛物线法.

1. 矩形法

用分点 $a = x_0, x_1, \cdots, x_n = b$ 将区间 $[a, b]$ 等分成 n 份,每一份长度为 $\Delta x = \dfrac{b-a}{n}$,取小区间左端点的函数 $y_i(i = 0, 1, 2\cdots, n-1)$ 作为窄矩形的高(见图 6.3.1),则有

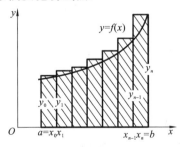

图 6.3.1

$$\int_a^b f(x)\mathrm{d}x \approx \sum_{i=1}^n y_{i-1}\Delta x = \frac{b-a}{n}\sum_{i=1}^n y_{i-1}$$

取小区间右端点的函数值 $y_i(i = 0, 1, 2\cdots, n-1)$ 作为窄矩形的高,则有

$$\int_a^b f(x)\mathrm{d}x \approx \sum_{i=1}^n y_i\Delta x = \frac{b-a}{n}\sum_{i=1}^n y_i$$

以上两公式称为**矩形法公式**.

2. 梯形法

将积分区间$[a,b]$作n等分,分点依次为

$$a=x_0<x_1<\cdots<x_n=b, \quad \Delta x=\frac{b-a}{n}$$

相应的函数为

$$y_0,y_1,\cdots,y_n \quad (y_i=f(x_i),i=0,1,\cdots,n)$$

曲线$y=f(x)$上相应的点为

$$P_0,P_1,\cdots,P_n \quad (P_i=(x_i,y_i),i=0,1,\cdots,n)$$

将曲线的每一段弧$P_{i-1}P_i$用过点P_{i-1},P_i的直线段$P_{i-1}P_i$来代替,这使得每个$[x_{i-1},x_i]$上的曲边梯形形成真正的梯形(见图6.3.2),其面积为

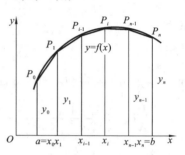

$$\frac{y_{i-1}+y_i}{2}\Delta x, \quad i=1,2,\cdots,n$$

于是各个小梯形面积之和就是曲边梯形面积的近似值,即

$$\int_a^b f(x)\mathrm{d}x \approx \sum_{i=1}^n \frac{y_{i-1}+y_i}{2}\Delta x = \frac{\Delta x}{2}\sum_{i=1}^n(y_{i-1}+y_i)$$

亦即

图6.3.2

$$\int_a^b f(x)\mathrm{d}x \approx \frac{b-a}{n}\left(\frac{y_0}{2}+y_1+y_2+\cdots+y_{n-1}+\frac{y_n}{2}\right)$$

称此式为**梯形法公式**.

在实际应用中,我们还需要知道用这个近似值来代替所求积分时所产生的误差,从而有

$$\int_a^b f(x)\mathrm{d}x = \frac{b-a}{n}\left(\frac{y_0}{2}+y_1+y_2+\cdots+y_{n-1}+\frac{y_n}{2}\right)+R_n$$

式中:$R_n=-\dfrac{(b-a)^3}{12n^2}f''(\xi)$,$a\leqslant\xi\leqslant b$.

3. 抛物线法

由梯形法求近似值,当$y=f(x)$为凹曲线时,它就偏小;当$y=f(x)$为凸曲线时,它就偏大.如果每段改用与它凸性相接近的抛物线来近似,就可减少上述缺点.下面介绍抛物线法(见图6.3.3).

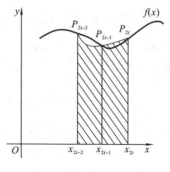

将区间$[a,b]$作$2n$等分,分点依次为

$$a=x_0<x_1<\cdots<x_{2n}=b, \quad \Delta x=\frac{b-a}{2n}$$

对应的函数值为

图6.3.3

$$y_0,y_1,\cdots,y_{2n} \quad (y_i=f(x_i),i=0,1,\cdots,2n)$$

曲线上相应的点为

$$P_0,P_1,\cdots,P_{2n} \quad (P_i=(x_i,y_i),\quad i=0,1,2,\cdots,2n)$$

现把区间 $[x_{2i-2},x_{2i}]$ 上的曲线段 $y=f(x)$ 用通过三点 $P_{2i-2}(x_{2i-2},y_{2i-2})$,
$P_{2i-1}(x_{2i-1},y_{2i-1}),P_{2i}(x_{2i},y_{2i})$ 的抛物线

$$y=\alpha x^2+\beta x+\gamma=p_i(x)$$

来近似代替,然后求函数 $p_i(x)$ 从 x_{2i-1} 到 x_{2i} 的定积分:

$$\int_{x_{2i-1}}^{x_{2i}} p_i(x)=\frac{x_{2i}-x_{2i-2}}{6}(y_{2i-2}+4y_{2i-1}+y_{2i})=\frac{b-a}{6n}(y_{2i-2}+4y_{2i-1}+y_{2i})$$

将这 n 个积分相加即得原来所要计算的定积分的近似值:

$$\int_b^a f(x)dx\approx\sum_{i=1}^n\int_{x_{2i-2}}^{x_{2i}} p_i(x)dx=\sum_{i=1}^n\frac{b-a}{6n}(y_{2i-2}+4y_{2i-1}+y_{2i})$$

即

$$\int_a^b f(x)dx\approx\frac{b-a}{6n}[y_0+y_{2n}+4(y_1+y_3+\cdots+y_{2n-1})+2(y_2+y_4+\cdots+y_{2n-2})]$$

这就是抛物线法公式,也就是辛卜生公式.也有

$$\int_a^b f(x)dx\approx\frac{b-a}{6n}[y_0+y_{2n}+4(y_1+y_3+\cdots+y_{2n-1})+2(y_2+y_4+\cdots+y_{2n-2})]+R_n$$

式中: $R_n=-\frac{(b-a)^5}{180n^4}f^{(4)}(\xi),\quad a\leqslant\xi\leqslant b.$

可见 n 越大,近似计算越准确.一般来说,将积分区间 $[a,b]$ 作同样数目等分的情况下,抛物线形公式比梯形公式更精确一些.

习　题　6.3

1. 计算下列定积分.

(1) $\int_0^1 x\sqrt{1-x^2}dx$;

(2) $\int_1^{e^2}\frac{dx}{x\sqrt{1+\ln x}}$;

(3) $\int_1^2\frac{1}{x^2}e^{\frac{1}{x}}dx$;

(4) $\int_0^{\frac{\pi}{2}}\sin^3 x dx$;

(5) $\int_1^{64}\frac{dx}{\sqrt{x}+\sqrt[3]{x}}$;

(6) $\int_0^{\ln2}\sqrt{e^x-1}dx$;

(7) $\int_0^\pi\sqrt{1+\cos2x}dx$;

(8) $\int_0^3\frac{dx}{1+\sqrt{x+1}}$;

(9) $\int_0^\pi\cos^2 x dx$;

(10) $\int_0^{\frac{\pi}{2}}e^{2x}\cos x dx$;

(11) $\int_1^{10} \dfrac{\sqrt{x-1}}{x}dx$;

(12) $\int_0^1 \dfrac{\sqrt{x}}{1+\sqrt{x}}dx$;

(13) $\int_2^{\sqrt{2}} \dfrac{1}{x\sqrt{x^2-1}}dx$;

(14) $\int_0^1 \dfrac{1}{4+x^2}dx$.

2. 计算下列定积分.

(1) $\int_{-1}^1 (1+x^4\tan x)dx$;

(2) $\int_{-1}^1 \dfrac{x^3\sin^2 x}{x^4+2x^2+1}dx$;

(3) $\int_{-1}^1 (x^2+3x+\sin x\cos^2 x)dx$;

(4) $\int_{-\frac{\pi}{2}}^{\frac{\pi}{2}} (x+\cos x)\sin^2 x dx$.

3. 利用分部积分法计算下列积分.

(1) $\int_0^{e-1} \ln(x+1)dx$;

(2) $\int_0^{\frac{\pi}{4}} x\cos 2x dx$;

(3) $\int_1^e x^2\ln x dx$;

(4) $\int_0^1 \arctan x dx$;

(5) $\int_0^1 x\arctan x dx$;

(6) $\int_0^1 (1+x)e^x dx$;

(7) $\int_{\frac{\pi}{4}}^{\frac{\pi}{3}} \dfrac{x}{\sin^2 x}dx$;

(8) $\int_1^4 \dfrac{\ln x}{\sqrt{x}}dx$.

4. 设 $f''(x)$ 在$[a,b]$上连续,证明:$\int_a^b xf''(x)dx=[bf'(b)-f(b)]-[af'(a)-f(a)]$.

6.4　广义积分与 Γ 函数

前面我们讨论的定积分,其积分区间是有限的,被积函数在积分区间上是有界函数.但在一些实际问题中,我们会遇到积分区间为无穷区间,或者被积函数在积分区间上为无界函数的情形,这类积分称为广义积分(或反常积分).相应地,前面所讲的定积分称为常义积分.

6.4.1　无穷限的广义积分

定义 6.4.1　设函数 $f(x)$在区间$[a,+\infty)$上连续,取 $b>a$. 如果极限
$$\lim_{b\to+\infty}\int_a^b f(x)dx$$
存在,则称此极限为函数 $f(x)$ 在无穷区间 $[a,+\infty)$ 上的**广义积分**,记作 $\int_a^{+\infty}f(x)dx$,即
$$\int_a^{+\infty}f(x)dx=\lim_{b\to+\infty}\int_a^b f(x)dx$$

这时也称反常积分 $\int_a^{+\infty} f(x)\mathrm{d}x$ 收敛；否则称广义积分 $\int_a^{+\infty} f(x)\mathrm{d}x$ 发散.

类似地，可定义

$$\int_{-\infty}^b f(x)\mathrm{d}x = \lim_{a\to-\infty}\int_a^b f(x)\mathrm{d}x$$

设函数 $f(x)$ 在区间 $(-\infty,+\infty)$ 上连续，如果广义积分

$$\int_{-\infty}^0 f(x)\mathrm{d}x \text{ 和} \int_0^{+\infty} f(x)\mathrm{d}x$$

都收敛，则称上述两个广义积分的和为函数 $f(x)$ 在无穷区间 $(-\infty,+\infty)$ 上的广义积分，记作 $\int_{-\infty}^{+\infty} f(x)\mathrm{d}x$，即

$$\int_{-\infty}^{+\infty} f(x)\mathrm{d}x = \int_{-\infty}^0 f(x)\mathrm{d}x + \int_0^{+\infty} f(x)\mathrm{d}x$$
$$= \lim_{a\to-\infty}\int_a^0 f(x)\mathrm{d}x + \lim_{b\to+\infty}\int_0^b f(x)\mathrm{d}x$$

这时也称广义积分 $\int_{-\infty}^{+\infty} f(x)\mathrm{d}x$ 收敛. 如果上式右端只要有一个反常积分发散，则称广义积分 $\int_{-\infty}^{+\infty} f(x)\mathrm{d}x$ 发散.

上述广义积分统称为**无穷限的广义积分**.

广义积分的计算：如果 $F(x)$ 是 $f(x)$ 的原函数，则

$$\int_a^{+\infty} f(x)\mathrm{d}x = \lim_{b\to+\infty}\int_a^b f(x)\mathrm{d}x = \lim_{b\to+\infty}\big[F(x)\big]_a^b$$
$$= \lim_{b\to+\infty} F(b) - F(a) = \lim_{x\to+\infty} F(x) - F(a)$$

可采用如下简记形式：

$$\int_a^{+\infty} f(x)\mathrm{d}x = \big[F(x)\big]_a^{+\infty} = \lim_{x\to+\infty} F(x) - F(a)$$

类似地

$$\int_{-\infty}^b f(x)\mathrm{d}x = \big[F(x)\big]_{-\infty}^b = F(b) - \lim_{x\to-\infty} F(x)$$

$$\int_{-\infty}^{+\infty} f(x)\mathrm{d}x = \big[F(x)\big]_{-\infty}^{+\infty} = \lim_{x\to+\infty} F(x) - \lim_{x\to-\infty} F(x)$$

例 6.4.1　计算广义积分 $\int_{-\infty}^{+\infty} \dfrac{1}{1+x^2}\mathrm{d}x$.

解　$\int_{-\infty}^{+\infty} \dfrac{1}{1+x^2}\mathrm{d}x = \big[\arctan x\big]_{-\infty}^{+\infty} = \lim_{x\to+\infty}\arctan x - \lim_{x\to-\infty}\arctan x$

$$= \frac{\pi}{2} - \left(-\frac{\pi}{2}\right) = \pi$$

例 6.4.2　$\int_0^{+\infty} \mathrm{e}^{-4x}\mathrm{d}x$.

解 $\int_0^{+\infty} e^{-4x} dx = -\dfrac{1}{4} \int_0^{+\infty} e^{-4x} d(-4x) = -\dfrac{1}{4} \left[e^{-4x} \right]_0^{+\infty} = \dfrac{1}{4}$

例 6.4.3 计算广义积分 $\int_0^{+\infty} t e^{-pt} dt$ （p 是常数，且 $p > 0$）.

解 $\int_0^{+\infty} t e^{-pt} dt = \left[\int t e^{-pt} dt \right]_0^{+\infty} = \left[-\dfrac{1}{p} \int t de^{-pt} \right]_0^{+\infty}$

$= \left[-\dfrac{1}{p} t e^{-pt} + \dfrac{1}{p} \int e^{-pt} dt \right]_0^{+\infty} = \left[-\dfrac{1}{p} t e^{-pt} - \dfrac{1}{p^2} e^{-pt} \right]_0^{+\infty}$

$= \lim_{t \to +\infty} \left[-\dfrac{1}{p} t e^{-pt} - \dfrac{1}{p^2} e^{-pt} \right] + \dfrac{1}{p^2} = \dfrac{1}{p^2}$

提示：$\lim\limits_{t \to +\infty} t e^{-pt} = \lim\limits_{t \to +\infty} \dfrac{t}{e^{pt}} = \lim\limits_{t \to +\infty} \dfrac{1}{p e^{pt}} = 0$.

例 6.4.4 讨论广义积分 $\int_1^{+\infty} \dfrac{1}{x^a} dx$ 的敛散性.

解 当 $a = 1$ 时，$\int_1^{+\infty} \dfrac{1}{x^a} dx = \int_1^{+\infty} \dfrac{1}{x} dx = [\ln x]_1^{+\infty} = +\infty$.

当 $a < 1$ 时，$\int_1^{+\infty} \dfrac{1}{x^a} dx = \left[\dfrac{1}{1-a} x^{1-a} \right]_1^{+\infty} = +\infty$.

当 $a > 1$ 时，$\int_1^{+\infty} \dfrac{1}{x^a} dx = \left[\dfrac{1}{1-a} x^{1-a} \right]_1^{+\infty} = \dfrac{1}{a-1}$.

因此，当 $a > 1$ 时，此广义积分收敛，其值为 $\dfrac{1}{a-1}$；当 $a \leqslant 1$ 时，此广义积分发散.

6.4.2 无界函数的广义积分

定义 6.4.2 设函数 $f(x)$ 在区间 $(a, b]$ 上连续，而在点 a 的右邻域内无界. 取 $\varepsilon > 0$，如果极限

$$\lim_{\varepsilon \to 0^+} \int_{a+\varepsilon}^b f(x) dx$$

存在，则称此极限为函数 $f(x)$ 在 $(a, b]$ 上的广义积分，仍然记作 $\int_a^b f(x) dx$，即

$$\int_a^b f(x) dx = \lim_{\varepsilon \to 0^+} \int_{a+\varepsilon}^b f(x) dx$$

这时也称广义积分 $\int_a^b f(x) dx$ 收敛；否则称广义积分 $\int_a^b f(x) dx$ 发散.

设函数 $f(x)$ 在区间 $[a, b)$ 上连续，而在点 b 的左邻域内无界. 取 $\varepsilon > 0$，则类似可定义

$$\int_a^b f(x) dx = \lim_{\varepsilon \to 0^+} \int_a^{b-\varepsilon} f(x) dx$$

若 $\lim\limits_{\varepsilon \to 0^+} \int_a^{b-\varepsilon} f(x)\mathrm{d}x$ 存在，则称广义积分 $\int_a^b f(x)\mathrm{d}x$ 收敛；否则称广义积分 $\int_a^b f(x)\mathrm{d}x$ 发散.

设函数 $f(x)$ 在区间 $[a,b]$ 上除点 $c(a < c < b)$ 外连续，而在点 c 的邻域内无界，则

$$\int_a^b f(x)\mathrm{d}x = \int_a^c f(x)\mathrm{d}x + \int_c^b f(x)\mathrm{d}x = \lim_{\varepsilon \to 0^+} \int_a^{c-\varepsilon} f(x)\mathrm{d}x + \lim_{\varepsilon \to 0^+} \int_{c+\varepsilon}^b f(x)\mathrm{d}x$$

如果两个广义积分

$$\int_a^c f(x)\mathrm{d}x \quad \text{和} \quad \int_c^b f(x)\mathrm{d}x$$

都收敛，则称广义积分 $\int_a^b f(x)\mathrm{d}x$ 收敛；否则称广义积分 $\int_a^b f(x)\mathrm{d}x$ 发散.

如果函数 $f(x)$ 在点 a 的任一邻域内都无界，那么点 a 称为函数 $f(x)$ 的**瑕点**. 无界函数的广义积分又称为**瑕积分**.

如果 $F(x)$ 为 $f(x)$ 的原函数，a 为瑕点，则有

$$\int_a^b f(x)\mathrm{d}x = \lim_{\varepsilon \to 0^+} \int_{a+\varepsilon}^b f(x)\mathrm{d}x = \lim_{\varepsilon \to 0^+} [F(x)]_{a+\varepsilon}^b = F(b) - \lim_{\varepsilon \to 0^+} F(a+\varepsilon)$$

可采用如下简记形式：

$$\int_a^b f(x)\mathrm{d}x = [F(x)]_a^b = F(b) - \lim_{x \to a^+} F(x)$$

类似地，当 b 为瑕点时，有

$$\int_a^b f(x)\mathrm{d}x = [F(x)]_a^b = \lim_{x \to b^-} F(x) - F(a)$$

当 $c(a < c < b)$ 为瑕点时，有

$$\int_a^b f(x)\mathrm{d}x = \int_a^c f(x)\mathrm{d}x + \int_c^b f(x)\mathrm{d}x$$
$$= \left[\lim_{x \to c^-} F(x) - F(a)\right] + \left[F(b) - \lim_{x \to c^+} F(x)\right]$$

例 6.4.5   计算广义积分 $\int_0^a \dfrac{1}{\sqrt{a^2 - x^2}}\mathrm{d}x$.

解   因为 $\lim\limits_{x \to a^-} \dfrac{1}{\sqrt{a^2 - x^2}} = +\infty$，所以点 a 为被积函数的瑕点.

$$\int_0^a \frac{1}{\sqrt{a^2 - x^2}}\mathrm{d}x = \left[\arcsin \frac{x}{a}\right]_0^a = \lim_{x \to a^-} \arcsin \frac{x}{a} - 0 = \frac{\pi}{2}$$

例 6.4.6   讨论广义积分 $\int_{-1}^1 \dfrac{1}{x^2}\mathrm{d}x$ 的收敛性.

解   函数 $\dfrac{1}{x^2}$ 在区间 $[-1,1]$ 上除 $x = 0$ 外连续，且 $\lim\limits_{x \to 0} \dfrac{1}{x^2} = \infty$. 由于

$$\int_{-1}^{0}\frac{1}{x^2}\mathrm{d}x=\left[-\frac{1}{x}\right]_{-1}^{0}=\lim_{x\to0^-}\left(-\frac{1}{x}\right)-1=+\infty$$

即广义积分 $\int_{-1}^{0}\frac{1}{x^2}\mathrm{d}x$ 发散,所以广义积分 $\int_{-1}^{1}\frac{1}{x^2}\mathrm{d}x$ 发散.

例 6.4.7　讨论广义积分 $\int_{0}^{1}\frac{\mathrm{d}x}{(x-1)^q}$ 的敛散性.

解　当 $q=1$ 时,$\int_{0}^{1}\frac{\mathrm{d}x}{(x-1)^q}=\int_{0}^{1}\frac{\mathrm{d}x}{x-1}=[\ln(1-x)]_{0}^{1}=-\infty.$

当 $q>1$ 时,$\int_{0}^{1}\frac{\mathrm{d}x}{(x-1)^q}=\left[\frac{1}{1-q}(x-1)^{1-q}\right]_{0}^{1}=-\infty.$

当 $q<1$ 时,$\int_{0}^{1}\frac{\mathrm{d}x}{(x-1)^q}=\left[\frac{1}{1-q}(x-1)^{1-q}\right]_{0}^{1}=\frac{1}{q-1}(-1)^{1-q}.$

因此,当 $q<1$ 时,此广义积分收敛,其值为 $\frac{1}{q-1}(-1)^{1-q}$;当 $q\geqslant1$ 时,此广义积分发散.

6.4.3　Γ函数

定义 6.4.3　含参变量 t 的广义积分

$$\Gamma(t)=\int_{0}^{+\infty}x^{t-1}\mathrm{e}^{-x}\mathrm{d}x\quad(t>0)$$

称为 Γ 函数.

Γ 函数在理论上和应用上都有重要的意义,可以证明它是收敛的.

下面我们来讨论 Γ 函数的几个重要性质(证明从略).

性质 6.4.1　递推公式

$$\Gamma(t+1)=t\Gamma(t)\quad(t>0)$$

特别地,$\Gamma(n+1)=n!$,即 $\int_{0}^{+\infty}x^n\mathrm{e}^{-x}\mathrm{d}x=n!.$

性质 6.4.2　余元公式

$$\Gamma(t)\cdot\Gamma(1-t)=\frac{\pi}{\sin(\pi t)}\quad(0<t<1)$$

特别地,$\Gamma\left(\frac{1}{2}\right)=\sqrt{\pi}$,即 $\int_{0}^{+\infty}\frac{\mathrm{e}^{-x}}{\sqrt{x}}\mathrm{d}x=\sqrt{\pi}.$

性质 6.4.3　在 $\Gamma(t)=\int_{0}^{+\infty}x^{t-1}\mathrm{e}^{-x}\mathrm{d}x$ 中,作代换 $x=u^2$,有

$$\Gamma(t)=2\int_{0}^{+\infty}u^{2t-1}\mathrm{e}^{-u^2}\mathrm{d}u\tag{6.4.1}$$

再令 $2t-1=s\Rightarrow t=\frac{s+1}{2}$,即有

$$\int_0^{+\infty} u^s \mathrm{e}^{-u^2}\,\mathrm{d}u = \frac{1}{2}\Gamma\left(\frac{s+1}{2}\right)\quad(s>-1)$$

上式左端是实际应用中常见的积分,它的值可以通过上式由 Γ 函数计算出来.

由式(6.4.1)当 $t=\frac{1}{2}$ 时,有

$$\int_0^{+\infty} \mathrm{e}^{-u^2}\,\mathrm{d}u = \frac{1}{2}\Gamma\left(\frac{1}{2}\right)$$

上式左端的积分是在概率论中常用的积分.

例 6.4.8　求(1) $\dfrac{\Gamma(7)}{\Gamma(4)\Gamma(3)}$;(2) $\dfrac{\Gamma(3)\Gamma\left(\frac{3}{2}\right)}{\Gamma\left(\frac{7}{2}\right)}$.

解　(1) $\dfrac{\Gamma(7)}{\Gamma(4)\Gamma(3)}=\dfrac{6!}{3!\cdot 2!}=60$

(2) $\dfrac{\Gamma(3)\Gamma\left(\frac{3}{2}\right)}{\Gamma\left(\frac{7}{2}\right)}=\dfrac{2!\cdot\Gamma\left(\frac{3}{2}\right)}{\frac{5}{2}\Gamma\left(\frac{5}{2}\right)}=\dfrac{2!\cdot\Gamma\left(\frac{3}{2}\right)}{\frac{5}{2}\cdot\frac{3}{2}\Gamma\left(\frac{3}{2}\right)}=\dfrac{8}{15}$

例 6.4.9　求 $\displaystyle\int_0^{+\infty} x^6 \mathrm{e}^{-2x}\,\mathrm{d}x$.

解　$\displaystyle\int_0^{+\infty} x^6 \mathrm{e}^{-2x}\,\mathrm{d}x = \frac{1}{2^7}\int_0^{+\infty}(2x)^6\mathrm{e}^{-2x}\,\mathrm{d}2x$

令 $2x=u$,则

$$\int_0^{+\infty} x^6 \mathrm{e}^{-2x}\,\mathrm{d}x = \frac{1}{2^7}\int_0^{+\infty} u^6 \mathrm{e}^{-u}\,\mathrm{d}u = \frac{1}{2^7}\Gamma(7)=\frac{1}{2^7}\cdot 6!=\frac{45}{8}$$

习　题　6.4

1. 下列广义积分是否收敛?若收敛,则求出其值.

(1) $\displaystyle\int_1^{+\infty}\frac{\mathrm{d}x}{x^4}$;

(2) $\displaystyle\int_1^{+\infty}\frac{1}{(x+1)^3}\mathrm{d}x$;

(3) $\displaystyle\int_0^{+\infty}\frac{x}{1+x^2}\mathrm{d}x$;

(4) $\displaystyle\int_0^{+\infty}\frac{\mathrm{d}x}{100+x^2}$;

(5) $\displaystyle\int_0^{+\infty}\mathrm{e}^{-x}\mathrm{d}x$;

(6) $\displaystyle\int_0^{+\infty}\mathrm{e}^{-2x}\mathrm{d}x$;

(7) $\displaystyle\int_0^{+\infty}\frac{1}{x\ln x}\mathrm{d}x$;

(8) $\displaystyle\int_{-\infty}^{+\infty}\frac{\mathrm{d}x}{x^2+2x+2}$;

(9) $\displaystyle\int_0^{+\infty}\frac{\arctan x}{1+x^2}\mathrm{d}x$;

(10) $\displaystyle\int_1^{+\infty}\frac{\mathrm{d}x}{\sqrt{x}}$.

2. 计算下列广义积分.

(1) $\int_0^1 x\ln x\,\mathrm{d}x$;

(2) $\int_1^2 \dfrac{x\mathrm{d}x}{\sqrt{x-1}}$;

(3) $\int_{-1}^1 \dfrac{\mathrm{d}x}{\sqrt{1-x^2}}$;

(4) $\int_0^2 \dfrac{\mathrm{d}x}{(1-x)^3}$;

(5) $\int_0^6 (x-4)^{-\frac{2}{3}}\,\mathrm{d}x$;

(6) $\int_1^e \dfrac{\mathrm{d}x}{x\sqrt{1-\ln^2 x}}$;

(7) $\int_0^1 \dfrac{\arcsin\sqrt{x}}{\sqrt{x(1-x)}}\,\mathrm{d}x$;

(8) $\int_0^1 \dfrac{x}{\sqrt{1-x^2}}\,\mathrm{d}x$.

3. 当 k 为何值时,广义积分 $\int_2^{+\infty} \dfrac{\mathrm{d}x}{x(\ln x)^k}$ 收敛?当 k 为何值时,该广义积分发散?

4. 计算下列广义积分(用 Γ 函数).

(1) $\int_0^{+\infty} \sqrt{x}\,\mathrm{e}^{-x}\,\mathrm{d}x$;

(2) $\int_0^{+\infty} x^5 \mathrm{e}^{-x^2}\,\mathrm{d}x$.

6.5 定积分的应用

6.5.1 定积分的微元法

为了说明定积分的微元法,我们先回顾求曲边梯形面积 A 的方法和步骤.

(1) 分割:将区间 $[a,b]$ 分成 n 个小区间,相应得到 n 个小曲边梯形,小曲边梯形的面积记为 $\Delta A_i(i=1,2,\cdots n)$;

(2) 近似:计算 ΔA_i 的近似值,即 $\Delta A_i \approx f(\xi_i)\Delta x_i$(其中 $\Delta x_i = x_i - x_{i-1}, \xi_i \in [x_{i-1},x_i]$);

(3) 求和:$A \approx \sum_{i=1}^n \Delta A_i = \sum_{i=1}^n f(\xi_i)\Delta x_i$;

(4) 取极限:对和取极限得 $A = \lim\limits_{\lambda\to 0}\sum_{i=1}^n f(\xi_i)\Delta x_i = \int_a^b f(x)\,\mathrm{d}x$.

用定积分解决实际问题时,为了计算的方便,通常按以下步骤来进行:

(1) 确定积分变量 x,并求出相应的积分区间 $[a,b]$;

(2) 在区间 $[a,b]$ 上任取一个小区间 $[x,x+\mathrm{d}x]$,并在小区间上找出所求量 F 的微元 $\mathrm{d}F = f(x)\mathrm{d}x$;

(3) 写出所求量 F 的积分表达式 $F = \int_a^b f(x)\,\mathrm{d}x$,然后计算它的值.

利用定积分按上述步骤解决实际问题的方法称为**定积分的微元法**(或称**元素**

法).

注:能够用微元法求出结果的量 F 一般应满足以下两个条件:

(1) F 是与变量 x 的变化范围 $[a,b]$ 有关的量;

(2) F 对于 $[a,b]$ 具有可加性,即如果把区间 $[a,b]$ 分成若干个部分区间,则 F 相应地分成若干个分量.

6.5.2　定积分在几何上的应用

1. 平面图形的面积

1) 直角坐标情形

设平面图形由上、下两条曲线 $y=f_{上}(x)$ 与 $y=f_{下}(x)$ 及左、右两条直线 $x=a$ 与 $x=b$ 所围成(见图 6.5.1),则面积元素为 $[f_{上}(x)-f_{下}(x)]\mathrm{d}x$,于是平面图形的面积为

$$A=\int_a^b [f_{上}(x)-f_{下}(x)]\mathrm{d}x$$

类似地,平面图形由左、右两条曲线 $x=\varphi_{左}(y)$ 与 $x=\varphi_{右}(y)$ 及上、下两条直线 $y=d$ 与 $y=c$ 所围成(见图 6.5.2),则平面图形的面积为

$$A=\int_c^d [\varphi_{右}(y)-\varphi_{左}(y)]\mathrm{d}y$$

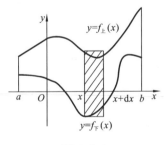

图 6.5.1

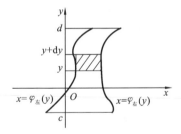

图 6.5.2

例 6.5.1　计算抛物线 $y^2=x,y=x^2$ 所围成的图形的面积.

解　(1) 画图,确定在 x 轴上的投影区间:$[0,1]$(见图 6.5.3).

(2) 确定上、下曲线:$f_{上}(x)=\sqrt{x}$,$f_{下}(x)=x^2$.

(3) 计算积分

$$A=\int_0^1 (\sqrt{x}-x^2)\mathrm{d}x=\left[\frac{2}{3}x^{\frac{3}{2}}-\frac{1}{3}x^3\right]_0^1=\frac{1}{3}$$

例 6.5.2　计算抛物线 $y^2=2x$ 与直线 $y=x-4$ 所围成的图形的面积.

解　(1) 画图,确定在 y 轴上的投影区间:$[-2,4]$(见图 6.5.4).

(2) 确定左、右曲线:$\varphi_{左}(y)=\frac{1}{2}y^2$,$\varphi_{右}(y)=y+4$.

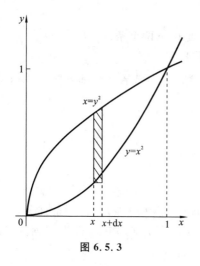

图 6.5.3

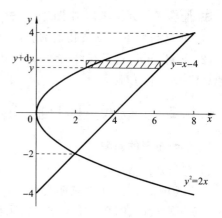

图 6.5.4

(3) 计算积分

$$A = \int_{-2}^{4} \left(y + 4 - \frac{1}{2}y^2\right) \mathrm{d}y = \left[\frac{1}{2}y^2 + 4y - \frac{1}{6}y^3\right]_{-2}^{4} = 18$$

例 6.5.3 求曲线 $y = \cos x$ 与 $y = \sin x$ 在区间 $[0, \pi]$ 上所围平面图形的面积.

解 如图 6.5.5 所示,曲线 $y = \cos x$ 与 $y = \sin x$ 的交点坐标为 $\left(\frac{\pi}{4}, \frac{\sqrt{2}}{2}\right)$,选取 x 作为积分变量,$x \in [0, \pi]$,于是,所求面积为

$$A = \int_{0}^{\frac{\pi}{4}} (\cos x - \sin x) \mathrm{d}x + \int_{\frac{\pi}{4}}^{\pi} (\sin x - \cos x) \mathrm{d}x$$

$$= \left[\sin x + \cos x\right]_{0}^{\frac{\pi}{4}} + \left[-\cos x - \sin x\right]_{\frac{\pi}{4}}^{\pi} = 2\sqrt{2}$$

例 6.5.4 求椭圆 $\dfrac{x^2}{a^2} + \dfrac{y^2}{b^2} = 1$ 所围成的图形的面积.

解 设整个椭圆的面积是椭圆在第一象限部分的 4 倍,椭圆在第一象限部分在 x 轴上的投影区间为 $[0, a]$(见图 6.5.6). 因为面积元素为 $y\mathrm{d}x$,所以

$$A = 4\int_{0}^{a} y\mathrm{d}x$$

椭圆的参数方程为

$$x = a\cos t, \quad y = b\sin t$$

于是

$$A = 4\int_{0}^{a} y\mathrm{d}x = 4\int_{\frac{\pi}{2}}^{0} b\sin t \, \mathrm{d}(a\cos t) = -4ab\int_{\frac{\pi}{2}}^{0} \sin^2 t \, \mathrm{d}t$$

$$= 2ab\int_{0}^{\frac{\pi}{2}} (1 - \cos 2t) \mathrm{d}t = 2ab \cdot \frac{\pi}{2} = ab\pi$$

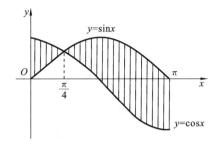

图 6.5.5

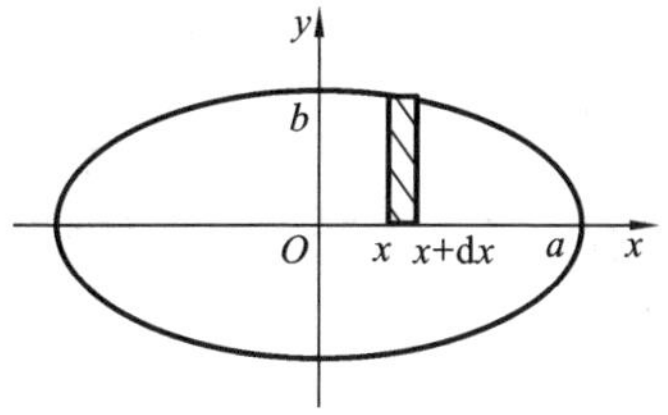

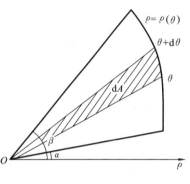

图 6.5.6

2）极坐标情形

设曲边扇形由极坐标方程 $\rho = \rho(\theta)$ 与射线 $\theta = \alpha, \theta = \beta(\alpha < \beta)$ 所围成（见图 6.5.7）. 下面用微元法求它的面积 A.

以极角 θ 为积分变量，它的变化区间是 $[\alpha, \beta]$，相应的小曲边扇形的面积近似等于半径为 $\rho(\theta)$、中心角为 $\mathrm{d}\theta$ 的圆扇形的面积，从而得面积微元为 $\mathrm{d}A = \dfrac{1}{2}\big[\rho(\theta)\big]^2\mathrm{d}\theta$. 于是，所求曲边扇形的面积为

图 6.5.7

$$A = \int_\alpha^\beta \frac{1}{2}\big[\rho(\theta)\big]^2\mathrm{d}\theta$$

例 6.5.5　计算心形线 $\rho = a(1 + \cos\theta)\ (a > 0)$ 所围成的图形的面积（见图 6.5.8）.

解　$A = 2\displaystyle\int_0^\pi \frac{1}{2}\big[a\,(1 + \cos\theta)\big]^2\mathrm{d}\theta = a^2\int_0^\pi\Big(\frac{3}{2} + 2\cos\theta + \frac{1}{2}\cos2\theta\Big)\mathrm{d}\theta$

$\qquad = a^2\Big[\dfrac{3}{2}\theta + 2\sin\theta + \dfrac{1}{4}\sin2\theta\Big]_0^\pi = \dfrac{3}{2}a^2\pi$

例 6.5.6　求双纽线 $\rho^2 = a^2\cos2\theta$ 所围成的图形的面积.

解　由对称性可知总面积为第一象限面积的 4 倍（见图 6.5.9），即

$$A = 4 \cdot \frac{1}{2}\int_0^{\frac{\pi}{4}} a^2\cos2\theta\mathrm{d}\theta = a^2$$

2. 立体的体积

1）旋转体的体积

旋转体是一个平面图形绕这平面内的一条直线旋转而成的立体，这条直线称为**旋转轴**. 常见的旋转体有：圆柱、圆锥、圆台、球体.

设旋转体是由连续曲线 $y = f(x)(f(x) \geqslant 0)$ 和直线 $x = a, x = b$ 及 x 轴所围成的曲边梯形绕 x 轴旋转一周而成（见图 6.5.10）.

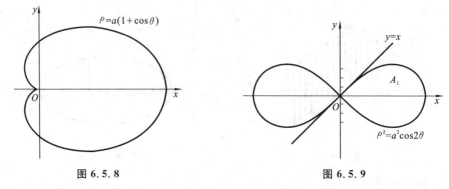

图 6.5.8　　　　　　　　　　　　图 6.5.9

取 x 为积分变量,它的变化区间为 $[a,b]$,在 $[a,b]$ 上任取一小区间 $[x,x+\mathrm{d}x]$,相应薄片的体积近似于以 $f(x)$ 为底面圆半径,$\mathrm{d}x$ 为高的小圆柱体的体积,从而得到体积元素为

$$\mathrm{d}V = \pi \left[f(x) \right]^2 \mathrm{d}x$$

于是,所求旋转体体积为

$$V_x = \pi \int_a^b \left[f(x) \right]^2 \mathrm{d}x$$

类似地,由曲线 $x = \varphi(y)$ 和直线 $y = c, y = d$ 及 y 轴所围成的曲边梯形绕 y 轴旋转一周而成(见图 6.5.11),所得旋转体的体积为

$$V_y = \pi \int_c^d \left[\varphi(y) \right]^2 \mathrm{d}y$$

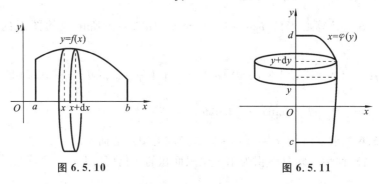

图 6.5.10　　　　　　　　　　　　图 6.5.11

例 6.5.7　连接坐标原点 O 及点 $P(h,r)$ 的直线、直线 $x = h$ 及 x 轴围成一个直角三角形. 将它绕 x 轴旋转构成一个底半径为 r、高为 h 的圆锥体(见图 6.5.12). 计算这圆锥体的体积.

解　直角三角形斜边的直线方程为 $y = \dfrac{r}{h}x$.

所求圆锥体的体积为

$$V = \int_0^h \pi \left(\frac{r}{h}x \right)^2 \mathrm{d}x = \frac{\pi r^2}{h^2} \left[\frac{1}{3}x^3 \right]_0^h = \frac{1}{3}\pi h r^2$$

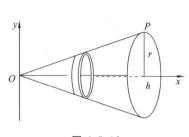

图 6.5.12

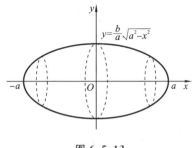

图 6.5.13

例 6.5.8　计算由椭圆 $\dfrac{x^2}{a^2}+\dfrac{y^2}{b^2}=1$ 所围成的图形（见图 6.5.13），绕 x 轴旋转而成的旋转体（旋转椭球体）的体积.

解　这个旋转椭球体也可以看作是由半个椭圆

$$y=\frac{b}{a}\sqrt{a^2-x^2}$$

及 x 轴围成的图形绕 x 轴旋转而成的立体. 体积元素为

$$\mathrm{d}V=\pi y^2\mathrm{d}x$$

于是所求旋转椭球体的体积为

$$V=\int_{-a}^{a}\pi\frac{b^2}{a^2}(a^2-x^2)\mathrm{d}x=\pi\frac{b^2}{a^2}\left[a^2x-\frac{1}{3}x^3\right]_{-a}^{a}=\frac{4}{3}\pi ab^2$$

2）平行截面面积为已知的立体的体积

设一立体介于过点 $x=a,x=b(a<b)$ 且垂直于 Ox 轴的两平面之间（见图6.5.14），若过点 $x(a<x<b)$ 且垂直于 Ox 轴的平面截该立体所得截面的面积 $A(x)$ 可求，则可用定积分求该立体的体积 V.

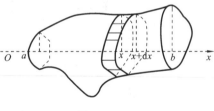

图 6.5.14

取 x 为积分变量，它的变化区间为$[a,b]$，在微小区间$[x,x+\mathrm{d}x]$上 $A(x)$ 近似不变，即把$[x,x+\mathrm{d}x]$上的立体薄片近似看作 $A(x)$ 为底，$\mathrm{d}x$ 为高的柱片，从而得到体积元素 $\mathrm{d}V=A(x)\mathrm{d}x$.

于是该物体的体积为

$$V=\int_{a}^{b}A(x)\mathrm{d}x$$

例 6.5.9　一平面经过半径为 R 的圆柱体的底圆中心，并与底面成交角 α（见图 6.5.15），计算这平面截圆柱所截得立体的体积.

解　取这平面与圆柱体的底面的交线为 x 轴，底面上过圆心且垂直于 x 轴的直线为 y 轴. 那么底圆的方程为 $x^2+y^2=R^2$. 立体中过点 x 且垂直于 x 轴的截面是一个直角三角形，两条直角边分别为 $\sqrt{R^2-x^2}$ 及 $\sqrt{R^2-x^2}\tan\alpha$. 因而截面积为

$$A(x) = \frac{1}{2}(R^2 - x^2)\tan\alpha$$

于是所求的立体体积为

$$V = \int_{-R}^{R} \frac{1}{2}(R^2 - x^2)\tan\alpha dx$$

$$= \frac{1}{2}\tan\alpha\left[R^2 x - \frac{1}{3}x^3\right]_{-R}^{R}$$

$$= \frac{2}{3}R^3\tan\alpha$$

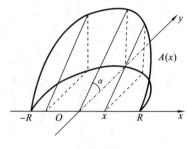

图 6.5.15

3. 平面曲线的弧长

设 A、B 是曲线弧上的两个端点. 在弧 AB 上任取分点 $A = M_0, M_1, M_2, \cdots, M_{i-1}, M_i, \cdots, M_{n-1}, M_n = B$,并依次连接相邻的分点得一内接折线,如图 6.5.16 所示. 当分点的数目无限增加且每个小段 $M_{i-1}M_i$ 都缩向一点时,如果此折线的长 $\sum\limits_{i=1}^{n} |M_{i-1}M_i|$ 的极限存在,则称此极限为曲线弧 AB 的弧长,并称此曲线弧 AB 是可求长的.

1)直角坐标情形

设曲线弧由直角坐标方程

$$y = f(x) \quad (a \leqslant x \leqslant b)$$

给出,其中 $f(x)$ 在区间 $[a,b]$ 上具有一阶连续导数. 现在来计算该曲线弧的长度,如图 6.5.17 所示.

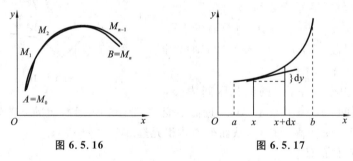

图 6.5.16   图 6.5.17

取横坐标 x 为积分变量,它的变化区间为 $[a,b]$. 曲线 $y = f(x)$ 上相应于 $[a,b]$ 上任一小区间 $[x, x+dx]$ 的一段弧的长度,可以用该曲线在点 $(x, f(x))$ 处的切线上相应的一小段的长度来近似代替. 而切线上这相应的小段的长度为

$$\sqrt{(dx)^2 + (dy)^2} = \sqrt{1 + y'^2}dx$$

从而得弧长元素(即弧微分)

$$ds = \sqrt{1 + y'^2}dx$$

以 $\sqrt{1+y'^2}\mathrm{d}x$ 为被积表达式，在闭区间 $[a,b]$ 上作定积分，便得所求的弧长为

$$s = \int_a^b \sqrt{1+y'^2}\,\mathrm{d}x$$

例 6.5.10　计算曲线 $y=\dfrac{2}{3}x^{\frac{3}{2}}$ 上相应于 x 从 a 到 b 的一段弧的长度.

解　$y'=x^{\frac{1}{2}}$，从而弧长元素

$$\mathrm{d}s = \sqrt{1+y'^2}\,\mathrm{d}x = \sqrt{1+x}\,\mathrm{d}x$$

因此，所求弧长为

$$s = \int_a^b \sqrt{1+x}\,\mathrm{d}x = \left[\frac{2}{3}(1+x)^{\frac{3}{2}}\right]_a^b = \frac{2}{3}\left[(1+b)^{\frac{3}{2}}-(1+a)^{\frac{3}{2}}\right]$$

2）参数方程情形

设曲线弧由参数方程 $x=\varphi(t),y=\psi(t)\ (\alpha\leqslant t\leqslant\beta)$ 给出，其中 $\varphi(t)$、$\psi(t)$ 在 $[\alpha,\beta]$ 上具有连续导数.

因为 $\dfrac{\mathrm{d}y}{\mathrm{d}x}=\dfrac{\psi'(t)}{\varphi'(t)}$，$\mathrm{d}x=\varphi'(t)\mathrm{d}t$，所以弧长元素为

$$\mathrm{d}s = \sqrt{1+\frac{\psi'^2(t)}{\varphi'^2(t)}}\varphi'(t)\mathrm{d}t = \sqrt{\varphi'^2(t)+\psi'^2(t)}\,\mathrm{d}t$$

所求弧长为

$$s = \int_\alpha^\beta \sqrt{\varphi'^2(t)+\psi'^2(t)}\,\mathrm{d}t$$

例 6.5.11　计算摆线 $x=a(\theta-\sin\theta),y=a(1-\cos\theta)$ 的一拱（$0\leqslant\theta\leqslant2\pi$）的长度.

解　弧长元素为

$$\mathrm{d}s = \sqrt{a^2(1-\cos\theta)^2+a^2\sin^2\theta}\,\mathrm{d}\theta = a\sqrt{2(1-\cos\theta)}\,\mathrm{d}\theta = 2a\sin\frac{\theta}{2}\mathrm{d}\theta$$

所求弧长为

$$s = \int_0^{2\pi} 2a\sin\frac{\theta}{2}\mathrm{d}\theta = 2a\left[-2\cos\frac{\theta}{2}\right]_0^{2\pi} = 8a$$

3）极坐标情形

设曲线弧由极坐标方程

$$\rho = \rho(\theta) \quad (\alpha\leqslant\theta\leqslant\beta)$$

给出，其中 $\rho(\theta)$ 在 $[\alpha,\beta]$ 上具有连续导数. 由直角坐标与极坐标的关系可得

$$x = \rho(\theta)\cos\theta, \quad y = \rho(\theta)\sin\theta \quad (\alpha\leqslant\theta\leqslant\beta)$$

于是得弧长元素为

$$\mathrm{d}s = \sqrt{x'^2(\theta)+y'^2(\theta)}\,\mathrm{d}\theta = \sqrt{\rho^2(\theta)+\rho'^2(\theta)}\,\mathrm{d}\theta$$

从而所求弧长为

$$s = \int_\alpha^\beta \sqrt{\rho^2(\theta) + \rho'^2(\theta)}\, d\theta$$

例 6.5.12　求心形线 $\rho = a(1+\cos\theta)\,(a > 0)$ 的周长.

解　弧长元素为

$$ds = \sqrt{a^2(1+\cos\theta)^2 + a^2 \sin^2\theta}\, d\theta = a\sqrt{2+2\cos\theta}\, d\theta = 2a\left|\cos\frac{\theta}{2}\right| d\theta$$

于是所求弧长为

$$s = \int_{-\pi}^{\pi} 2a\cos\frac{\theta}{2}\, d\theta = 4a\int_0^{\pi}\cos\frac{\theta}{2}\, d\theta = \left[8a\sin\frac{\theta}{2}\right]_0^{\pi} = 8a$$

6.5.3　定积分在经济上的应用

1. 由边际函数求总量函数

设 $y = f(x)$ 是经济量的函数(如需求函数、生产函数、成本函数、总收益函数等),则称 $f'(x)$ 为 $f(x)$ 的边际函数或变化率. 在经济管理中,可以利用积分法,根据边际函数求出总量函数(即原函数)或总量函数在某个区间 $[a,b]$ 上的改变量.

(1) 已知边际成本 $MC(Q)$,求总成本 $C(Q)$.

有 $C(Q) = \displaystyle\int_0^Q MC(x)\, dx + C(0)$,其中 $C(0)$ 是固定成本,一般不为零.

(2) 已知边际收益 $MR(Q)$,求总收益 $R(Q)$.

有 $R(Q) = \displaystyle\int_0^Q MR(x)\, dx + R(0) = \int_0^Q MR(x)\, dx$,其中 $R(0) = 0$ 称为自然条件,意指当销售量为 0 时,自然收益为 0.

例 6.5.13　已知某产品边际成本函数 $MC(Q) = Q + 24$ 且固定成本为 1000 元. 求总成本函数 $C(Q)$.

解　$C(Q) = \displaystyle\int_0^Q MC(x)\, dx + C(0) = \int_0^Q (x+24)\, dx + 1000$

$$= \left[\frac{1}{2}x^2 + 24x\right]_0^Q + 1000 = \frac{1}{2}Q^2 + 24Q + 1000$$

例 6.5.14　某工厂生产某产品 Q(百台)的边际成本为 $MC(Q) = 2$ 万元,设固定成本为 0,边际收益为 $MR(Q) = 7 - 2Q$(万元 / 百台). 求:

(1) 生产量为多少时,总利润 L 最大?最大总利润是多少?

(2) 在利润最大的生产量的基础上又生产了 50 台,总利润减少多少?

解　(1) 因 $C(Q) = \displaystyle\int_0^Q MC(x)\, dx + C(0) = \int_0^Q 2\, dx = 2Q$

$$R(Q) = \int_0^Q MR(x)\, dx = \int_0^Q (7-2x)\, dx = 7Q - Q^2$$

所以利润函数 $L(Q) = R(Q) - C(Q) = 5Q - Q^2$,则 $L'(Q) = 5 - 2Q$.

令 $L'(Q) = 0$，得唯一驻点 $Q = 2.5$，且有 $L''(Q) = -2 < 0$.

故 $Q = 2.5$，即产量为 250 台时，有最大利润，最大利润为

$$L(2.5) = (5 \times 2.5 - 2.5^2) \text{万元} = 6.25 \text{万元}$$

（2）在 250 台的基础上又生产了 50 台，即生产 300 台，此时利润为

$$L(3) = (5 \times 3 - 3^2) \text{万元} = 6 \text{万元}$$

即利润减少了 0.25 万元.

*2. 收益流的现值和将来值

若以连续复利率 r 计息，将一笔 P 元的人民币从现在起存银行，t 年后的价值（将来值）为

$$B = Pe^{rt}$$

若 t 年后得到 B 元的人民币，则现在需要存入银行的金额（现值）为

$$P = Be^{-rt}$$

收益流 $R(t)$ —— 随时间 t 连续变化的收益.

收益流量 $P(t)$ —— 收益流 $R(t)$ 对时间的变化率.

显然 $P(t) = R'(t)$. 若收益 R 以元为单位，时间 t 以年为单位，收益流量单位为元 / 年. 若 $P(t) = b$ 为常数，则称该收益流具有常数流量（收益率）.

将来值 —— 将收益流存入银行并加上利息之后的存款值.

现值 —— 收益流的现值是这样一笔款项，若把它存入可获息的银行，将来从收益流中获得的总收益与包括利息在内的银行存款值有相同的价值，即总收益减去利息的所得.

若不考虑利息，则从 $t = 0$ 时刻开始，以 $P(t)$ 为收益率的收益流到 T 时刻的总收益为 $\int_0^T P(t)\mathrm{d}t$. 若考虑利息，为简单起见，假设以连续复利率 r 计息，对于一笔收益率为 $P(t)$（元 / 年）的收益流，计算现值和将来值.

假设连续复利率为 r，收益流的收益流量为 $P(t)$（元 / 年），时间段为从 $t = 0$ 到 $t = T$ 年，那么

收益流的总现值为：$R_0 = \int_0^T P(t)e^{-rt}\mathrm{d}t$；

收益流的将来值为：$R_T = \int_0^T P(t)e^{r(T-t)}\mathrm{d}t$.

例 6.5.15   假设以连续复利率 $r = 0.1$ 计息.

（1）求收益流量为 100 元 / 年的收益在 20 年期间的现值和将来值；

（2）将来值和现值的关系如何？解释这一关系.

解   （1）收益在 20 年期间的现值和将来值分别为

现值：$R_0 = \int_0^{20} 100e^{-0.1t}\mathrm{d}t = 1000(1 - e^{-2}) \approx 864.66$ 元

将来值: $R_{20} = \displaystyle\int_0^{20} 100\mathrm{e}^{0.1(20-t)}\mathrm{d}t = 1000(1-\mathrm{e}^{-2})\mathrm{e}^2 \approx 6389.06$ 元

(2) $R_{20} = \mathrm{e}^2 R_0$.

说明:将单独的一笔款项 R_0 存入银行,并以连续复利率 $r = 0.1$ 计息,那么这笔款项 20 年后的将来值为 $R_0\mathrm{e}^{0.1 \times 20} = \mathrm{e}^2 R_0$,这个将来值正好等于收益流在 20 年期间的将来值 R_{20}.

例 6.5.16　设有一项计划现在($t = 0$)需要投入 1000 万元,在 10 年中每年收益为 200 万元. 若连续复利率为 5%,求收益资本价值 W(设购置的设备 10 年后完全失去价值).

解　由于资本的价值 = 收益流的现值 − 投入资金的现值,那么

$$W = \int_0^{10} 200\mathrm{e}^{-0.05t}\mathrm{d}t - 1000 \quad (200\text{ 万元为每年的收益流量})$$

$$= 4000(1-\mathrm{e}^{-0.5}) - 1000 \approx 573.88 \text{ 万元}$$

*6.5.4　定积分在物理上的应用

1. 变力做功

由物理学知识知道,物体在常力 F 的作用下,沿力的方向做直线运动,当物体发生了位移 S 时,力 F 对物体所做的功是 $W = FS$.

但在实际问题中,物体在发生位移的过程中所受到的力常常是变化的,这就需要考虑变力做功的问题.

由于所求的功是一个整体量,且对于区间具有可加性,所以可以用微元法来求这个量.

设物体在变力 $F = F(x)$ 的作用下,沿 x 轴由点 a 移动到点 b,如图 6.5.18 所示,且变力方向与 x 轴方向一致. 取 x 为积分变量, $x \in [a,b]$. 在区间 $[a,b]$ 上任取一小区间 $[x, x+\mathrm{d}x]$,该区间上各点处的力可以用点 x 处的力 $F(x)$ 近似代替. 因此,功的微元为

图 6.5.18

$$\mathrm{d}W = F(x)\mathrm{d}x$$

因此,从点 a 到点 b 这一段位移上变力 $F(x)$ 所做的功为

$$W = \int_a^b F(x)\mathrm{d}x$$

例 6.5.17　弹簧在拉伸过程中,所需要的力与弹簧的伸长量成正比,即 $F = kx$ (k 为比例系数). 已知弹簧拉长 0.01 m 时,需力 10 N,要使弹簧伸长 0.05 m,计算外力所做的功.

解　由题设,$x = 0.01$ m 时,$F = 10$ N. 代入 $F = kx$,得 $k = 1000$ N/m,从而变力为 $F = 1000x$. 由上述公式所求的功为

$$W = \int_0^{0.05} 1000x \mathrm{d}x = \left[500x^2\right]_0^{0.05} = 1.25 \text{ J}$$

2. 液体的压力

由物理学知识知道,在液面下深度为 h 处的压强为 $p = \rho g h$,其中 ρ 是液体的密度,g 是重力加速度. 如果有一面积为 A 的薄板水平地置于深度为 h 处,那么薄板一侧所受的液体压力

$$F = pA$$

但在实际问题中,往往要计算薄板竖直放置在液体中时,其一侧所受到的压力. 由于压强 p 随液体的深度变化而变化,所以薄板一侧所受的液体压力就不能用上述方法计算,但可以用定积分的微元法来加以解决.

设薄板形状是曲边梯形,为了计算方便,建立如图 6.5.19 所示的坐标系,曲边方程为 $y = f(x)$. 取液体深度 x 为积分变量,$x \in [a,b]$,在 $[a,b]$ 上取一小区间 $[x, x+\mathrm{d}x]$,该区间上小曲边平板所受的压力可近似地看作长为 y、宽为 $\mathrm{d}x$ 的小矩形水平地放在距液体表面深度为 x 的位置上时,一侧所受压力. 因此,所求的压力微元为

$$\mathrm{d}F = \rho g h f(x) \mathrm{d}x$$

于是,整个平板一侧所受压力为

$$F = \int_a^b \rho g h f(x) \mathrm{d}x$$

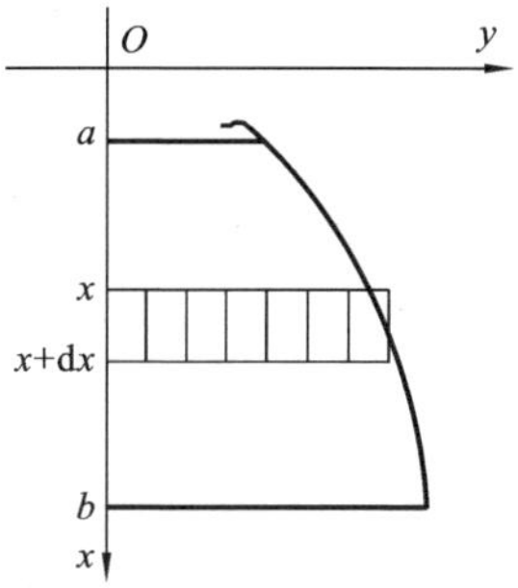

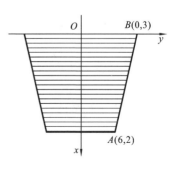

图 6.5.19

例 6.5.18　修建一道梯形闸门,它的两条底边各长 6 m 和 4 m,高为 6 m,较长的底边与水面平齐,要计算闸门一侧所受水的压力.

解　根据题设条件,建立如图 6.5.20 所示的坐标系,AB 的方程为 $y = -\dfrac{1}{6}x + 3$.

取 x 为积分变量,$x \in [0,6]$,在 $x \in [0,6]$ 上任一小区间 $[x, x+\mathrm{d}x]$ 的压力微元为

$$\mathrm{d}F = 2\rho g x y \mathrm{d}x = 2 \times 9.8 \times 10^3 x \left(-\frac{1}{6}x + 3\right)\mathrm{d}x$$

从而所求的压力为

$$F = \int_0^6 9.8 \times 10^3 \left(-\frac{1}{3}x^2 + 6x\right)\mathrm{d}x$$

$$= 9.8 \times 10^3 \left[-\frac{1}{9}x^3 + 3x^2\right]_0^6$$

$$\approx 8.23 \times 10^5 \text{ N}$$

图 6.5.20

3. 引力

从物理学知识知道，质量分别为 m_1、m_2，相距为 r 的两质点间的引力的大小为

$$F = G \frac{m_1 m_2}{r^2}$$

其中 G 为引力系数，引力的方向沿着两质点连线方向.

如果要计算一根细棒对一个质点的引力，那么，由于细棒上各点与该质点的距离是变化的，且各点对该质点的引力的方向也是变化的，就不能用上述公式来计算.

例 6.5.19 设有一长度为 l、线密度为 ρ 的均匀细直棒，在其中垂线上距棒 a 单位处有一质量为 m 的质点 M. 试计算该棒对质点 M 的引力.

解 建立如图 6.5.21 所示的坐标系，使棒位于 x 轴上，质点 M 位于 y 轴上，棒的中点为原点 O. 由对称性知，引力在水平方向上的分量为零，所以只需求引力在垂直方向的分量. 取 x 为积分变量，它的变化区间为 $\left[-\frac{l}{2}, \frac{l}{2}\right]$. 在 $\left[-\frac{l}{2}, \frac{l}{2}\right]$ 上 x 点取长为 $\mathrm{d}x$ 的一小段，其质量为 $\rho\mathrm{d}x$，与 M 相距 $r = \sqrt{a^2 + x^2}$. 于是在垂直方向上，引力元素为

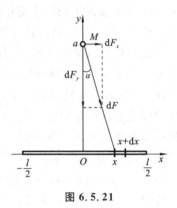

图 6.5.21

$$\mathrm{d}F_y = G \frac{m\rho\mathrm{d}x}{a^2 + x^2} \cdot \frac{-a}{\sqrt{a^2 + x^2}} = -G \frac{am\rho\mathrm{d}x}{(a^2 + x^2)^{3/2}}$$

引力在垂直方向的分量为

$$F_y = -\int_{-\frac{l}{2}}^{\frac{l}{2}} G \frac{am\rho\mathrm{d}x}{(a^2 + x^2)^{3/2}} = -\frac{2Gm\rho l}{a} \cdot \frac{1}{\sqrt{4a^2 + l^2}}$$

这里负号表示力的方向与 y 轴正向相反. 引力的方向是沿细杆的中垂线指向细杆.

习　题　6.5

1. 直线 $y = \frac{1}{4}$ 将由 $y = x^2$，$y = \sqrt{x}$ 所围成的区域分为上、下两部分，求上部分与下部分的面积比值.

2. 求由下列各曲线所围成的图形的面积.

(1) $y = x^2$ 与 $y = 2x + 3$；

(2) $y = \sqrt{x}$，$y = -x$ 及 $x = 1$，$x = 3$；

(3) $y = \frac{1}{x}$ 与直线 $y = x$ 及 $x = 2$；

（4）$x = y^2, y = -x$ 与直线 $y = 1$；

（5）$\rho = 2\cos\theta$；

（6）星形线 $x = a\cos^3 t, y = a\sin^3 t \ (a > 0)$.

3. 求曲线 $\rho = 2$ 与 $\rho = 4\cos\theta$ 所围公共部分的面积.

4. 由 $y = x^3, x = 1, y = 0$ 所围成的图形,分别绕 x 轴及 y 轴旋转,计算所得两旋转体的体积.

5. 求以半径为 R 的圆为底、平行且等于底圆直径的线段为顶、高为 h 的正劈锥体（见图 6.5.22）的体积.

6. 求曲线 $y = \ln(1 - x^2)$ 自 $x = 0$ 到 $x = \dfrac{1}{2}$ 这一段的弧长.

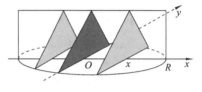

图 6.5.22

7. 设某企业边际成本是产量 Q（单位）的函数 $C'(Q) = 2e^{0.2Q}$（万元 / 单位）,其固定成本为 $C_0 = 90$ 万元,求总成本函数.

8. 设某产品的边际收益是产量 Q（单位）的函数 $R'(Q) = 15 - 2Q$（元 / 单位）,试求总收益函数.

9. 已知某产品产量的变化率是时间 t（单位:月）的函数 $f(t) = 2t + 5, t \geqslant 0$. 问:第一个 5 月和第二个 5 月的总产量各是多少?

10. 设生产某产品的固定成本为 10,而当产量为 x 时的边际成本函数为
$$MC = 40 - 20x + 3x^2$$
边际收入函数为
$$MR = 32 - 10x$$
试求:（1）总利润函数；（2）使总利润最大的产量.

11. 薄板形状为一椭圆形,其轴为 $2a$ 和 $2b(a > b)$,此薄板的一半铅直沉入水中,而其短轴与水的表面相齐,计算水对此薄板侧面的压力.

12. 某企业一项为期 10 年的投资需购置成本 80 万元,每年的收益流量为 10 万元,求内部利率 μ（注:内部利率是使收益价值等于成本的利率）.

*6.6　Matlab 软件简单应用

使用 Matlab 的符号计算功能,可以计算出许多积分的解析解和精确解,只是有些精确解显得冗长繁杂,这时可以用 vpa 或 eval 函数把它转换成位数有限的数字,有效数字的长度可按需选取. 符号法计算积分非常方便,常常用它得到的结果与近似计算的结果进行比较（Matlab 软件具体使用方法可参考附录 A）.

```
函数 int  (integral)
```

格式　　R= int(S,v)　% 对符号表达式 S 中指定的符号变量 v 计算不定积分.需要注意
　　　　　　　　　　 的是,表达式 R 只是函数 S 的一个原函数,后面没有带任意常数 C

R= int(S,v,a,b)　% 对表达式 S 中指定的符号变量 v 计算从 a 到 b 的定积分

R= int(S,a,b)　% 对符号表达式 S 中的符号变量 v 计算从 a 到 b 的定积分,其中 v=
findsym(S)

例 6.6.1　计算以下定积分和不定积分 $\int_{\sin t}^{1} 2x\,\mathrm{d}x, \int \mathrm{e}^{t}\,\mathrm{d}t, \int \mathrm{e}^{\alpha t}\,\mathrm{d}t$.

解　在命令窗口输入:

```
> > syms x  t alpha
> > INT1= int(2* x, sin(t), 1)
> > INT2= int([exp(t),exp(alpha* t)])
```

回车可得:

```
INT1= 1- sin(t)^2
INT2= [ exp(t), 1/alpha* exp(alpha* t)]
```

例 6.6.2　计算定积分 (1) $\int_{0}^{a} \sqrt{a^2 - x^2}\,\mathrm{d}x$;(2) $\int_{0}^{4} \dfrac{x+2}{\sqrt{2x+1}}\,\mathrm{d}x$.

解　在命令窗口输入:

```
> > syms x  a
> > INT1= int(sqrt(a^2- x^2), 0,a)
> > INT2= int((x+ 2)/sqrt(2* x+ 1), 0,4)
```

回车可得:

```
INT1=
(pi* a^2)/4
INT2=
22/3
```

例 6.6.3　计算 $\int_{1}^{10} (\mathrm{e}^{-y^2 + \ln y})\,\mathrm{d}y$.

解　在命令窗口输入:

```
I= int('exp(- y^2)+ log(y)',1,10)
```

回车得到:

```
I=-1/2* pi^(1/2)* erf(1)-9+1/2* pi^(1/2)* erf(10)+10* log(2)+10* log(5)
```

从输出的结果可以看出,结果很复杂,下面是用两种方式进行转换的输出结果,
试比较它们的差别.

输入:eval('- 1/2* pi^(1/2)* erf(1)- 9+ 1/2* pi^(1/2)* erf(10)+ 10* log(2)+ 10* log(5)')

结果:ans= 14.1653

输入:vpa(- 1/2* pi^(1/2)* erf(1)- 9+ 1/2* pi^(1/2)* erf(10)+ 10* log(2)+ 10* log(5))

结果:ans= 14.16525372258078974141426442 6567

本 章 小 结

一、内容纲要

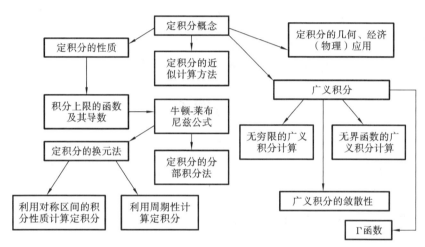

二、部分重难点内容分析

（1）正确理解定积分定义.

定义中有两个任意,将区间 $[a,b]$ 任意分割成 n 个小区间 $[x_{i-1},x_i](i=1,2,\cdots,n)$,在每个小区间 $[x_{i-1},x_i]$ 上任意取一点 ξ_i. 如果已知 $f(x)$ 可积,可以通过选择特殊的分割和特殊的 ξ_i 来计算定积分 $\int_a^b f(x)\mathrm{d}x$（如计算某些极限）.

（2）注意正确使用定积分的换元积分法.

定积分换元积分法是通过变量代换把一个定积分化为另外一个定积分,因此不必运用不定积分的换元积分法单独求出原函数. 作变量代换时,也要同时改变积分限,下限对应下限,上限对应上限.

（3）注意常见的结论和换元方法.

常见的结论：

① 若 $f(x)$ 在 $[-a,a]$ 上连续,则 $\int_{-a}^a f(x)\mathrm{d}x = \int_0^a [f(x) + f(-x)]\mathrm{d}x$；

若 $f(x)$ 在 $[-a,a]$ 上连续且为偶函数,则 $\int_{-a}^{a} f(x)\,\mathrm{d}x = 2\int_{0}^{a} f(x)\,\mathrm{d}x$;

若 $f(x)$ 在 $[-a,a]$ 上连续且为奇函数,则 $\int_{-a}^{a} f(x)\,\mathrm{d}x = 0$.

② 若 $f(x)$ 是以 l 为周期的连续函数,则 $\int_{a}^{a+l} f(x)\,\mathrm{d}x = \int_{0}^{l} f(x)\,\mathrm{d}x$.

③ $\int_{0}^{\frac{\pi}{2}} f(\sin x)\,\mathrm{d}x = \int_{0}^{\frac{\pi}{2}} f(\cos x)\,\mathrm{d}x$.

④ $\int_{0}^{\pi} x f(\sin x)\,\mathrm{d}x = \frac{\pi}{2}\int_{0}^{\pi} f(\sin x)\,\mathrm{d}x$.

根据积分区间的特点,计算定积分时常采用如下的换元方法:

① $x = \dfrac{1}{t}$,这时,$\mathrm{d}x = -\dfrac{1}{t^2}\mathrm{d}t$,积分区间由 $(0,+\infty)$ 仍然为 $(0,+\infty)$;

② $x = -t$,这时,$\mathrm{d}x = -\mathrm{d}t$,积分区间由 $[-a,0]$ 仍然为 $[0,a]$;

③ $x = a-t$,这时,$\mathrm{d}x = -\mathrm{d}t$,积分区间由 $[0,a]$ 仍然为 $[0,a]$.

复习题 6

1. 填空题.

(1) $f(x)$ 在 $[a,b]$ 上可积的充分条件是 _____.

(2) $\lim\limits_{n\to\infty} \dfrac{\sum\limits_{k=1}^{n} \sqrt{k}}{n\sqrt{n}}$ 用定积分可表示成 _____.

(3) $\dfrac{\mathrm{d}}{\mathrm{d}x}\int_{x^2}^{0} \cos t^2\,\mathrm{d}t$ _____.

(4) 设 $f(x)$ 连续,$F(x) = \int_{0}^{x^2} xf(t^2)\,\mathrm{d}t$,则 $F'(x) =$ _____.

(5) $f(x)$ 是连续函数,且 $\int_{0}^{x^2-1} f(t)\,\mathrm{d}t = x$,则 $f(3) =$ _____.

(6) 设 $f(x) = \int_{0}^{x} \dfrac{\cos t}{1+\sin^2 t}\,\mathrm{d}t$,则 $\int_{0}^{\frac{\pi}{2}} \dfrac{f'(x)}{1+f^2(x)}\,\mathrm{d}x =$ _____.

(7) 设 $f(x)$ 连续,且 $f(x) = x + 2\int_{0}^{1} f(x)\,\mathrm{d}x$,则 $f(x) =$ _____.

(8) $\int_{e}^{+\infty} \dfrac{\mathrm{d}x}{x\ln^2 x} =$ _____.

2. 选择题.

(1) 定积分 $\int_{a}^{b} f(x)\,\mathrm{d}x$ 表示和式的极限是( ).

(A) $\lim\limits_{n\to\infty}\dfrac{b-a}{n}\sum\limits_{k=1}^{n}f\left(\dfrac{k}{n}(b-a)\right)$

(B) $\lim\limits_{n\to\infty}\dfrac{b-a}{n}\sum\limits_{k=1}^{n}f\left(\dfrac{k-1}{n}(b-a)\right)$

(C) $\lim\limits_{n\to\infty}\sum\limits_{k=1}^{n}f(\xi_k)\Delta x_k(\xi_k$ 为 Δx_k 中任一点$)$

(D) $\lim\limits_{\lambda\to0}\sum\limits_{k=1}^{n}f(\xi_k)\Delta x_k(\lambda=\max\limits_{1\leqslant k\leqslant n}\{\Delta x_k\},\xi_k$ 为 Δx_k 中任一点$)$

(2) 积分中值定理 $\int_a^b f(x)\mathrm{d}x=f(\xi)(b-a)$ 中 ξ 是 $[a,b]$ 上(　　).

(A) 任意一点　　　(B) 必存在的某一点　(C) 唯一的某点　　(D) 中点

(3) 设 $F(x)=\dfrac{x^2}{x-a}\int_a^x f(t)\mathrm{d}t$,其中 $f(x)$ 为连续函数,则 $\lim\limits_{x\to a}F(x)$ 等于(　　).

(A) a^2　　　　　(B) $a^2 f(a)$　　　　(C) 0　　　　　　(D) 不存在

(4) $I=\int_0^a x^3 f(x^2)\mathrm{d}x\ (a>0)$,则 $I=($　　$)$.

(A) $\int_0^{a^2} xf(x)\mathrm{d}x$　　　　　　　　(B) $\int_0^a xf(x)\mathrm{d}x$

(C) $\dfrac{1}{2}\int_0^{a^2} xf(x)\mathrm{d}x$　　　　　　(D) $\dfrac{1}{2}\int_0^a xf(x)\mathrm{d}x$

(5) $f''(x)$ 在 $[a,b]$ 上连续,则 $\int_a^b xf''(x)\mathrm{d}x=($　　$)$.

(A) $[af'(a)-f(a)]-[bf'(b)-f(b)]$
(B) $[bf'(b)-f(b)]+[af'(a)-f(a)]$
(C) $[bf'(b)-f(b)]-[af'(a)-f(a)]$
(D) $[af'(a)-f(a)]+[bf'(b)-f(b)]$

(6) 以下各积分不属于广义积分的是(　　).

(A) $\int_0^{+\infty}\ln(1+x)\mathrm{d}x$　(B) $\int_0^1\dfrac{\sin x}{x}\mathrm{d}x$　(C) $\int_{-1}^1\dfrac{\mathrm{d}x}{x^2}$　　(D) $\int_{-3}^0\dfrac{\mathrm{d}x}{1+x}$

(7) 设 $I_1=\int_e^x \ln t\,\mathrm{d}t,I_2=\int_e^x \ln t^2\,\mathrm{d}t(x>0)$,则(　　).

(A) 仅当 $x>\mathrm{e}$ 时,$I_1<I_2$　　　(B) 对一切 $x\neq\mathrm{e}$,有 $I_1<I_2$
(C) 仅当 $x<\mathrm{e}$ 时,$I_1<I_2$　　　(D) 对一切 $x\neq\mathrm{e}$,有 $I_1\geqslant I_2$

(8) 设 $f(x)=\int_0^{\sin x}\sin t^2\,\mathrm{d}t,g(x)=x^3+x^4$,则当 $x\to0$ 时,$f(x)$ 是 $g(x)$ 的(　　).

(A) 等价无穷小　　　　　　　　(B) 同阶但非等价的无穷小
(C) 高阶无穷小　　　　　　　　(D) 低阶无穷小

(9) 设函数 $f(x)$ 连续,则在下列变上限定积分定义的函数中,必为偶函数的是(　　).

(A) $\displaystyle\int_0^x t[f(t)+f(-t)]\mathrm{d}t$ 　　　　(B) $\displaystyle\int_0^x t[f(t)-f(-t)]\mathrm{d}t$

(C) $\displaystyle\int_0^x f(t^2)\mathrm{d}t$ 　　　　(D) $\displaystyle\int_0^x f^2(t)\mathrm{d}t$

(10) $\displaystyle\lim_{n\to\infty}\ln\sqrt[n]{\left(1+\frac{1}{n}\right)^2\left(1+\frac{2}{n}\right)^2\cdots\left(1+\frac{n}{n}\right)^2}=$ (　　).

(A) $\displaystyle\int_1^2 \ln^2 x\,\mathrm{d}x$ 　　　　(B) $2\displaystyle\int_1^2 \ln x\,\mathrm{d}x$

(C) $2\displaystyle\int_1^2 \ln(1+x)\,\mathrm{d}x$ 　　　　(D) $\displaystyle\int_1^2 \ln^2(1+x)\,\mathrm{d}x$

3. 计算下列积分.

(1) $\displaystyle\int_1^2 \left(x+\frac{1}{\sqrt{x}}\right)^2\mathrm{d}x$;　　　　(2) $\displaystyle\int_0^{\frac{\pi}{4}} \tan^4 x\,\mathrm{d}x$;

(3) 设 $f(x)=\begin{cases} \mathrm{e}x & (x>0) \\ \cos x & (x\leqslant 0) \end{cases}$,求$\displaystyle\int_{-\frac{\pi}{2}}^1 f(x)\mathrm{d}x$;　　(4) $\displaystyle\int_0^{\frac{\pi}{2}} \max\{\sin x,\cos x\}\mathrm{d}x$;

(5) $\displaystyle\int_0^{\frac{\pi}{2}} \sqrt{1-\sin 2x}\,\mathrm{d}x$;　　　　(6) $\displaystyle\int_0^1 \sqrt{1+x^2}\,\mathrm{d}x$;

(7) $\displaystyle\int_0^1 \frac{x^2}{x^2+1}\arctan x\,\mathrm{d}x$;　　　　(8) $\displaystyle\int_{-1}^1 \left(x-\sqrt{2-x^2}\right)^2\mathrm{d}x$.

4. 求 a,b 的值,使$\displaystyle\lim_{x\to 0}\frac{1}{bx-\sin x}\int_0^x \frac{t^2}{\sqrt{a+t}}\mathrm{d}t=1$.

5. 设 $f(x)$ 为连续函数,证明:$\displaystyle\int_0^x \left(\int_0^t f(u)\mathrm{d}u\right)\mathrm{d}t=\int_0^x f(t)(x-t)\mathrm{d}t$.

6. 计算下列曲线所围成的图形面积.

(1) 曲线 $y=\ln x$ 和直线 $x=\mathrm{e}^2$ 及 $y=1$ 所围成的图形;

(2) 曲线 $y=x^2$ 和直线 $y=x$ 及 $y=2x$ 所围成的图形.

7. 求曲线 $x=\cos t+t\sin t, y=\sin t-t\cos t$ 自 $t=0$ 至 $t=\pi$ 这一段的弧长.

8. 求由曲线 $xy=1$,直线 $x=1, x=2$ 及 x 轴所围图形分别绕 x 轴、y 轴旋转而成的旋转体的体积.

9. 设生产某产品的固定成本为 60000 元,可变成本为 20 元/件,价格函数为 $P=60-\dfrac{Q}{1000}$(P 是单价,单位:元,Q 是销量,单位:件),已知产销量平衡,求:

(1) 该商品的边际利润;

(2) 当 $P=50$ 时的边际利润,并解释其经济意义;

(3) 使得利润最大的定价 P.

*10. 在 xOy 坐标平面上，连续曲线 L 过点 $M(1,0)$，其上任意点 $P(x,y)(x \neq 0)$ 处的切线斜率与直线 OP 的斜率之差等于 ax（常数 $a > 0$）.

(1) 求 L 的方程；

(2) 当 L 与直线 $y = ax$ 所围成平面图形的面积为 $\dfrac{8}{3}$ 时，确定 a 的值.

附录 A 常用的初等数学基本公式

1. 乘法及因式分解

$$(a \pm b)^3 = a^3 \pm 3a^2b + 3ab^2 \pm b^3$$

$$a^3 \pm b^3 = (a \pm b)(a^2 \mp ab + b^2)$$

$$a^n - b^n = (a-b)(a^{n-1} + a^{n-2}b + a^{n-3}b^2 + \cdots + ab^{n-2} + b^{n-1})$$

$$(a+b)^n = a^n + na^{n-1}b + \frac{n(n-1)}{2!}a^{n-2}b^2 + \cdots + \frac{n(n-1)\cdots[n-(k-1)]}{k!}a^{n-k}b^k + \cdots + b^n$$

$$(1+x)^n = 1 + nx + \frac{n(n-1)}{2!}x^2 + \cdots + \frac{n(n-1)\cdots[n-(k-1)]}{k!}x^k + \cdots + x^n$$

2. 指数公式

$$a^n = \underbrace{aa\cdots a}_{n\uparrow} \qquad a^{-n} = \frac{1}{a^n}(a \neq 0) \qquad a^0 = 1(a \neq 0)$$

$$a^{\frac{m}{n}} = \sqrt[n]{a^m}(a \geq 0) \qquad a^{-\frac{m}{n}} = \frac{1}{\sqrt[n]{a^m}}(a \geq 0)$$

以上 m、n 均为正整数.

$$(ab)^x = a^x \cdot b^x \qquad \left(\frac{a}{b}\right)^x = \frac{a^x}{b^x} \qquad (a > 0, b > 0, x \text{ 为任意实数})$$

3. 对数公式

定义式： $$a^b = N \Leftrightarrow \log_a N = b$$

性质：$a^{\log_a N} = N \qquad \mathrm{e}^{\ln N} = N \qquad \log_a a^x = x \qquad \log_a 1 = 0 \qquad \log_a a = 1$

运算法则：$\log_a(MN) = \log_a M + \log_a N \qquad \log_a \dfrac{M}{N} = \log_a M - \log_a N$

$$\log_a N^x = x \log_a N$$

换底公式： $$\log_a N = \frac{\log_b N}{\log_b a}$$

4. 数列公式

1）等差数列

设 a_1 为首项，d 为公差，n 为项数，a_n 为第 n 项数，s_n 为前 n 项和，则

$$a_n = a_1 + (n-1)d$$

$$s_n = \frac{a_1 + a_n}{2} \cdot n = na_1 + \frac{n(n-1)}{2}d$$

2）等比数列

设 a_1 为首项，q 为公比，n 为项数，a_n 为第 n 项数，s_n 为前 n 项和，则

$$a_n = a_1 q^{n-1}$$

$$s_n = \frac{a_1 - a_n q}{1-q} = \frac{a_1(1-q^n)}{1-q}$$

5. 三角公式

1）基本公式

$$\sin^2\alpha + \cos^2\alpha = 1 \quad 1 + \tan^2\alpha = \sec^2\alpha \quad 1 + \cot^2\alpha = \csc^2\alpha$$

$$\sin\alpha \cdot \csc\alpha = 1 \quad \cos\alpha \cdot \sec\alpha = 1 \quad \tan\alpha \cdot \cot\alpha = 1$$

$$\tan\alpha = \frac{\sin\alpha}{\cos\alpha} \quad \cot\alpha = \frac{\cos\alpha}{\sin\alpha}$$

2）和差角公式

$$\sin(x+y) = \sin x \cos y + \cos x \sin y$$

$$\cos(x+y) = \cos x \cos y - \sin x \sin y$$

$$\tan(x+y) = \frac{\tan x + \tan y}{1 - \tan x \tan y}$$

$$\sin(x-y) = \sin x \cos y - \cos x \sin y$$

$$\cos(x-y) = \cos x \cos y + \sin x \sin y$$

$$\tan(x-y) = \frac{\tan x - \tan y}{1 + \tan x \tan y}$$

3）倍角公式

$$\sin 2x = 2\sin x \cos x$$

$$\cos 2x = \cos^2 x - \sin^2 x = 1 - 2\sin^2 x = 2\cos^2 x - 1$$

$$\tan 2x = \frac{2\tan x}{1 - \tan^2 x}$$

$$\sin^2 x = \frac{1}{2}(1 - \cos 2x)$$

$$\cos^2 x = \frac{1}{2}(1 + \cos 2x)$$

$$\sin 3x = 3\sin x - 4\sin^3 x$$

$$\cos 3x = 4\cos^3 x - 3\cos x$$

4）半角公式

$$\sin\frac{x}{2} = \pm\sqrt{\frac{1-\cos x}{2}}$$

$$\cos\frac{x}{2}=\pm\sqrt{\frac{1+\cos x}{2}}$$

$$\tan\frac{x}{2}=\pm\sqrt{\frac{1-\cos x}{1+\cos x}}=\frac{1-\cos x}{\sin x}=\frac{\sin x}{1+\cos x}$$

5）积化和差公式

$$\sin x\cos y=\frac{1}{2}[\sin(x+y)+\sin(x-y)]$$

$$\cos x\sin y=\frac{1}{2}[\sin(x+y)-\sin(x-y)]$$

$$\cos x\cos y=\frac{1}{2}[\cos(x+y)+\cos(x-y)]$$

$$\sin x\sin y=-\frac{1}{2}[\cos(x+y)-\cos(x-y)]$$

6）和差化积公式

$$\sin x+\sin y=2\sin\frac{x+y}{2}\cos\frac{x-y}{2}$$

$$\sin x-\sin y=2\cos\frac{x+y}{2}\sin\frac{x-y}{2}$$

$$\cos x+\cos y=2\cos\frac{x+y}{2}\cos\frac{x-y}{2}$$

$$\cos x-\cos y=-2\sin\frac{x+y}{2}\sin\frac{x-y}{2}$$

附录 B　几种常用的曲线

（1）三次抛物线

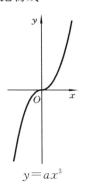

$$y = ax^3$$

（2）半立方抛物线

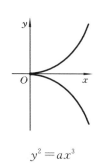

$$y^2 = ax^3$$

（3）概率曲线

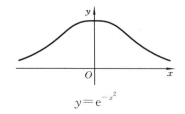

$$y = e^{-x^2}$$

（4）箕舌线

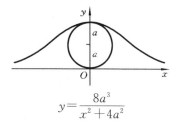

$$y = \frac{8a^3}{x^2 + 4a^2}$$

（5）蔓叶线

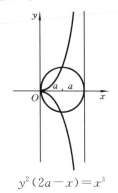

$$y^2(2a - x) = x^3$$

（6）笛卡儿叶形线

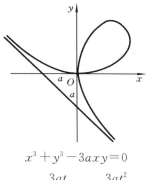

$$x^3 + y^3 - 3axy = 0$$

$$x = \frac{3at}{1 + t^3}, \quad y = \frac{3at^2}{1 + t^3}$$

(7) 星形线(内摆线的一种)

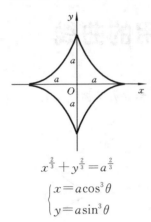

$$x^{\frac{2}{3}}+y^{\frac{2}{3}}=a^{\frac{2}{3}}$$

$$\begin{cases} x=a\cos^3\theta \\ y=a\sin^3\theta \end{cases}$$

(8) 摆线

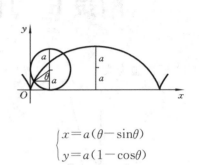

$$\begin{cases} x=a(\theta-\sin\theta) \\ y=a(1-\cos\theta) \end{cases}$$

(9) 心形线(外摆线的一种)

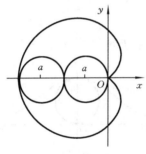

$$x^2+y^2+ax=a\sqrt{x^2+y^2}$$

$$\rho=a(1-\cos\theta)$$

(10) 阿基米德螺线

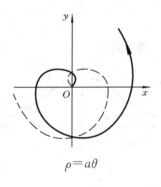

$$\rho=a\theta$$

(11) 对数螺线

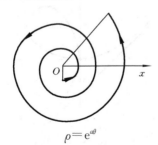

$$\rho=e^{a\theta}$$

(12) 双曲螺线

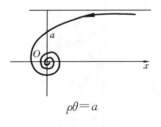

$$\rho\theta=a$$

（13）伯努利双纽线

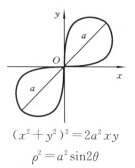

$$(x^2 + y^2)^2 = 2a^2 xy$$

$$\rho^2 = a^2 \sin 2\theta$$

（14）伯努利双纽线

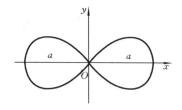

$$(x^2 + y^2)^2 = a^2(x^2 - y^2)$$

$$\rho^2 = a^2 \cos 2\theta$$

（15）三叶玫瑰线

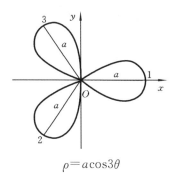

$$\rho = a \cos 3\theta$$

（16）三叶玫瑰线

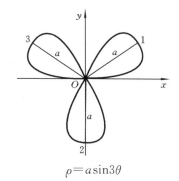

$$\rho = a \sin 3\theta$$

（17）四叶玫瑰线

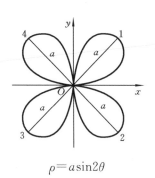

$$\rho = a \sin 2\theta$$

（18）四叶玫瑰线

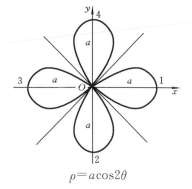

$$\rho = a \cos 2\theta$$

附录 C　积　分　表

(一) 含有 $ax+b$ 的积分 $(a \neq 0)$

1. $\displaystyle\int \frac{\mathrm{d}x}{ax+b} = \frac{1}{a}\ln|ax+b|+C$

2. $\displaystyle\int (ax+b)^{\mu}\mathrm{d}x = \frac{1}{a(\mu+1)}(ax+b)^{\mu+1}+C(\mu \neq -1)$

3. $\displaystyle\int \frac{x}{ax+b}\mathrm{d}x = \frac{1}{a^2}(ax+b-b\ln|ax+b|)+C$

4. $\displaystyle\int \frac{x^2}{ax+b}\mathrm{d}x = \frac{1}{a^3}\left[\frac{1}{2}(ax+b)^2-2b(ax+b)+b^2\ln|ax+b|\right]+C$

5. $\displaystyle\int \frac{\mathrm{d}x}{x(ax+b)} = -\frac{1}{b}\ln\left|\frac{ax+b}{x}\right|+C$

6. $\displaystyle\int \frac{\mathrm{d}x}{x^2(ax+b)} = -\frac{1}{bx}+\frac{a}{b^2}\ln\left|\frac{ax+b}{x}\right|+C$

7. $\displaystyle\int \frac{x}{(ax+b)^2}\mathrm{d}x = \frac{1}{a^2}\left(\ln|ax+b|+\frac{b}{ax+b}\right)+C$

8. $\displaystyle\int \frac{x^2}{(ax+b)^2}\mathrm{d}x = \frac{1}{a^3}\left(ax+b-2b\ln|ax+b|-\frac{b^2}{ax+b}\right)+C$

9. $\displaystyle\int \frac{\mathrm{d}x}{x(ax+b)^2} = \frac{1}{b(ax+b)}-\frac{1}{b^2}\ln\left|\frac{ax+b}{x}\right|+C$

(二) 含有 $\sqrt{ax+b}$ 的积分

10. $\displaystyle\int \sqrt{ax+b}\,\mathrm{d}x = \frac{2}{3a}\sqrt{(ax+b)^3}+C$

11. $\displaystyle\int x\sqrt{ax+b}\,\mathrm{d}x = \frac{2}{15a^2}(3ax-2b)\sqrt{(ax+b)^3}+C$

12. $\displaystyle\int x^2\sqrt{ax+b}\,\mathrm{d}x = \frac{2}{105a^3}(15a^2x^2-12abx+8b^2)\sqrt{(ax+b)^3}+C$

13. $\displaystyle\int \frac{x}{\sqrt{ax+b}}\mathrm{d}x = \frac{2}{3a^2}(ax-2b)\sqrt{ax+b}+C$

14. $\displaystyle\int \frac{x^2}{\sqrt{ax+b}}\mathrm{d}x = \frac{2}{15a^3}(3a^2x^2-4abx+8b^2)\sqrt{ax+b}+C$

15. $\displaystyle\int \frac{\mathrm{d}x}{x\sqrt{ax+b}} = \begin{cases} \dfrac{1}{\sqrt{b}}\ln\left|\dfrac{\sqrt{ax+b}-\sqrt{b}}{\sqrt{ax+b}+\sqrt{b}}\right|+C & (b>0) \\[4mm] \dfrac{2}{\sqrt{-b}}\arctan\sqrt{\dfrac{ax+b}{-b}}+C & (b<0) \end{cases}$

16. $\displaystyle\int \frac{\mathrm{d}x}{x^2\ \sqrt{ax+b}} = -\frac{\sqrt{ax+b}}{bx} - \frac{a}{2b}\int \frac{\mathrm{d}x}{x\ \sqrt{ax+b}}$

17. $\displaystyle\int \frac{\sqrt{ax+b}}{x}\mathrm{d}x = 2\ \sqrt{ax+b} + b\int \frac{\mathrm{d}x}{x\ \sqrt{ax+b}}$

18. $\displaystyle\int \frac{\sqrt{ax+b}}{x^2}\mathrm{d}x = -\frac{\sqrt{ax+b}}{x} + \frac{a}{2}\int \frac{\mathrm{d}x}{x\ \sqrt{ax+b}}$

（三）含有 $x^2 \pm a^2$ 的积分

19. $\displaystyle\int \frac{\mathrm{d}x}{x^2+a^2} = \frac{1}{a}\arctan \frac{x}{a} + C$

20. $\displaystyle\int \frac{\mathrm{d}x}{x^2-a^2} = \frac{1}{2a}\ln\left|\frac{x-a}{x+a}\right| + C$

21. $\displaystyle\int \frac{\mathrm{d}x}{(x^2+a^2)^n} = \frac{x}{2(n-1)a^2\ (x^2+a^2)^{n-1}} + \frac{2n-3}{2(n-1)a^2}\int \frac{\mathrm{d}x}{(x^2+a^2)^{n-1}}$

（四）含有 $ax^2+b(a>0)$ 的积分

22. $\displaystyle\int \frac{\mathrm{d}x}{ax^2+b} = \begin{cases} \dfrac{1}{\sqrt{ab}}\arctan \sqrt{\dfrac{a}{b}}x + C & (b>0) \\[3mm] \dfrac{1}{2\ \sqrt{-ab}}\ln\left|\dfrac{\sqrt{ax}-\sqrt{-b}}{\sqrt{ax}+\sqrt{-b}}\right| + C & (b<0) \end{cases}$

23. $\displaystyle\int \frac{x}{ax^2+b}\mathrm{d}x = \frac{1}{2a}\ln|ax^2+b| + C$

24. $\displaystyle\int \frac{x^2}{ax^2+b}\mathrm{d}x = \frac{x}{a} - \frac{b}{a}\int \frac{\mathrm{d}x}{ax^2+b}$

25. $\displaystyle\int \frac{\mathrm{d}x}{x(ax^2+b)} = \frac{1}{2b}\ln \frac{x^2}{|ax^2+b|} + C$

26. $\displaystyle\int \frac{\mathrm{d}x}{x^2(ax^2+b)} = -\frac{1}{bx} - \frac{a}{b}\int \frac{\mathrm{d}x}{ax^2+b}$

27. $\displaystyle\int \frac{\mathrm{d}x}{x^3(ax^2+b)} = \frac{a}{2b^2}\ln \frac{|ax^2+b|}{x^2} - \frac{1}{2bx^2} + C$

28. $\displaystyle\int \frac{\mathrm{d}x}{(ax^2+b)^2} = \frac{x}{2b(ax^2+b)} + \frac{1}{2b}\int \frac{\mathrm{d}x}{ax^2+b}$

（五）含有 $ax^2+bx+c(a>0)$ 的积分

29. $\displaystyle\int \frac{\mathrm{d}x}{ax^2+bx+c} = \begin{cases} \dfrac{2}{\sqrt{4ac-b^2}}\arctan \dfrac{2ax+b}{\sqrt{4ac-b^2}} + C & (b^2<4ac) \\[3mm] \dfrac{1}{\sqrt{b^2-4ac}}\ln\left|\dfrac{2ax+b-\sqrt{b^2-4ac}}{2ax+b+\sqrt{b^2-4ac}}\right| + C & (b^2>4ac) \end{cases}$

30. $\displaystyle\int \frac{x}{ax^2+bx+c}\mathrm{d}x = \frac{1}{2a}\ln|ax^2+bx+c| - \frac{b}{2a}\int \frac{\mathrm{d}x}{ax^2+bx+c}$

（六）含有 $\sqrt{x^2+a^2}\,(a>0)$ 的积分

31. $\int \dfrac{\mathrm{d}x}{\sqrt{x^2+a^2}} = \text{arsh}\,\dfrac{x}{a}+C_1 = \ln(x+\sqrt{x^2+a^2})+C$

32. $\int \dfrac{\mathrm{d}x}{\sqrt{(x^2+a^2)^3}} = \dfrac{x}{a^2\sqrt{x^2+a^2}}+C$

33. $\int \dfrac{x}{\sqrt{x^2+a^2}}\mathrm{d}x = \sqrt{x^2+a^2}+C$

34. $\int \dfrac{x}{\sqrt{(x^2+a^2)^3}}\mathrm{d}x = -\dfrac{1}{\sqrt{x^2+a^2}}+C$

35. $\int \dfrac{x^2}{\sqrt{x^2+a^2}}\mathrm{d}x = \dfrac{x}{2}\sqrt{x^2+a^2}-\dfrac{a^2}{2}\ln(x+\sqrt{x^2+a^2})+C$

36. $\int \dfrac{x^2}{\sqrt{(x^2+a^2)^3}}\mathrm{d}x = -\dfrac{x}{\sqrt{x^2+a^2}}+\ln(x+\sqrt{x^2+a^2})+C$

37. $\int \dfrac{\mathrm{d}x}{x\sqrt{x^2+a^2}} = \dfrac{1}{a}\ln\dfrac{\sqrt{x^2+a^2}-a}{|x|}+C$

38. $\int \dfrac{\mathrm{d}x}{x^2\sqrt{x^2+a^2}} = -\dfrac{\sqrt{x^2+a^2}}{a^2x}+C$

39. $\int \sqrt{x^2+a^2}\,\mathrm{d}x = \dfrac{x}{2}\sqrt{x^2+a^2}+\dfrac{a^2}{2}\ln(x+\sqrt{x^2+a^2})+C$

40. $\int \sqrt{(x^2+a^2)^3}\,\mathrm{d}x = \dfrac{x}{8}(2x^2+5a^2)\sqrt{x^2+a^2}+\dfrac{3}{8}a^4\ln(x+\sqrt{x^2+a^2})+C$

41. $\int x\sqrt{x^2+a^2}\,\mathrm{d}x = \dfrac{1}{3}\sqrt{(x^2+a^2)^3}+C$

42. $\int x^2\sqrt{x^2+a^2}\,\mathrm{d}x = \dfrac{x}{8}(2x^2+a^2)\sqrt{x^2+a^2}-\dfrac{a^4}{8}\ln(x+\sqrt{x^2+a^2})+C$

43. $\int \dfrac{\sqrt{x^2+a^2}}{x}\mathrm{d}x = \sqrt{x^2+a^2}+a\ln\dfrac{\sqrt{x^2+a^2}-a}{|x|}+C$

44. $\int \dfrac{\sqrt{x^2+a^2}}{x^2}\mathrm{d}x = -\dfrac{\sqrt{x^2+a^2}}{x}+\ln(x+\sqrt{x^2+a^2})+C$

（七）含有 $\sqrt{x^2-a^2}\,(a>0)$ 的积分

45. $\int \dfrac{\mathrm{d}x}{\sqrt{x^2-a^2}} = \dfrac{x}{|x|}\text{arch}\,\dfrac{|x|}{a}+C_1 = \ln\left|x+\sqrt{x^2-a^2}\right|+C$

46. $\int \dfrac{\mathrm{d}x}{\sqrt{(x^2-a^2)^3}} = -\dfrac{x}{a^2\sqrt{x^2-a^2}}+C$

47. $\int \dfrac{x}{\sqrt{x^2-a^2}}\mathrm{d}x = \sqrt{x^2-a^2}+C$

48. $\displaystyle\int \frac{x}{\sqrt{(x^2-a^2)^3}}\mathrm{d}x = -\frac{1}{\sqrt{x^2-a^2}}+C$

49. $\displaystyle\int \frac{x^2}{\sqrt{x^2-a^2}}\mathrm{d}x = \frac{x}{2}\sqrt{x^2-a^2}+\frac{a^2}{2}\ln\left|x+\sqrt{x^2-a^2}\right|+C$

50. $\displaystyle\int \frac{x^2}{\sqrt{(x^2-a^2)^3}}\mathrm{d}x = -\frac{x}{\sqrt{x^2-a^2}}+\ln\left|x+\sqrt{x^2-a^2}\right|+C$

51. $\displaystyle\int \frac{\mathrm{d}x}{x\,\sqrt{x^2-a^2}} = \frac{1}{a}\arccos\frac{a}{|x|}+C$

52. $\displaystyle\int \frac{\mathrm{d}x}{x^2\,\sqrt{x^2-a^2}} = \frac{\sqrt{x^2-a^2}}{a^2 x}+C$

53. $\displaystyle\int \sqrt{x^2-a^2}\,\mathrm{d}x = \frac{x}{2}\sqrt{x^2-a^2}-\frac{a^2}{2}\ln\left|x+\sqrt{x^2-a^2}\right|+C$

54. $\displaystyle\int \sqrt{(x^2-a^2)^3}\,\mathrm{d}x = \frac{x}{8}(2x^2-5a^2)\sqrt{x^2-a^2}+\frac{3}{8}a^4\ln\left|x+\sqrt{x^2-a^2}\right|+C$

55. $\displaystyle\int x\,\sqrt{x^2-a^2}\,\mathrm{d}x = \frac{1}{3}\sqrt{(x^2-a^2)^3}+C$

56. $\displaystyle\int x^2\,\sqrt{x^2-a^2}\,\mathrm{d}x = \frac{x}{8}(2x^2-a^2)\sqrt{x^2-a^2}-\frac{a^4}{8}\ln\left|x+\sqrt{x^2-a^2}\right|+C$

57. $\displaystyle\int \frac{\sqrt{x^2-a^2}}{x}\mathrm{d}x = \sqrt{x^2-a^2}-a\arccos\frac{a}{|x|}+C$

58. $\displaystyle\int \frac{\sqrt{x^2-a^2}}{x^2}\mathrm{d}x = -\frac{\sqrt{x^2-a^2}}{x}+\ln\left|x+\sqrt{x^2-a^2}\right|+C$

（八）含有 $\sqrt{a^2-x^2}\,(a>0)$ 的积分

59. $\displaystyle\int \frac{\mathrm{d}x}{\sqrt{a^2-x^2}} = \arcsin\frac{x}{a}+C$

60. $\displaystyle\int \frac{\mathrm{d}x}{\sqrt{(a^2-x^2)^3}} = \frac{x}{a^2\,\sqrt{a^2-x^2}}+C$

61. $\displaystyle\int \frac{x}{\sqrt{a^2-x^2}}\mathrm{d}x = -\sqrt{a^2-x^2}+C$

62. $\displaystyle\int \frac{x}{\sqrt{(a^2-x^2)^3}}\mathrm{d}x = \frac{1}{\sqrt{a^2-x^2}}+C$

63. $\displaystyle\int \frac{x^2}{\sqrt{a^2-x^2}}\mathrm{d}x = -\frac{x}{2}\sqrt{a^2-x^2}+\frac{a^2}{2}\arcsin\frac{x}{a}+C$

64. $\displaystyle\int \frac{x^2}{\sqrt{(a^2-x^2)^3}}\mathrm{d}x = \frac{x}{\sqrt{a^2-x^2}}-\arcsin\frac{x}{a}+C$

65. $\displaystyle\int \frac{\mathrm{d}x}{x\,\sqrt{a^2-x^2}} = \frac{1}{a}\ln\frac{a-\sqrt{a^2-x^2}}{|x|}+C$

66. $\int \dfrac{\mathrm{d}x}{x^2 \sqrt{a^2-x^2}} = -\dfrac{\sqrt{a^2-x^2}}{a^2 x} + C$

67. $\int \sqrt{a^2-x^2}\,\mathrm{d}x = \dfrac{x}{2}\sqrt{a^2-x^2} + \dfrac{a^2}{2}\arcsin\dfrac{x}{a} + C$

68. $\int \sqrt{(a^2-x^2)^3}\,\mathrm{d}x = \dfrac{x}{8}(5a^2-2x^2)\sqrt{a^2-x^2} + \dfrac{3}{8}a^4\arcsin\dfrac{x}{a} + C$

69. $\int x\sqrt{a^2-x^2}\,\mathrm{d}x = -\dfrac{1}{3}\sqrt{(a^2-x^2)^3} + C$

70. $\int x^2\sqrt{a^2-x^2}\,\mathrm{d}x = \dfrac{x}{8}(2x^2-a^2)\sqrt{a^2-x^2} + \dfrac{a^4}{8}\arcsin\dfrac{x}{a} + C$

71. $\int \dfrac{\sqrt{a^2-x^2}}{x}\,\mathrm{d}x = \sqrt{a^2-x^2} + a\ln\dfrac{a-\sqrt{a^2-x^2}}{|x|} + C$

72. $\int \dfrac{\sqrt{a^2-x^2}}{x^2}\,\mathrm{d}x = -\dfrac{\sqrt{a^2-x^2}}{x} - \arcsin\dfrac{x}{a} + C$

（九）含有 $\sqrt{\pm ax^2+bx+c}\,(a>0)$ 的积分

73. $\int \dfrac{\mathrm{d}x}{\sqrt{ax^2+bx+c}} = \dfrac{1}{\sqrt{a}}\ln\left|2ax+b+2\sqrt{a}\sqrt{ax^2+bx+c}\right| + C$

74. $\int \sqrt{ax^2+bx+c}\,\mathrm{d}x = \dfrac{2ax+b}{4a}\sqrt{ax^2+bx+c} + \dfrac{4ac-b^2}{8\sqrt{a^3}}\ln\mid 2ax+b$
$$+ 2\sqrt{a}\sqrt{ax^2+bx+c}\mid + C$$

75. $\int \dfrac{x}{\sqrt{ax^2+bx+c}}\,\mathrm{d}x = \dfrac{1}{a}\sqrt{ax^2+bx+c} - \dfrac{b}{2\sqrt{a^3}}\ln\mid 2ax+b$
$$+ 2\sqrt{a}\sqrt{ax^2+bx+c}\mid + C$$

76. $\int \dfrac{\mathrm{d}x}{\sqrt{c+bx-ax^2}} = -\dfrac{1}{\sqrt{a}}\arcsin\dfrac{2ax-b}{\sqrt{b^2+4ac}} + C$

77. $\int \sqrt{c+bx-ax^2}\,\mathrm{d}x = \dfrac{2ax-b}{4a}\sqrt{c+bx-ax^2} + \dfrac{b^2+4ac}{8\sqrt{a^3}}\arcsin\dfrac{2ax-b}{\sqrt{b^2+4ac}} + C$

78. $\int \dfrac{x}{\sqrt{c+bx-ax^2}}\,\mathrm{d}x = -\dfrac{1}{a}\sqrt{c+bx-ax^2} + \dfrac{b}{2\sqrt{a^3}}\arcsin\dfrac{2ax-b}{\sqrt{b^2+4ac}} + C$

（十）含有 $\sqrt{\pm\dfrac{x-a}{x-b}}$ 或 $\sqrt{(x-a)(b-x)}$ 的积分

79. $\int \sqrt{\dfrac{x-a}{x-b}}\,\mathrm{d}x = (x-b)\sqrt{\dfrac{x-a}{x-b}} + (b-a)\ln(\sqrt{|x-a|} + \sqrt{|x-b|}) + C$

80. $\int \sqrt{\dfrac{x-a}{b-x}}\,\mathrm{d}x = (x-b)\sqrt{\dfrac{x-a}{b-x}} + (b-a)\arcsin\sqrt{\dfrac{x-a}{b-x}} + C$

81. $\int \dfrac{\mathrm{d}x}{\sqrt{(x-a)(b-x)}} = 2\arcsin\sqrt{\dfrac{x-a}{b-x}} + C \quad (a<b)$

82. $\displaystyle\int \sqrt{(x-a)(b-x)}\,\mathrm{d}x = \frac{2x-a-b}{4}\sqrt{(x-a)(b-x)}$

$$+\frac{(b-a)^2}{4}\arcsin\sqrt{\frac{x-a}{b-x}}+C(a<b)$$

（十一）含有三角函数的积分

83. $\displaystyle\int \sin x\,\mathrm{d}x = -\cos x+C$

84. $\displaystyle\int \cos x\,\mathrm{d}x = \sin x+C$

85. $\displaystyle\int \tan x\,\mathrm{d}x = -\ln|\cos x|+C$

86. $\displaystyle\int \cot x\,\mathrm{d}x = \ln|\sin x|+C$

87. $\displaystyle\int \sec x\,\mathrm{d}x = \ln\left|\tan\left(\frac{\pi}{4}+\frac{x}{2}\right)\right|+C = \ln|\sec x+\tan x|+C$

88. $\displaystyle\int \csc x\,\mathrm{d}x = \ln\left|\tan\frac{x}{2}\right|+C = \ln|\csc x-\cot x|+C$

89. $\displaystyle\int \sec^2 x\,\mathrm{d}x = \tan x+C$

90. $\displaystyle\int \csc^2 x\,\mathrm{d}x = -\cot x+C$

91. $\displaystyle\int \sec x\tan x\,\mathrm{d}x = \sec x+C$

92. $\displaystyle\int \csc x\cot x\,\mathrm{d}x = -\csc x+C$

93. $\displaystyle\int \sin^2 x\,\mathrm{d}x = \frac{x}{2}-\frac{1}{4}\sin 2x+C$

94. $\displaystyle\int \cos^2 x\,\mathrm{d}x = \frac{x}{2}+\frac{1}{4}\sin 2x+C$

95. $\displaystyle\int \sin^n x\,\mathrm{d}x = -\frac{1}{n}\sin^{n-1}x\cos x+\frac{n-1}{n}\int \sin^{n-2}x\,\mathrm{d}x$

96. $\displaystyle\int \cos^n x\,\mathrm{d}x = \frac{1}{n}\cos^{n-1}x\sin x+\frac{n-1}{n}\int \cos^{n-2}x\,\mathrm{d}x$

97. $\displaystyle\int \frac{\mathrm{d}x}{\sin^n x} = -\frac{1}{n-1}\cdot\frac{\cos x}{\sin^{n-1}x}+\frac{n-2}{n-1}\int \frac{\mathrm{d}x}{\sin^{n-2}x}$

98. $\displaystyle\int \frac{\mathrm{d}x}{\cos^n x} = \frac{1}{n-1}\cdot\frac{\sin x}{\cos^{n-1}x}+\frac{n-2}{n-1}\int \frac{\mathrm{d}x}{\cos^{n-2}x}$

99. $\displaystyle\int \cos^m x\,\sin^n x\,\mathrm{d}x = \frac{1}{m+n}\cos^{m-1}x\,\sin^{n+1}x+\frac{m-1}{m+n}\int \cos^{m-2}x\,\sin^n x\,\mathrm{d}x$

$$=-\frac{1}{m+n}\cos^{m+1}x\,\sin^{n-1}x+\frac{n-1}{m+n}\int \cos^m x\,\sin^{n-2}x\,\mathrm{d}x$$

100. $\int \sin ax \cos bx \, \mathrm{d}x = -\dfrac{1}{2(a+b)}\cos(a+b)x - \dfrac{1}{2(a-b)}\cos(a-b)x + C$

101. $\int \sin ax \sin bx \, \mathrm{d}x = -\dfrac{1}{2(a+b)}\sin(a+b)x + \dfrac{1}{2(a-b)}\sin(a-b)x + C$

102. $\int \cos ax \cos bx \, \mathrm{d}x = \dfrac{1}{2(a+b)}\sin(a+b)x + \dfrac{1}{2(a-b)}\sin(a-b)x + C$

103. $\int \dfrac{\mathrm{d}x}{a+b\sin x} = \dfrac{2}{\sqrt{a^2-b^2}}\arctan\dfrac{a\tan\frac{x}{2}+b}{\sqrt{a^2-b^2}} + C \quad (a^2 > b^2)$

104. $\int \dfrac{\mathrm{d}x}{a+b\sin x} = \dfrac{1}{\sqrt{b^2-a^2}}\ln\left|\dfrac{a\tan\frac{x}{2}+b-\sqrt{b^2-a^2}}{a\tan\frac{x}{2}+b+\sqrt{b^2-a^2}}\right| + C \quad (a^2 < b^2)$

105. $\int \dfrac{\mathrm{d}x}{a+b\cos x} = \dfrac{2}{a+b}\sqrt{\dfrac{a+b}{a-b}}\arctan\left(\sqrt{\dfrac{a-b}{a+b}}\tan\dfrac{x}{2}\right) + C \quad (a^2 > b^2)$

106. $\int \dfrac{\mathrm{d}x}{a+b\cos x} = \dfrac{1}{a+b}\sqrt{\dfrac{a+b}{b-a}}\ln\left|\dfrac{\tan\frac{x}{2}+\sqrt{\frac{a+b}{b-a}}}{\tan\frac{x}{2}-\sqrt{\frac{a+b}{b-a}}}\right| + C \quad (a^2 < b^2)$

107. $\int \dfrac{\mathrm{d}x}{a^2\cos^2 x + b^2\sin^2 x} = \dfrac{1}{ab}\arctan\left(\dfrac{b}{a}\tan x\right) + C$

108. $\int \dfrac{\mathrm{d}x}{a^2\cos^2 x - b^2\sin^2 x} = \dfrac{1}{2ab}\ln\left|\dfrac{b\tan x + a}{b\tan x - a}\right| + C$

109. $\int x\sin ax \, \mathrm{d}x = \dfrac{1}{a^2}\sin ax - \dfrac{1}{a}x\cos ax + C$

110. $\int x^2\sin ax \, \mathrm{d}x = -\dfrac{1}{a}x^2\cos ax + \dfrac{2}{a^2}x\sin ax + \dfrac{2}{a^3}\cos ax + C$

111. $\int x\cos ax \, \mathrm{d}x = \dfrac{1}{a^2}\cos ax + \dfrac{1}{a}x\sin ax + C$

112. $\int x^2\cos ax \, \mathrm{d}x = \dfrac{1}{a}x^2\sin ax + \dfrac{2}{a^2}x\cos ax - \dfrac{2}{a^3}\sin ax + C$

(十二)含有反三角函数的积分(其中 $a > 0$)

113. $\int \arcsin\dfrac{x}{a} \, \mathrm{d}x = x\arcsin\dfrac{x}{a} + \sqrt{a^2-x^2} + C$

114. $\int x\arcsin\dfrac{x}{a} \, \mathrm{d}x = \left(\dfrac{x^2}{2}-\dfrac{a^2}{4}\right)\arcsin\dfrac{x}{a} + \dfrac{x}{4}\sqrt{a^2-x^2} + C$

115. $\int x^2\arcsin\dfrac{x}{a} \, \mathrm{d}x = \dfrac{x^3}{3}\arcsin\dfrac{x}{a} + \dfrac{1}{9}(x^2+2a^2)\sqrt{a^2-x^2} + C$

116. $\int \arccos\dfrac{x}{a} \, \mathrm{d}x = x\arccos\dfrac{x}{a} - \sqrt{a^2-x^2} + C$

117. $\displaystyle\int x\arccos\frac{x}{a}\mathrm{d}x = \left(\frac{x^2}{2}-\frac{a^2}{4}\right)\arccos\frac{x}{a}-\frac{x}{4}\sqrt{a^2-x^2}+C$

118. $\displaystyle\int x^2\arccos\frac{x}{a}\mathrm{d}x = \frac{x^3}{3}\arccos\frac{x}{a}-\frac{1}{9}(x^2+2a^2)\sqrt{a^2-x^2}+C$

119. $\displaystyle\int \arctan\frac{x}{a}\mathrm{d}x = x\arctan\frac{x}{a}-\frac{a}{2}\ln(a^2+x^2)+C$

120. $\displaystyle\int x\arctan\frac{x}{a}\mathrm{d}x = \frac{1}{2}(a^2+x^2)\arctan\frac{x}{a}-\frac{a}{2}x+C$

121. $\displaystyle\int x^2\arctan\frac{x}{a}\mathrm{d}x = \frac{x^3}{3}\arctan\frac{x}{a}-\frac{a}{6}x^2+\frac{a^3}{6}\ln(a^2+x^2)+C$

（十三）含有指数函数的积分

122. $\displaystyle\int a^x\mathrm{d}x = \frac{1}{\ln a}a^x+C$

123. $\displaystyle\int \mathrm{e}^{ax}\mathrm{d}x = \frac{1}{a}\mathrm{e}^{ax}+C$

124. $\displaystyle\int x\mathrm{e}^{ax}\mathrm{d}x = \frac{1}{a^2}(ax-1)\mathrm{e}^{ax}+C$

125. $\displaystyle\int x^n\mathrm{e}^{ax}\mathrm{d}x = \frac{1}{a}x^n\mathrm{e}^{ax}-\frac{n}{a}\int x^{n-1}\mathrm{e}^{ax}\mathrm{d}x$

126. $\displaystyle\int xa^x\mathrm{d}x = \frac{x}{\ln a}a^x-\frac{1}{(\ln a)^2}a^x+C$

127. $\displaystyle\int x^na^x\mathrm{d}x = \frac{1}{\ln a}x^na^x-\frac{n}{\ln a}\int x^{n-1}a^x\mathrm{d}x$

128. $\displaystyle\int \mathrm{e}^{ax}\sin bx\,\mathrm{d}x = \frac{1}{a^2+b^2}\mathrm{e}^{ax}(a\sin bx-b\cos bx)+C$

129. $\displaystyle\int \mathrm{e}^{ax}\cos bx\,\mathrm{d}x = \frac{1}{a^2+b^2}\mathrm{e}^{ax}(b\sin bx+a\cos bx)+C$

130. $\displaystyle\int \mathrm{e}^{ax}\sin^n bx\,\mathrm{d}x = \frac{1}{a^2+b^2n^2}\mathrm{e}^{ax}\sin^{n-1}bx(a\sin bx-nb\cos bx)$
$$+\frac{n(n-1)b^2}{a^2+b^2n^2}\int\mathrm{e}^{ax}\sin^{n-2}bx\,\mathrm{d}x$$

131. $\displaystyle\int \mathrm{e}^{ax}\cos^n bx\,\mathrm{d}x = \frac{1}{a^2+b^2n^2}\mathrm{e}^{ax}\cos^{n-1}bx(a\cos bx+nb\sin bx)$
$$+\frac{n(n-1)b^2}{a^2+b^2n^2}\int\mathrm{e}^{ax}\cos^{n-2}bx\,\mathrm{d}x$$

（十四）含有对数函数的积分

132. $\displaystyle\int \ln x\,\mathrm{d}x = x\ln x-x+C$

133. $\displaystyle\int \frac{\mathrm{d}x}{x\ln x} = \ln|\ln x|+C$

134. $\displaystyle\int x^n \ln x \mathrm{d}x = \frac{1}{n+1}x^{n+1}\left(\ln x - \frac{1}{n+1}\right) + C$

135. $\displaystyle\int (\ln x)^n \mathrm{d}x = x\,(\ln x)^n - n\int (\ln x)^{n-1}\mathrm{d}x$

136. $\displaystyle\int x^m\,(\ln x)^n \mathrm{d}x = \frac{1}{m+1}x^{m+1}\,(\ln x)^n - \frac{n}{m+1}\int x^m\,(\ln x)^{n-1}\mathrm{d}x$

（十五）含有双曲函数的积分

137. $\displaystyle\int \mathrm{sh}x\mathrm{d}x = \mathrm{ch}x + C$

138. $\displaystyle\int \mathrm{ch}x\mathrm{d}x = \mathrm{sh}x + C$

139. $\displaystyle\int \mathrm{th}x\mathrm{d}x = \mathrm{lnch}x + C$

140. $\displaystyle\int \mathrm{sh}^2 x\mathrm{d}x = -\frac{x}{2} + \frac{1}{4}\mathrm{sh}2x + C$

141. $\displaystyle\int \mathrm{ch}^2 x\mathrm{d}x = \frac{x}{2} + \frac{1}{4}\mathrm{sh}2x + C$

（十六）定积分

142. $\displaystyle\int_{-\pi}^{\pi} \cos nx\,\mathrm{d}x = \int_{-\pi}^{\pi} \sin nx\,\mathrm{d}x = 0$

143. $\displaystyle\int_{-\pi}^{\pi} \cos mx\,\sin nx\,\mathrm{d}x = 0$

144. $\displaystyle\int_{-\pi}^{\pi} \cos mx\,\cos nx\,\mathrm{d}x = \begin{cases} 0, & m \neq n \\ \pi, & m = n \end{cases}$

145. $\displaystyle\int_{-\pi}^{\pi} \sin mx\,\sin nx\,\mathrm{d}x = \begin{cases} 0, & m \neq n \\ \pi, & m = n \end{cases}$

146. $\displaystyle\int_{0}^{\pi} \sin mx\,\sin nx\,\mathrm{d}x = \int_{0}^{\pi} \cos mx\,\cos nx\,\mathrm{d}x = \begin{cases} 0, & m \neq n \\ \dfrac{\pi}{2}, & m = n \end{cases}$

147. $\displaystyle I_n = \int_{0}^{\frac{\pi}{2}} \sin^n x\,\mathrm{d}x = \int_{0}^{\frac{\pi}{2}} \cos^n x\,\mathrm{d}x$

$\displaystyle I_n = \frac{n-1}{n}I_{n-2}$

$\displaystyle I_n = \frac{n-1}{n} \cdot \frac{n-3}{n-2} \cdot \cdots \cdot \frac{4}{5} \cdot \frac{2}{3}$ （n 为大于 1 的正奇数），$I_1 = 1$

$\displaystyle I_n = \frac{n-1}{n} \cdot \frac{n-3}{n-2} \cdot \cdots \cdot \frac{3}{4} \cdot \frac{1}{2} \cdot \frac{\pi}{2}$（$n$ 为正偶数），$I_0 = \frac{\pi}{2}$

习题答案与提示

第 1 章

习题 1.1

1. (1) $[-1,1]$；　(2) $[-2,-1) \bigcup (-1,2]$；　(3) $(0,1)$；　(4) $[-1,7]$；
(5) $(-\infty,+\infty)$；　(6) $(-\infty,-2) \bigcup (2,3)$.

2. (1) 不相同；　(2) 相同；　(3) 不相同；　(4) 不相同.

3. (1) $[-1,1]$；　(2) $\left[0,\dfrac{\pi}{4}\right]$；　(3) $[a,1-a]$.

4. $f(x)=x^2+x+3$，$f(x-1)=x^2-x+3$.

5. (1) 偶函数；　(2) 奇函数；　(3) 偶函数；　(4) 非奇非偶函数；
(5) 偶函数.

6. 略.

7. (1) 是，2π；　(2) 是，π；　(3) 是，2；　(4) 是，π.

8. (1) $y=x^3+1$；　(2) $y=\mathrm{e}^{x-1}-2$；　(3) $y=\ln\dfrac{x}{1-x}$；　(4) $y=2\arcsin\dfrac{x}{2}$；

(5) $y=\begin{cases} x, & x<1 \\ \sqrt{x}, & 1\leqslant x\leqslant 16. \\ \log_2 x, & x>16 \end{cases}$

9. (1) $y=u,u=3x+1$；　(2) $y=u^3,u=\cos v,v=1+2x$；

(3) $y=\ln u,u=\arcsin v,v=x+1$；　(4) $y=\mathrm{e}^u,u=\sin v,v=x^2$.

10. $f(\varphi(x))=\ln^2 x,f(f(x))=x^4,\varphi(f(x))=\ln x^2$.

习题 1.2

1. $7,165$.　　2. 154 元/台.　　3. 18000.

4. $c=200+10q,\bar{c}=\dfrac{200}{q}+10,R=25q-\dfrac{q^2}{2},L=70P-2P^2-700$.

5. $L=-\dfrac{1}{5}(Q-15)^2+25,Q=15$ 时最大利润 25.

复习题 1

1. (1) B；　　(2) D；　　(3) A；　　(4) C；　　(5) D；　　(6) D；

(7) B；　(8) B；　(9) D；　(10) A.

2. 填空题

(1) $[-1,1],[4,9]$；　　(2) $\left[0,\dfrac{5}{2}\right],\left[-\dfrac{1}{3},\dfrac{1}{2}\right]$；　　(3) $3x-\dfrac{4}{3}$；

(4) $x(1-\sqrt[3]{x}),x(1+\sqrt[3]{|x|})$；　　(5) $\sqrt{3}$；　　(6) $(-a,1+a]$；

(7) $y=\dfrac{1}{x-2}$.

3. (1) 不是同一函数；

(2) 不是同一函数；

(3) 不是同一函数；

(4) 是同一函数；

(5) 不是同一函数.

4. 计算题

(1) $f(x)=x^2-2x-3,f(2x+1)=4x^2-4$；

(2) $f(x)=x^2-2x-1$；　　(3) $f(x)=x^2-2,f\left(x-\dfrac{1}{x}\right)=x^2+\dfrac{1}{x^2}-4$；

(4) $f(x)=\dfrac{1}{x^2-1},g(x)=\dfrac{x}{x^2-1}$；

(5) ① $[2,4]$，　② $[1,+\infty)$，　③ $\left(-\dfrac{1}{5},+\infty\right)$，　④ $[0,\pi]$，　⑤ $(1,2)$，

⑥ $[-1,\infty)$.

(6) ① $y=\dfrac{1}{3}(\log_2 x+1),x\in(0,+\infty)$,

② $y=\dfrac{1}{2}\arcsin x,x\in[-1,1]$,

③ $y=\dfrac{1-x}{2(1+x)},x\in(-\infty,-1)\bigcup(-1,+\infty)$,

④ $y=\dfrac{e^{2x}-1}{2e^x},x\in(-\infty,+\infty)$.

第 2 章

习题 2.1

1. (1) $\dfrac{1}{2},\dfrac{3}{4},\dfrac{7}{8},\dfrac{15}{16},\dfrac{31}{32}$；　(2) $0,\dfrac{1}{4},\dfrac{2^3}{3^3},\dfrac{3^4}{4^4},\dfrac{4^5}{5^5}$；　(3) $0,\dfrac{1}{2},\dfrac{\sqrt{3}}{6},\dfrac{\sqrt{2}}{8},\dfrac{1}{5}\sin\dfrac{\pi}{5}$；

(4) $\dfrac{1}{2},\dfrac{10}{7},\dfrac{63}{34},2,\dfrac{275}{134}$.

2. 略.

3. (1) 发散； (2) 发散； (3) 收敛.

4. (1) 0； (2) 1； (3) 0； (4) 4.

5. 略.提示:夹逼准则.

习题 2.2

1. (1) $1,0,$ 不存在,不存在,不存在；

(2) $\dfrac{\pi}{4},\dfrac{\pi}{3},-\dfrac{\pi}{2},\dfrac{\pi}{2},$ 不存在；

(3) $1,\mathrm{e}^2,0,+\infty($ 不存在$),$ 不存在.

2. 略.

3. $f(0^-)=1=f(0^+),\varphi(0^-)=-1,\varphi(0^+)=1,\lim\limits_{x\to 0}f(x)$ 存在, $\lim\limits_{x\to 0}\varphi(x)$ 不存在.

4. (1) $f(0^-)=1=f(0^+),\lim\limits_{x\to 0}f(x)=1$；

(2) $f(0^-)=1,f(0^+)=0,\lim\limits_{x\to 0}f(x)$ 不存在.

习题 2.3

1. (1) 错误； (2) 正确； (3) 错误； (4) 错误； (5) 错误； (6) 错误；
(7) 正确； (8) 正确.

2. (1) 8； (2) $\dfrac{4}{3}$； (3) $2\sqrt{3}$； (4) 0； (5) ∞； (6) $\dfrac{5}{3}$； (7) 2； (8) 0.

3. (1) 2； (2) $\dfrac{1}{3}$； (3) 2； (4) ∞； (5) 0； (6) 2； (7) 0； (8) $\dfrac{2^{20}}{3^{30}}$.

4. (1) $\dfrac{1}{2\sqrt{a}}$； (2) $\dfrac{m}{3}$； (3) $\dfrac{1}{2}$.   5. $a=0,b=2$.

习题 2.4

1. (1) $\dfrac{4}{5}$； (2) ∞； (3) 0； (4) 1； (5) $\sqrt{2}$； (6) 0； (7) 1； (8) 1.

2. (1) e^{-2}； (2) e^3； (3) e^2； (4) e^2； (5) e^{-2}； (6) e^{-1}.

3. $a=2$.

习题 2.5

1. 略.   2. (1) 0； (2) 1； (3) 0； (4) 0； (5) 3； (6) $\dfrac{1}{4}$.

3. (1) 同阶无穷小； (2) 同阶无穷小； (3) 高阶无穷小； (4) 等阶无穷小.

4. $k=-3$.   5. $a=1,b=-1$.

习题 2.6

1. 略.

2. 不连续,连续区间$(0,1)\bigcup(1,2)$.

3. (1) $x=-1$,无穷间断点; (2) $x=0$,可去间断点; (3) $x=1$,跳跃间断点;
(4) $x=0$,跳跃间断点.

4. $x=-1$,跳跃间断点,$x=1$,跳跃间断点.

5. (1) $\cos1$; (2) 0; (3) $\dfrac{4}{3}$; (4) $\ln3$; (5) $\cos a$; (6) 2; (7) 4;

(8) $\dfrac{1}{8}$.

6. $a=1,b=1-\dfrac{\pi}{2}$. 7. 略. 8. 略. 9. $a=2,b=-3$.

10. 略.提示:令 $F(x)=f(x)-g(x)$.

复习题2

1. (1) D; (2) B; (3) D; (4) C; (5) B; (6) B; (7) C; (8) D;
(9) C; (10) B; (11) C; (12) A; (13) C.

2. (1) $\dfrac{1}{2}$; (2) 0; (3) $\dfrac{5}{3}$; (4) ∞; (5) $\dfrac{2}{3}$; (6) $3x^2$; (7) n; (8) 0;
(9) ∞; (10) $-\infty$; (11) e^6; (12) e; (13) ∞; (14) e^4; (15) 2;
(16) $2\ln2$; (17) 1; (18) x.

3. 略.提示:夹逼准则. 4. $a=4,A=10$. 5. $\sqrt[3]{abc}$.

6. (1) $x=1$,无穷间断点; (2) $x=0$,无穷间断点,$x=1$,可去间断点;
(3) $x=-1,x=1$,均为可跳跃间断点.

7. 略. 8. 略.

第3章

习题3.1

1. (1) 4 m/s; (2) 5 m/s. 2. $\dfrac{1}{4}$.

3. (1) $-f'(x_0)$; (2) $-f'(x_0)$; (3) $f'(0)$. 4. 2.

5. $f'_+(0)=f'_-(0)=0=f'(0)$. 6. 切线:$y=x+1$,法线:$y=1-x$.

7. 连续且可导. 8. $a=2,b=-1$.

习题3.2

1. (1) $12x^2-4x$; (2) $2^x\ln2\cdot\ln x+\dfrac{2^x}{x}$; (3) $6x^2\sin x+2x^3\cos x$;

(4) $3\sec^2 x$; (5) $-12x-5$; (6) $\dfrac{1-\ln x}{x^2}+\dfrac{1}{x\ln^2 x}$; (7) $\dfrac{x^2e^x-2xe^x-2x^2}{x^4}$;

(8) $\dfrac{\sin t + \cos t + 1}{(1+\cos t)^2}$.

2. 切线方程: $y = x$, 法线方程: $y = -x$.

3. (1) $-\dfrac{2x}{\sqrt{3-2x^2}}$;　(2) $6x\mathrm{e}^{2x^3}$;　(3) $\dfrac{1}{2\sqrt{x-x^2}}$;　(4) $\dfrac{1}{\sqrt{a^2+x^2}}$;

(5) $2x\mathrm{e}^{-x^2}\tan(\mathrm{e}^{-x^2})$;　(6) $-\dfrac{1}{x^2+1}$;　(7) $-\mathrm{e}^{-\frac{x}{2}}\left(\dfrac{1}{2}\cos 2x + 2\sin 2x\right)$;

(8) $\ln(\ln x) + \dfrac{1}{\ln x}$;　(9) $n(\sin^{n-1}x \cdot \cos x \cdot \cos nx - \sin^n x \cdot \sin nx)$;

(10) $\dfrac{3-2\ln x}{2\sqrt{2-\ln x}}$.

4. $\dfrac{1-(n+1)x^n + nx^{n+1}}{(1+x)^2}$.

5. (1) $3x^2 f'$;　(2) $-\dfrac{1}{x\sqrt{x^2-1}} f'$;　(3) $\mathrm{e}^x f' + \mathrm{e}^{f(x)} f'$;

(4) $2x f(\ln x) + x f'$.

6. (1) $4(1+x)\mathrm{e}^{2x}$;　(2) $-\dfrac{x^2+1}{(x^2-1)^2}$;　(3) $-\dfrac{2x}{(1+x^2)^2}$;

(4) $-4\sin(1+2x)$;　(5) $-\dfrac{x}{(1+x^2)\sqrt{1+x^2}}$;　(6) $2\arctan x + \dfrac{2x}{1+x^2}$.

7. (1) $2f' + 4x^2 f''$;　(2) $\dfrac{f'' \cdot f - f'^2}{f^2}$.

8. (1) $y^{(n)} = (-1)^n (n-2)!\ x^{1-n}\ (n \geqslant 2)$;　(2) $y^{(n)} = 3^x (\ln 3)^n$.

习题 3.3

1. (1) $y' = \dfrac{y-\mathrm{e}^{x+y}}{\mathrm{e}^{x+y}-x}$;　(2) $\dfrac{2x+y}{\mathrm{e}^y-x}$;　(3) $\dfrac{\mathrm{e}^y}{1-x\mathrm{e}^y}$;　(4) $-\dfrac{x^2}{y^2}$;

(5) $\dfrac{\sin(x-y)-y\cos x}{\sin x + \sin(x-y)}$;　(6) $\dfrac{x+y}{x-y}$.

2. $y = \dfrac{1}{2\mathrm{e}}x + \dfrac{1}{2}$.　　3. (1) $\dfrac{2\mathrm{e}^{2y}-x\mathrm{e}^{3y}}{(1-x\mathrm{e}^y)^2}$;　(2) $\dfrac{y^2-x^2}{y^3}$.

4. (1) $\left(\dfrac{x}{1+x}\right)^x \left(\ln\dfrac{x}{1+x} + \dfrac{x}{1+x}\right)$;　(2) $2\ln x \cdot x^{\ln x - 1}$;

(3) $x\sqrt{\dfrac{(1-x)^3}{(1+x^2)(2-3x)}}\left(-\dfrac{3}{1-x} - \dfrac{2x}{1+x^2} + \dfrac{3}{2-3x}\right)$;

(4) $\dfrac{\sqrt{x+2}(3-x)^4}{(x+1)^5}\left(\dfrac{1}{2(x+2)} - \dfrac{4}{3-x} - \dfrac{5}{1+x}\right)$.

5. (1) $\dfrac{3b}{2a}t$;　(2) $\dfrac{\cos t - t\sin t}{1-\sin t - t\cos t}$;　(3) $-\dfrac{b}{a^2\sin^3 t}$;　(4) $2\mathrm{e}^{3t}$.

习题 3.4

1. $\Delta y = 0.1608, \mathrm{d}y = 0.16$.

2. (1) $\mathrm{d}y = (2x\mathrm{e}^{2x} + 2x^2\mathrm{e}^{2x})\mathrm{d}x$；　(2) $\mathrm{e}^x(\sin^2 x + \sin 2x)\mathrm{d}x$；

(3) $\dfrac{1}{2\sqrt{x}(1+x)}\mathrm{d}x$；　(4) $\dfrac{x}{x^2-1}\mathrm{d}x$；　(5) $\dfrac{\mathrm{e}^y}{1-x\mathrm{e}^y}\mathrm{d}x$；

(6) $\dfrac{\sqrt{1-y^2}}{2y\sqrt{1-y^2}+1}\mathrm{d}x$；　(7) $3\cos 3x\,\mathrm{d}x$；　(8) $\dfrac{1}{(x^2+1)^{\frac{3}{2}}}\mathrm{d}x$.

3. $-2\mathrm{d}x$.

4. (1) $\dfrac{124}{625} = 0.1984$；　(2) $\dfrac{180-\sqrt{3}\pi}{360} \approx 0.4849$.

5. 减少 $43.6\ \mathrm{cm}^2$，增加 $105.2\ \mathrm{cm}^2$.

6. $19.63\ \mathrm{cm}^3$.

复习题 3

1. (1) B；　(2) B；　(3) A；　(4) A；　(5) B；　(6) B；　(7) D；　(8) B；
(9) B；　(10) C.

2. (1) 3；　(2) $3x-12y-1=0$；　(3) 0；　(4) 0,1；　(5) $-99!$.

3. 连续但不可导.

4. (1) $15x^2 - 2^x\ln 2 + \cos x$；　(2) $(2\ln x + 1)x$；　(3) $\dfrac{1-\ln x}{x^2}$；　(4) $-6x\mathrm{e}^{-3x^2}$；

(5) $\dfrac{2x}{1+x^2}$；　(6) $\sqrt{x(\sin x)\sqrt{1-\mathrm{e}^{3x}}}\left(\dfrac{1}{x} + \dfrac{1}{\sin x} - \dfrac{3\mathrm{e}^{3x}}{2(1-\mathrm{e}^{3x})}\right)$；

(7) $(\tan x)^x\left(\ln\tan x + \dfrac{2x}{\sin 2x}\right)$；　(8) $\dfrac{1}{x^2-1}\sqrt{\dfrac{x-1}{x+1}}$.

5. $2\sin 1$.　　6. $(f'(\mathrm{e}^x)\cdot\mathrm{e}^x + f(\mathrm{e}^x)\cdot f'(x))\mathrm{e}^{f(x)}$.

7. $-\dfrac{y\mathrm{e}^x + y\cos(xy)}{\mathrm{e}^x + x\cos(xy)}$.　　8. $\dfrac{\mathrm{d}y}{\mathrm{d}x} = \dfrac{1}{2}t, \dfrac{\mathrm{d}^2 y}{\mathrm{d}x^2} = \dfrac{1+t^2}{4t}$.　　9. $(\sec^2 x + \mathrm{e}^x)\mathrm{d}x$.

10. $-\dfrac{\sin x + \mathrm{e}^{x+y}}{\mathrm{e}^{x+y}+2y}\mathrm{d}x$.　　11. $\dfrac{xy\ln y - y^2}{xy\ln x - x^2}\mathrm{d}x$.　　12. $\dfrac{2(-1)^n}{(1+x)^{n+1}}$.

13. (1) 0.77；　(2) 9.975.

第 4 章

习题 4.1

1. $\xi = \dfrac{\pi}{2}$.　　2. 略.　　3. 略.提示:令 $F(x) = xf(x)$.

4. 略.提示:使用二次罗尔定理. 5. 略. 6. 略. 7. 略. 8. 略.

9. 略.提示:令 $g(x)=x^3$,用柯西中值定理.

习题 4.2

1. (1) 1; (2) $\dfrac{m}{n}a^{m-n}$; (3) $-\dfrac{1}{2\sqrt{2}}$; (4) 1; (5) 1; (6) $+\infty$; (7) $\dfrac{1}{3}$;

(8) $e^{-\frac{1}{2}}$; (9) $\dfrac{1}{2}$; (10) 1; (11) 0; (12) e^{-1}; (13) e; (14) 1;

(15) 0; (16) -1; (17) 1; (18) $e^{-\frac{1}{6}}$.

2. 略. 3. 略. 4. $a=\dfrac{1}{2}, b=0$.

习题 4.3

1. (1) 单调增 $(-\infty,-1], [3,+\infty)$,单调减 $[-1,3]$;

(2) 单调增 $(0,e]$,单调减 $[e,+\infty)$;

(3) 单调增 $\left[\dfrac{1}{2},+\infty\right)$,单调减 $\left(-\infty,\dfrac{1}{2}\right]$;

(4) 单调增 $[0,+\infty)$;

(5) 单调增 $(-\infty,-1), [0,+\infty)$,单调减 $(-1,0]$;

(6) 单调增 $(-\infty,+\infty)$.

2. 略. 3. 略.

4. (1) 错误,例如:$y=x^3$ 在 $x=0$ 处; (2) 错误,$f(x)$ 在 x_0 处可能无定义;

(3) 正确.

5. (1) 极大值 $y(1)=0$,极小值 $y(3)=-4$; (2) 极小值 $y(0)=0$;

(3) 极大值 $y(e^2)=\dfrac{4}{e^2}$,极小值 $y(1)=0$.

6. $a=2$,极值为 $\sqrt{3}$.

7. (1) 最小值 $y(2)=2$,最大值 $y(10)=66$;

(2) 最小值 $y\left(\dfrac{5\pi}{4}\right)=-\sqrt{2}$,最大值 $y\left(\dfrac{\pi}{4}\right)=\sqrt{2}$.

8. 边长为 $\dfrac{a}{6}$ 的小方块. 9. 半径与高均为 $\sqrt[3]{\dfrac{V}{\pi}}$.

10. 售价 300 元,最大收益 900000 元.

习题 4.4

1. (1) $\left(\dfrac{5}{3},\dfrac{-250}{27}\right)$ 为拐点,$\left(-\infty,\dfrac{5}{3}\right)$ 曲线为凹,$\left(\dfrac{5}{3},+\infty\right)$ 曲线为凸;

(2) $(-1,0)$ 为拐点,$(-\infty,-1]\cup(0,+\infty)$ 曲线为凹,$[-1,0)$ 曲线为凸;

(3) $\left(2,\dfrac{2}{e^2}\right)$ 为拐点，$(-\infty,2]$ 曲线为凸，$[2,+\infty)$ 曲线为凹；

(4) $(-1,\ln2),(1,\ln2)$ 是拐点，$(-\infty,-1]\cup[1,+\infty)$ 曲线为凸，$[-1,1]$ 曲线为凹；

(5) $\left(-\dfrac{1}{\sqrt{2}},\dfrac{1}{\sqrt{e}}\right),\left(\dfrac{1}{\sqrt{2}},\dfrac{1}{\sqrt{e}}\right)$ 是拐点，$\left(-\infty,-\dfrac{1}{\sqrt{2}}\right)\cup\left[\dfrac{1}{\sqrt{2}},+\infty\right)$ 曲线为凹，$\left[-\dfrac{1}{\sqrt{2}},\dfrac{1}{\sqrt{2}}\right]$ 曲线为凸；

(6) $\left(-\dfrac{1}{2},-3\sqrt[3]{2}\right)$ 是拐点，$\left(-\infty,-\dfrac{1}{2}\right)$ 曲线为凸，$\left[-\dfrac{1}{2},+\infty\right)$ 曲线为凹.

2. $a=-\dfrac{3}{2},b=\dfrac{9}{2}$.   3. $a=1,b=-3,c=-24,d=16$.

4. (1) $x=2$ 是铅直渐近线，$y=1$ 是水平渐近线；

(2) $y=0$ 是水平渐近线，$x=0$ 是铅直渐近线；

(3) $x=0$ 是铅直渐近线.

5. 略.

习题 4.5

1. 125,5.   2. 255,14.

3. (1) $\dfrac{-2P^2}{P^2-75}$；

(2) $\eta(3)=0.27$,经济意义:当价格 $P=3$ 时,若价格增加或减小 1%,则需求量下降或上升 0.27%；$\eta(5)=1$,经济意义:当价格 $P=5$ 时,若价格增加或减小 1%,则需求量下降或上升 1%；$\eta(8)=11.64$,经济意义:当价格 $P=8$ 时,若价格增加或减小 1%,则需求量下降或上升 11.64%.

4. (1) $\varepsilon(P)=\dfrac{5P}{-20+5P}$；   (2) $\varepsilon(6)=3$,经济意义:当价格 $P=6$ 时,若价格再增加或减小 1%,供应量将增加(或减小)3%.

5. 略.

复习题 4

1. (1) B； (2) C； (3) B； (4) D； (5) C； (6) B； (7) C； (8) C；
(9) A； (10) C.

2. 略.

3. (1) $\dfrac{1}{2}$； (2) $\dfrac{1}{2}$； (3) $\dfrac{\sqrt{3}}{3}$； (4) 1； (5) 0； (6) $\dfrac{2}{\pi}$.

4. $[-1,3]$.   5. 极小值 $y\left(-\dfrac{1}{2}\ln2\right)=2\sqrt{2}$.

6. 单调增$[1,+\infty)$,单调减$(-\infty,1]$,极小值 $y(1)=2-4\ln2$.

7. $a=-3,b=0,c=1$.

8. (1) 最小值 $y(2)=-14$,最大值 $y(3)=11$;

(2) 最小值 $y(0)=0$,最大值 $y\left(-\dfrac{1}{2}\right)=y(1)=\dfrac{1}{2}$.

9. (1) 拐点$(1,-7)$,$(0,1]$内是凸曲线,$[1,+\infty)$内是凹曲线;

(2) 拐点$\left(1,\dfrac{4}{3}\right)$,$(-\infty,1]$内是凸曲线,$[1,+\infty)$内是凹曲线.

10. $BD=15$ km 时运费最省.

11. (1) 平均成本 12.5,$Q=20$ 时平均成本最小;

(2) 5,经济意义:当产量 10 时,若再增加(或减小)一个单位产品时,总成本将增加(或减小)5 个单位.

12. (1) $\dfrac{P}{24-P}$,$\dfrac{1}{3}$,经济意义:当价格 $P=6$ 时,若价格再增加(或减小)1%,则需求量将减小(或增加)33.3%;

(2) $P=12$ 时,最大总收益 72.

13. 明年降价 10% 时,需求量预期增加 13%~21%,总收益预期将增加 3%~11%.

第 5 章

习题 5.1

1. (1) $-\dfrac{1}{2x^2}+C$;　(2) $\dfrac{2}{5}x^{\frac{5}{2}}+C$;　(3) $\dfrac{3}{2}x^{\frac{2}{3}}+C$;　(4) $\dfrac{4}{17}x^{\frac{17}{4}}+C$;

(5) $2\arctan x+C$;　(6) $\dfrac{1}{3}x^3+3\arctan x$;　(7) $\dfrac{3}{8}x^{\frac{8}{3}}+\dfrac{6}{13}x^{\frac{13}{6}}+\dfrac{9}{2}x^{\frac{2}{3}}+C$;

(8) $\dfrac{1}{4}x^2-\ln|x|-\dfrac{3}{2}x^{-2}+\dfrac{4}{3}x^{-3}+C$;　(9) $2\mathrm{e}^x-3\ln|x|+C$;

(10) $-\dfrac{1}{x}-\arctan x+C$;　(11) $\dfrac{3^x\mathrm{e}^x}{1+\ln3}$;　(12) $2\arcsin x+C$;

(13) $\arcsin x+C$;　(14) e^x+x+C;　(15) $\dfrac{1}{2}x+\dfrac{1}{2}\sin x+C$;

(16) $\sin x-\cos x+C$;　(17) $\dfrac{1}{2}\tan x+\dfrac{1}{2}x+C$;　(18) $\tan x+\sec x+C$;

(19) $2x-5\dfrac{\left(\dfrac{2}{3}\right)^x}{\ln\dfrac{2}{3}}+C$;　(20) $-\dfrac{2}{3}x^{-\frac{3}{2}}-\mathrm{e}^x+\ln|x|+C$.

2. $y=7x+50\sqrt{x}+1000$.　　3. $y=x^2+1$.　　4. 略.

5. $f(x)=\dfrac{9}{5}x^{\frac{5}{3}}+C.$

习题 5.2

1. (1) $-\dfrac{1}{12}(1-2x)^6+C$;　(2) $\ln|3+2x|+C$;　(3) $-\dfrac{2}{5}\sqrt{4-5x}+C$;

(4) $\dfrac{1}{3}\sin3x+C$;　(5) $-\dfrac{1}{2}\cos(2x+1)+C$;　(6) $-\dfrac{1}{5}\ln|\cos5x|+C$;

(7) $\dfrac{2}{9}(x^3+1)^{\frac{3}{2}}+C$;　(8) $\dfrac{10^{2x}}{2\ln10}+C$;　(9) $-e^{\frac{1}{x}}+C$;　(10) $\dfrac{1}{3}\arctan3x$;

(11) $-\dfrac{1}{2}\cot\left(2x+\dfrac{\pi}{4}\right)+C$;　(12) $-\dfrac{1}{3}(1-x^2)^{\frac{3}{2}}+C$;

(13) $\ln(x^2-3x+8)+C$;　(14) $\tan x+\dfrac{1}{3}\tan^3x+C$;

(15) $\dfrac{2}{3}(1+\ln x)^{\frac{3}{2}}-2\sqrt{1+\ln x}+C$;　(16) $\dfrac{-1-3e^{2x}}{12(e^{2x}+1)^3}+C$;

(17) $\ln\left|\arcsin\dfrac{x}{2}\right|+C$;　(18) $-\dfrac{1}{2}\left(\arctan\dfrac{1}{x}\right)^2+C$;

(19) $\dfrac{2}{\sqrt{\cos x}}+C$;　(20) $\dfrac{1}{2}\ln^2\tan x+C.$

2. (1) $\dfrac{1}{9}\dfrac{\sqrt{x^2-9}}{x}+C$;　(2) $\sqrt{1+x^2}+\dfrac{1}{\sqrt{1+x^2}}+C$;

(3) $\dfrac{3}{2}\sqrt[3]{(1+x)^2}-3\sqrt[3]{x+1}+3\ln(1+\sqrt[3]{1+x})+C$;

(4) $\sqrt{x^2-9}-3\arccos\dfrac{3}{|x|}+C$;　(5) $-\dfrac{\sqrt{x^2+a^2}}{x}+C$;

(6) $2\sqrt{x}-4\sqrt[4]{x}+4\ln(1+\sqrt[4]{x})+C$;　(7) $\dfrac{x}{\sqrt{1-x^2}}+C$;

(8) $\dfrac{1}{2}\ln\dfrac{x^2}{x^2+1}+C$;　(9) $-\dfrac{x}{2}\sqrt{a^2-x^2}+\dfrac{a^2}{2}\arcsin\dfrac{x}{a}+C$;

(10) $\dfrac{1}{2}\ln\left|x+\sqrt{x^2-\dfrac{9}{4}}\right|+C.$

3. (1) $\dfrac{1}{4}f^4(x)+C$;　(2) $\arctan f(x)+C.$

习题 5.3

1. (1) $\dfrac{1}{2}x\sin2x+\dfrac{1}{4}\cos2x+C$;　(2) $\dfrac{1}{3}xe^{3x}-\dfrac{1}{9}e^{3x}+C$;

(3) $x\tan x+\ln|\cos x|+C$;　(4) $\dfrac{1}{2}x^2\arcsin x+\dfrac{1}{4}x\sqrt{1-x^2}-\dfrac{1}{4}\arcsin x+C$;

(5) $x\ln x - x + C$；　(6) $-\dfrac{1}{x}\ln x - \dfrac{1}{x} + C$；

(7) $\dfrac{1}{4}x^2 + \dfrac{1}{4}x\sin 2x + \dfrac{1}{8}\cos 2x + C$；　(8) $x\arccos x - \sqrt{1-x^2} + C$；

(9) $2\sqrt{x}\,\mathrm{e}^{\sqrt{x}} - 2\mathrm{e}^{\sqrt{x}} + C$；　(10) $2(\sqrt{x}\arcsin\sqrt{x} + \sqrt{1-x}) + C$；

(11) $x\ln(1+x^2) - 2x + 2\arctan x + C$；

(12) $\tan x\ln\cos x - x + \tan x + C$.

2. $\cos x - \dfrac{2\sin x}{x} + C$.

习题 5.4

(1) $\ln|x| - \dfrac{1}{2}\ln(x^2+1) + C$；

(2) $\dfrac{1}{3}x^3 + \dfrac{1}{2}x^2 + x + 8\ln|x| - 4\ln|x+1| - 3\ln|x-1| + C$；

(3) $\dfrac{1}{3}x^3 - \dfrac{3}{2}x^2 + 9x - 27\ln|x+3| + C$；　(4) $\ln|x-2| + \ln|x+5| + C$；

(5) $\dfrac{2}{3}\tan^3 x + \tan x + C$；　(6) $\dfrac{1}{3}\tan^3 x - \tan x + x + C$；

(7) $2\sqrt{x-2} + \sqrt{2}\arctan\dfrac{\sqrt{x-2}}{\sqrt{2}} + C$；　(8) $\dfrac{1}{4}\ln\left|\dfrac{x-1}{x+1}\right| - \dfrac{1}{2}\arctan x + C$.

习题 5.5

(1) $\dfrac{1}{3(2x+3)} - \dfrac{1}{9}\ln\left|\dfrac{2x+3}{x}\right| + C$；　(2) $\dfrac{1}{2}\dfrac{\sin x}{\cos^2 x} + \dfrac{1}{2}\ln|\sec x + \tan x| + C$；

(3) $\dfrac{\sqrt{2x-1}}{x} + 2\arctan\sqrt{2x-1} + C$；　(4) $\dfrac{1}{\sqrt{5}}\ln\left|\dfrac{2\tan\frac{x}{2} + 3 - \sqrt{5}}{2\tan\frac{x}{2} + 3 + \sqrt{5}}\right| + C$；

(5) $\left(\dfrac{x^2}{2} - \dfrac{1}{36}\right)\arcsin 3x + \dfrac{x}{12}\sqrt{1-9x^2} + C$；　(6) $-\dfrac{1}{12}\sin 6x + \dfrac{1}{8}\sin 4x + C$；

(7) $\dfrac{1}{8}\mathrm{e}^{2x}(2\sin 2x + 2\cos 2x) + C$；

(8) $\dfrac{x}{2}\sqrt{4x^2+9} + \dfrac{9}{4}\ln\left(x + \dfrac{1}{2}\sqrt{4x^2+9}\right) + C$；

(9) $2\sqrt{x-1} - 2\arctan\sqrt{x-1} + C$；　(10) $x\ln^3 x - 3x\ln^2 x + 6x\ln x - 6x + C$.

复习题 5

1. (1) $\mathrm{e}^{-x} + C$；　(2) $\dfrac{1}{x} + C$；　(3) $\dfrac{1}{2}\cos 2x$；　(4) $-\dfrac{1}{2}\sin\dfrac{2}{x} + C$；

(5) $\frac{1}{2}x+\frac{1}{2}\sin x+C$;   (6) $\frac{1}{3}(\arctan x)^3+C$;   (7) $\frac{1}{a}f(ax+b)+C$;

(8) $-\frac{1}{3}(1-x^2)^{\frac{3}{2}}+C$;   (9) $-\frac{1}{f(x)}+C$;   (10) $x^2-\frac{1}{2}x^4+C$.

2. (1) A;   (2) D;   (3) B;   (4) D;   (5) B;   (6) D;   (7) B;   (8) C;

(9) A;   (10) B.

3. (1) $-x+\ln|e^x-1|+C$;   (2) $\frac{1}{\ln 2}\arcsin 2^x+C$;   (3) $\frac{1}{\sqrt{2}}\arctan\frac{x+1}{\sqrt{2}}$;

(4) $-2x\cos\sqrt{x}+4\sqrt{x}\sin\sqrt{x}+4\cos\sqrt{x}+C$;   (5) $e^{\sin x}+C$;

(6) $\frac{3}{8}x-\frac{1}{2}\sin x+\frac{1}{16}\sin 2x+C$;   (7) $-\frac{1}{2}e^{1-2x}+C$;

(8) $\ln 2|x-1+\sqrt{x^2-2x+5}|+C$;   (9) $\frac{1}{2}(1+x^2)\ln(1+x^2)-\frac{1}{2}x^2+C$;

(10) $4\sqrt{x+1}\ln\sqrt{x+1}-4\sqrt{x+1}+C$;   (11) $2\sqrt{1+e^x}+C$;

(12) $\arctan e^x+C$;   (13) $-\frac{1}{2}\frac{1}{\sin^2 x}-2\ln|\sin x|+\frac{1}{2}\sin^2 x+C$;

(14) $2\sqrt{x}-3\sqrt[3]{x}+6\sqrt[6]{x}-6\ln|\sqrt[6]{x}+1|+C$;

(15) $\frac{1}{10}(\sqrt{2x+3})^5-\frac{1}{2}(\sqrt{2x+3})^3+C$;   (16) $\frac{1}{4}\arcsin\frac{4x}{3}+C$;

(17) $\ln\left|\frac{\sqrt{1+x^2}-1}{x}\right|+C$;   (18) $\frac{1}{4}\ln(1+x^4)+\frac{1}{1+x^4}+C$;

(19) $\ln x\cdot\ln(\ln x)-\ln x+C$;   (20) $\frac{1}{3}(1-x^2)^{\frac{3}{2}}-\sqrt{1-x^2}+C$;

(21) $\frac{1}{8}\tan^8 t+\frac{1}{6}\tan^6 t+C$;   (22) $\frac{1}{3}\tan^3 x-\frac{1}{3}\cot^3 x+3\tan x-3\cot x+C$;

(23) $4\sqrt{x}-4\arctan\sqrt{x}+C$;   (24) $2\sqrt{x}\sin\sqrt{x}+2\cos\sqrt{x}+C$.

4. $R(x)=100x-\frac{1}{40}x^2$, $\bar{R}(x)=100-\frac{1}{40}x$, $R(1000)=75000$, $\bar{R}(1000)=75$.

第 6 章

习题 6.1

1. (1) $-\frac{1}{2}$;   (2) $\frac{1}{3}$.

2. (1) $\displaystyle\sum_{n=1}^{\infty}\frac{1}{n}\cdot\frac{1}{1+\frac{i}{n}}=\int_0^1\frac{1}{1+x}dx$;   (2) $\displaystyle\sum_{n=1}^{\infty}\frac{1}{n}\cdot\frac{1}{1+\left(\frac{i}{n}\right)^2}=\int_0^1\frac{1}{1+x^2}dx$.

3. 略.

4. (1) $\displaystyle\int_0^1 x^2\mathrm{d}x > \int_0^1 x^3\mathrm{d}x$；   (2) $\displaystyle\int_0^{\frac{\pi}{4}} \sin x\mathrm{d}x < \int_0^{\frac{\pi}{4}} \cos x\mathrm{d}x$；

(3) $\displaystyle\int_0^1 x\mathrm{d}x > \int_0^1 \ln(1+x)\mathrm{d}x$；   (4) $\displaystyle\int_1^2 x\mathrm{d}x < \int_1^2 x^2\mathrm{d}x$.

5. (1) $[1,\mathrm{e}]$；   (2) $\left[0,\dfrac{27}{16}\right]$.   6. 略.

习题 6.2

1. $0, \ln 2$.   2. 极小值 $F(1)=0$.

3. (1) $\sqrt{1+x^2}$；   (2) $-2x\mathrm{e}^{x^4}$；   (3) $-\sin\theta\cos\theta(\cos\theta+\sin\theta)$；

(4) $\dfrac{3x^2}{\sqrt{1+x^6}} - \dfrac{1}{2}\dfrac{1}{\sqrt{x+x^2}}$.

4. 略.   5. (1) 1；   (2) 2.   6. $y' = -\dfrac{\cos x}{\mathrm{e}^y}$.

7. (1) $\dfrac{27}{4}$；   (2) $\dfrac{2}{3}\ln 2$；   (3) $\sqrt{2}-1$；   (4) $\dfrac{\sqrt{3}}{2}$；   (5) $\dfrac{\pi}{2}$；   (6) $\dfrac{\sqrt{27}-1}{3}$；

(7) $2-3\sin 1$；   (8) $1-\dfrac{\pi}{2}$；   (9) $2\sqrt{2}$；   (10) $\dfrac{73}{6}$；   (11) $\dfrac{\pi}{6}$；   (12) 4；

(13) $\dfrac{29}{6}$；   (14) $2(\mathrm{e}-1)$；   (15) $\dfrac{3}{4}$.

8. $\dfrac{8}{3}$.

习题 6.3

1. (1) $\dfrac{1}{3}$；   (2) $2(\sqrt{3}-1)$；   (3) $\mathrm{e}-\sqrt{\mathrm{e}}$；   (4) $\dfrac{2}{3}$；   (5) $11-6\ln 3+6\ln 2$；

(6) $2-\dfrac{\pi}{2}$；   (7) $2\sqrt{2}$；   (8) $2+\ln\dfrac{4}{9}$；   (9) $\dfrac{\pi}{2}$；   (10) $\dfrac{1}{5}(\mathrm{e}^\pi-2)$；

(11) $6-2\arctan 3$；   (12) $2\ln 2-1$；   (13) $-\dfrac{\pi}{12}$；   (14) $\dfrac{1}{2}\arctan\dfrac{1}{2}$.

2. (1) 2；   (2) 0；   (3) $\dfrac{2}{3}$；   (4) $\dfrac{2}{3}$.

3. (1) 1；   (2) $\dfrac{\pi}{8}-\dfrac{1}{4}$；   (3) $\dfrac{2}{9}\mathrm{e}^3+\dfrac{1}{9}$；   (4) $\dfrac{\pi}{4}-\dfrac{1}{2}\ln 2$；   (5) $\dfrac{\pi}{4}-\dfrac{1}{2}$；

(6) e；   (7) $\left(\dfrac{1}{4}-\dfrac{\sqrt{3}}{9}\right)\pi+\ln\dfrac{\sqrt{6}}{2}$；   (8) $8\ln 2-4$.

4. 略.

习题 6.4

1. (1) 收敛，$\dfrac{1}{3}$；   (2) 收敛，$\dfrac{1}{8}$；   (3) 发散；   (4) 收敛，$\dfrac{\pi}{20}$；   (5) 收敛，1；

(6) 收敛, $\frac{1}{2}$;　(7) 发散;　(8) 收敛, π ;　(9) 收敛, $\frac{\pi^2}{8}$;　(10) 发散.

2. (1) $-\frac{1}{4}$;　(2) $\frac{8}{3}$;　(3) π ;　(4) 发散;　(5) $3(\sqrt[3]{2}+\sqrt[3]{4})$;　(6) $\frac{\pi}{2}$;

(7) $\frac{\pi^2}{4}$;　(8) 1.

3. $k>1$ 时收敛, $k\leqslant 1$ 时发散.　　4. (1) $\frac{\sqrt{\pi}}{2}$;　(2) 1.

习题 6.5

1. $\frac{49}{15}$.

2. (1) $\frac{32}{3}$;　(2) $\frac{2\sqrt{27}+10}{3}$;　(3) $\frac{3}{2}-\ln 2$;　(4) $\frac{5}{6}$;　(5) π ;　(6) $\frac{3}{8}\pi a^2$.

3. $2\left(\frac{4\pi}{3}-\sqrt{3}\right)$.　　4. 绕 x 轴: $\frac{\pi}{7}$,绕 y 轴: $\frac{2\pi}{5}$.　　5. $\frac{1}{2}\pi R^2 h$.

6. $\frac{2}{3}$.　　7. $10e^{0.2\theta}+80$.　　8. $15Q-Q^2,15-Q$.　　9. 50,100.

10. (1) $-x^3+5x^2-8x-10$;　(2) 2 个单位.　　11. $\frac{2}{3}a^2 b$.　　12. 0.046.

复习题 6

1. (1) 连续;　(2) $\int_0^1 \sqrt{x}\,dx$;　(3) $-2x\cos x^4$;　(4) $2x^2 f(x^4)+\int_0^{x^2} f(t^2)\,dt$;

(5) $\frac{1}{4}$;　(6) $\arctan\frac{\pi}{4}$;　(7) $x-1$;　(8) 1.

2. (1) D;　(2) B;　(3) B;　(4) C;　(5) C;　(6) B;　(7) A;　(8) B;
(9) A;　(10) B.

3. (1) $\frac{8}{3}\sqrt{2}+1+\ln 2$;　(2) $\frac{\pi}{4}-\frac{2}{3}$;　(3) $1+\frac{e}{2}$;　(4) $\sqrt{2}$;

(5) $2\sqrt{2}-2$;　(6) $\frac{1}{2}[\sqrt{2}+\ln(\sqrt{2}+1)]$;　(7) $\frac{\pi}{4}-\frac{1}{2}\ln 2-\frac{\pi^2}{32}$;　(8) 4.

4. $a=4,b=1$.　　5. 略.　　6. (1) e;　(2) $\frac{7}{6}$;　　7. $\frac{1}{2}\pi^2$.

8. 绕 x 轴: $\frac{\pi}{2}$,绕 y 轴:2 π .

9. (1) $-2000P+80000$;

(2) -20000 ,当 $P=50$ 元时价格每增 1 元,收益减少 20000 元;　(3) $P=40$.

10. (1) $y=ax^2-ax(x\neq 0)$;　(2) $a=2$.

参考文献

[1] 同济大学数学系.高等数学(上册)[M].7版.北京:高等教育出版社,2014.

[2] 赵树嫄.微积分[M].2版.北京:中国人民大学出版社,2004.

[3] 林益,刘国钧,徐少棠.微积分(经管类)[M].3版.武汉:武汉理工大学出版社,2012.

[4] 龙松.大学数学 MATLAB 应用教程[M].武汉:武汉大学出版社,2014.

[5] 刘国钧.微积分学习指导[M].2版.武汉:华中科技大学出版社,2011.